高职高专建筑类专业规划教材

建筑材料

吴丽琴　商　宇　主编

電子工業出版社
Publishing House of Electronics Industry
北京・BEIJING

内容简介

本教材按照“以就业为导向、以全面素质为基础、以能力为本位”的教育理念，按照“需求为准、够用为度、实用为先”的原则进行编写。全书共分12章；主要介绍了建筑工程中常用建筑材料的基本组成、技术要求、性能、应用及材料的验收保管、质量控制和检测等内容。章前有导读、学习目标，章后有小结并配有思考与练习，便于培养自学能力，以及巩固、消化课堂所学内容。

本教材针对性强，突出职业能力和创新能力的培养，并对传统的教材体系和内容进行了优化组合，重点突出，具有适用性和实用性，可作为高职高专院校建筑类专业学生的教学用书。

图书在版编目（CIP）数据

建筑材料／吴丽琴，商宇主编. —北京：电子工业出版社，2016.8
ISBN 978-7-121-29677-2

Ⅰ.①建…　Ⅱ.①吴…　②商…　Ⅲ.①建筑材料－高等学校－教材　Ⅳ.①TU5

中国版本图书馆CIP数据核字（2016）第189201号

策划编辑：贺志洪
责任编辑：贺志洪　李　静
特约编辑：张晓雪　薛　阳
印　　刷：大厂聚鑫印刷有限责任公司
装　　订：大厂聚鑫印刷有限责任公司
出版发行：电子工业出版社
　　　　　北京市海淀区万寿路173信箱　邮编 100036
开　　本：787×1 092　1/16　印张：18　字数：461千字
版　　次：2016年8月第1版
印　　次：2021年8月第10次印刷
定　　价：39.00元

凡所购买电子工业出版社图书有缺损问题，请向购买书店调换。若书店售缺，请与本社发行部联系，联系及邮购电话：（010）88254888。

质量投诉请发邮件至 zlts@phei.com.cn，盗版侵权举报请发邮件至 dbqq@phei.com.cn。

服务热线：（010）88254609。

前　言

建筑材料是建筑工程专业的主干课程之一。它既是一门专业基础课，又是一门实践性和应用性较强的专业课程。随着我国经济建设的快速发展，社会对建筑工程建设领域各方面人才尤其是高级应用型人才的需求也快速增长，与此同时，与建筑工程专业教材内容密切相关的各种新规范、新标准和新规程也在陆续颁布和实施中。因此，在相关的专业课程教学及教材建设中及时充实新的内容，已成为高等教育工作者十分紧迫的任务。

为了满足高职高专院校建筑工程类专业的教学需要，培养从事建筑工程施工、管理、造价等工程技术人才，根据土建类高职高专建筑工程技术专业教学的基本要求，本书按照“以就业为导向、以全面素质为基础、以能力为本位”的教育理念，按照“需求为准、够用为度、实用为先”的原则进行编写。

全书共分 12 章。内容包括：绪论、第 1 章　建筑材料的基本性质、第 2 章　气硬性胶凝材料、第 3 章　水泥、第 4 章　混凝土、第 5 章　建筑砂浆、第 6 章　墙体材料、第 7 章　建筑钢材；第 8 章　防水材料、第 9 章　木材、第 10 章　建筑装饰材料、第 11 章　节能环保材料及其他、第 12 章　建筑材料试验。主要介绍了建筑工程中常用建筑材料的基本组成、技术要求、性能、应用及材料的验收保管、质量控制和检测等内容。

本书在内容及编排上具有以下特色：一是针对性强，突出职业能力和创新能力的培养。二是对传统的教材体系和内容进行了优化组合，重点突出，具有适用性和实用性。三是增加了新内容，采用了国家（行业）最新规范、标准和规程。四是在教材编排上注意对学生的引导，方便学生自学，每章前有导读、学习目标，章后配有本章小结及思考与练习，部分章后配有材料选用案例，便于学生培养自学能力，巩固、消化课堂所学内容。

本书的编者都是长期从事建筑材料教学与科研的高等院校教师，具有丰富的教学和实践经验，多年来致力于以培养应用型人才为目标的教学改革。本书由广西建设职业技术学院吴丽琴、商宇担任主编，吴丽琴负责全书的统稿及整理工作。具体编写分工如下：广西建设职业技术学院吴丽琴编写：绪论、第一章、第四章；广西建设职业技术学院商宇编写：第五章、

第八章、第十二章；广西建设职业技术学院葛春雷编写：第二章、第六章、第七章；广西建设职业技术学院阳明编写：第三章、第九章、第十章、第十一章。

由于编者水平有限，书中难免存在疏漏和不足之处，敬请使用本书的师生与读者给予批评指正，以便修订时改进。

编　者

2016 年 8 月

目　录

绪　论

章前导读

本章主要讲述建筑材料的定义、分类、发展及其在建筑工程中的作用。另外还对建筑材料的检验与标准等知识作了简要介绍。

学习目标

1. 理解建筑材料的定义、发展及其在建筑工程中的作用。
2. 掌握建筑材料的分类及其技术标准等知识。

一、建筑材料的定义

建筑材料的定义有广义与狭义两种。

① 广义的建筑材料是指建造建筑物和构筑物的所有材料，包括使用的各种原材料、半成品、成品等的总称，如黏土、铁矿石、石灰石、生石膏等。

② 狭义的建筑材料是指直接构成建筑物和构筑物实体的材料，如混凝土、水泥、石灰、钢筋、黏土砖、玻璃等。

本书只介绍构成建筑物本身的材料即狭义的建筑材料。

二、建筑材料的分类

建筑材料种类繁多，随着材料科学和材料工业的不断发展，新型建筑材料不断涌现。为了研究、应用和阐述的方便，可从不同角度对其进行分类。

（1）按其在建筑物中的所处部位进行分类，可将其分为基础、主体、屋面、地面等材料。

（2）按其使用功能进行分类，可将其分为结构（梁、板、柱、墙体）材料、围护材料、保温隔热材料、防水材料、装饰装修材料、吸声隔音材料等。

（3）按材料的化学成分和组成的特点进行分类，可将其分为无机材料、有机材料和由这两类材料复合而形成的复合材料，如表 0-1 所示。

表 0-1　建筑材料的分类

无机材料	金属材料	黑色金属：铁、碳素钢、合金钢等
		有色金属：铝、锌、铜及其合金等
	非金属材料	石材：砂子、石子、各种岩石加工的石材等
		烧土制品：烧结砖、瓦、建筑陶瓷等
		玻璃及熔融制品：玻璃、玻璃棉、岩棉、铸石等
		胶凝材料：石灰、石膏、水玻璃、水泥等
		混凝土及硅酸盐制品：普通混凝土、砂浆及硅酸盐制品等
有机材料	植物材料	木材、竹材、植物纤维及其制品
	沥青材料	石油沥青、煤沥青、沥青制品
	合成高分子材料	塑料、涂料、胶黏剂、合成橡胶等
复合材料	金属材料与非金属材料复合	钢筋混凝土、预应力混凝土、钢纤维混凝土等
	非金属材料与有机材料复合	玻璃纤维增强塑料、聚合物混凝碾土、沥青混合料、水泥刨花板等
	金属材料与有机材料复合	轻质金属夹心板、涂塑钢板、铝塑板等

三、建筑材料在建筑工程中的地位

1. 建筑材料是建筑工程的物质基础

不论是高楼大厦，还是普通的一幢临时建筑，都是由各种散体建筑材料经过缜密的设计和复杂的施工最终构建而成的。建筑材料是一切建筑物或构筑物的物质基础，没有建筑材料就没有建筑物。

2. 材料的质量决定建筑物的质量

材料的质量、性能直接影响建筑物的使用、耐久和美观。由于材料品质问题而引发建筑物质量明显下降、使用功能降低或不满足原有使用功能要求，甚至造成“豆腐渣”工程的事例屡见不鲜。所以，加强管理，严把材料质量关是保证建筑物质量的前提。

3. 合理选择、正确使用建筑材料，决定着建筑物的使用功能及耐久性

不同的工程类别，不同的使用环境，不同的功能要求，对材料的自身性能要求有着本质的区别，合理选择建筑材料是建筑物建造的前提。要根据建筑物自身的特点合理选择材料，如建筑物的使用环境是潮湿的、水中的，还是干燥的；使用性质是一般民用住宅，还是工业厂房；结构形式是钢筋混凝土结构，还是钢骨混凝土结构。这些差异对材料的性能要求有着本质的区别。只有合理选择、正确使用，才能使结构的受力特性与材料的特性有机结合、统一，最大限度地发挥材料的效能。

4. **建筑材料的费用是决定建筑工程造价的主要因素**

在我国，一般建筑工程的材料费用要占到总投资的 50%～60%，特殊工程这一比例还要提高，对于中国这样一个发展中国家，对建筑材料特性的深入了解和认识，最大限度地发挥其效能，进而达到最大的经济效益，无疑具有非常重要的意义。

5. **材料的发展影响结构形式及施工方法**

建筑、材料、结构、施工四者是密切相关的。从根本上说，材料是基础，材料决定了建筑形式和施工方法。有了水泥、钢筋，产生了钢筋混凝土结构；轻质、高强材料的发展，使高层建筑不断更新；随着绿色建筑材料的开发、利用，出现了山水城市、绿色建筑、生态房屋。建筑技术要发展，建筑材料必须先行研究。新技术、新工艺的问世，往往依赖于建筑材料的改革。新材料的出现，促进了建筑物形式的变化、设计方法的改进、施工技术革新。

四、建筑材料的发展

（一）发展历程

建筑材料是随着社会生产力的发展而发展的，其发展历程大致可分为三个阶段：天然材料→人工材料→复合材料。

人类最早穴居巢处，几乎没有建筑材料的概念，后进入到石器铁器时代，开始掘土凿石为洞，伐木搭竹为棚，从利用最原始的材料建造最简陋的房屋开始，逐渐使用建筑材料。最早被人类用做建筑材料的有草、木、石、土、冰及兽皮等天然材料。

随着社会生产力的不断发展，人类掌握了烧窑、冶炼技术，用黏土烧制砖、瓦，用岩石烧制石灰、石膏之后，建筑材料才由天然材料进入了人工生产阶段，为较大规模建造房屋创造了基本条件。这才有了埃及的金字塔，中国的万里长城、都江堰水利工程以及一些宏伟壮观的塔、寺、楼阁等著名建筑。

18 世纪以前，建筑材料发展得非常缓慢，直到 19 世纪资本主义国家的工业革命兴起之后，建筑材料才得以迅速发展，这也才有了高达 300m 的法国巴黎埃菲尔（Eiffel）铁塔、主跨长达 521m 的英国苏格兰福斯铁路桥（Forth Railway Bridge）、高度达 443m 的美国芝加哥西尔斯大厦、高度达 420m 的中国上海金茂大厦等著名的高层大跨度的建筑。在这些建筑物中，钢材、水泥、钢筋混凝土、预应力钢筋混凝土已经成为现代建筑的主要结构材料。

进入 20 世纪后，由于社会生产力突飞猛进，以及材料科学与工程学的形成和发展，建筑材料不仅性能和质量不断改善，而且品种不断增加，如预应力混凝土、高分子材料、复合材料等，以有机材料为主的化学建材异军突起，一些具有特殊功能的新型建筑材料，如绝热材料、吸声隔声材料、装饰材料、耐热防火材料、防水抗渗材料以及防爆、防辐射材料等应运而生。

（二）发展趋势

为适应我国经济发展的需要，今后建筑材料的发展将具有以下趋势。

1. 根据建筑物的功能要求研发新的建筑材料

建筑物的使用功能是随着社会的发展、人民生活水平的不断提高而不断丰富的，从其最基本的安全（主要由结构设计和结构材料的性能来保证）、适用（主要由建筑设计和功能材料的性能来保证），发展到当今的轻质高强、抗震、高耐久性、无毒环保、节能等诸多新的功能要求，使建筑材料的研究从被动的以研究应用为主向开发新功能、多功能材料的方向转变。

2. 高分子建筑材料应用日益广泛

石油化工工业的发展和高分子材料本身优良的工程特性促进了高分子建筑材料的发展和应用。塑料上下水管、塑钢、塑铝门窗、树脂砂浆、黏结剂、蜂窝保温板、高分子有机涂料、新型高分子防水材料将广泛应用于建筑物，为建筑物提供了许多新的功能和和更高的耐久性。

3. 用复合材料生产高性能的建材制品

单一材料的性能往往是有限的，不足以满足现代建筑对材料提出的多方面的功能要求。所以人们将两种或两种以上不同性质的材料，通过物理或化学的方法，在宏观（微观）上组成具有新性能的复合材料。各种材料在性能上互相取长补短，产生协同效应，使复合材料的综合性能优于原组成材料而满足各种不同的要求。如现代窗玻璃的功能要求应是采光、分隔、保温隔热；隔声、防结露、装饰等。但传统的单层窗玻璃除采光、分隔外，其他功能均不尽如人意。近年来广泛采用的中空玻璃，由玻璃、金属、橡胶、惰性气体等多种材料复合，发挥各种材料的性能优势，使其综合性能明显改善。据预测，低辐射玻璃、中空玻璃、钢木组合门窗、塑铝门窗和用复合材料制作的建筑部件及高性能混凝土应用范围将不断扩大。

4. 充分利用工业废渣及廉价原料生产建筑材料

建筑材料应用的巨量性，促使人们去探索和开发建筑材料原料的新来源，以保证经济与社会的可持续发展。粉煤灰、矿渣、煤矸石、页岩、磷石膏、热带木材和各种非金属矿都是很有应用前景的建筑材料原料。由此开发的新型胶凝材料、烧结砖、砌块、复合板材将会为建材工业带来新的发展契机。

五、建筑材料的检验与技术标准

建筑材料是否合格、能否用于工程中，取决于其技术性能是否达到相应的技术标准要求。材料的检验是通过必要的检测仪器，依据一定的检测方法进行的。建筑材料质量的检测在建筑工程中占有重要位置，通过对材料质量的检验能科学地鉴定建筑物的质量，评判施工质量。建筑材料的检测包括原材料、半成品及构件的质量检验，现场工程质量的检验两部分。其检测结果（或报告）是材料验收、建筑工程质量验收的技术依据。

建筑材料检验的依据，是各项有关的技术标准、规程、规范及规定，是材料检验必须遵守的法规。建筑材料标准中对原材料、产品、工程质量、检验方法、评定方法等作出了技术规定。所以在选用材料及施工中应用材料都应按技术标准执行。我国的技术标准分为国家标准、行业标准、地方标准和企业标准 4 个级别。

1. **国家标准**

国家标准分为国家强制性标准（代号 GB）、国家推荐性标准（代号 GB/T）。强制性标准是在全国范围内必须执行的技术指导文件，产品的技术指标都不得低于标准中规定的要求。推荐性标准在执行时也可采用其他相关标准的规定。

建筑工程国家标准（代号 GBJ）是涉及建筑行业相关技术内容的国家标准。如《通用硅酸盐水泥》（GB 175—2007）、《水泥水化热的测定方法》（GB/T 12959—2008）。

2. **行业标准**

行业标准也是全国性的指导文件，在全国性的行业范围内适用。当没有国家标准而又需要在全国某行业范围内统一技术要求时制定。当国家有相应标准颁布，该项行业标准废止。材料行业标准（代号 JC）、冶金工业行业标准（代号 YB）、交通行业标准（代号 JT）等。如《普通混凝土用砂、石质量及检验方法标准》（JGJ 52—2006）、《建筑生石灰》（JC/T 479—1992）。

3. **地方标准**

地方标准是地方主管部门发布的地方指导文件（代号 DB），适于在该地区使用。如《广西建筑地基基础设计规范》（DBJ45/003—2015），

4. **企业标准**

企业标准指适用于本企业，由企业制定的技术文件（代号 QB），是在没有国家标准和行业标准时，企业为了控制生产质量而制定的技术标准，必须以保证材料质量，满足使用要求为目的。企业标准所定的技术要求应不低于类似（或相关）产品的国家标准。

技术标准有试行与正式之分，也有强制性与推荐性之分。各类标准具有时间性，由于技术水平不断提高，不同时期标准必须与之相适应，所以各类标准只反映某时期内的技术水平及标准。

目前主要建筑材料都有统一的技术标准。标准的主要内容包括材料质量要求和检验两大方面。有的将这两方面核定在同一个标准内，有的则分开为几个标准。现场配制的一些材料，它们的原材料要符合相应的建材标准，制成成品的检验，往往包含于施工验收规范和规程之中。由于标准的分工越来越细和相互渗透，一种材料的检验经常要涉及多个标准、规程和规定。

工程中有时还涉及一些国外标准，这些标准中包括国际上有影响的一些团体标准和公司标准，如美国材料与试验协会 ASTM 标准。还有一些工业先进国家的国家标准或区域性标准，如德国工业 DIN 标准、英国的 BS 标准、日本的 JIS 标准，以及一些其他国际标准，如国际标准化组织制定发布的 ISO 系列国际化标准。

六、本课程的学习方法

本课程是土建类专业中一门重要的必修基础课，同时又是学习建筑结构、建筑施工技术、地基与基础等课程的基础，为这些后续课程的学习提供必要的知识，也为今后从事专业技术工作时，合理选择和使用建筑材料打下基础。

本课程的内容庞杂，其中讲述的建筑材料品种繁多，涉及许多学科或课程，其名词、概念和专业术语较多，各种建筑材料相对独立。此外，本课程中公式推导较少，而以叙述为主，许多内容为实践规律的总结。因此，其学习方法与其他课程不尽相同。学习时，应注意以下几点。

（1）点线面结合，突出重点。围绕如何合理地选择材料、正确地使用材料、准确地鉴定材料这个核心，以材料的组成、结构、性能与应用为主线进行学习，重点掌握各种材料的性能与应用，对材料的生产只作一般性的了解。在本课程的学习过程中，应结合现行的技术标准规范，以建筑材料的性能及合理选用为中心，注意事物的本质和内在联系。通过对常用的、有代表性的建筑材料的学习，为在今后工作中了解和应用其他建筑材料打下基础。

（2）对比法。不同种类的材料具有不同的性质，同类材料的不同品种既存在共性又存在各自的特性，要抓住代表性材料的一般性质，运用对比的方法掌握其他品种建筑材料的特性。学习中应善于运用对比法找出材料间的共性和各自的特性，对各材料应注意比较其异同点，包括两种材料的对比及一种材料与多种材料的对比。

（3）理论联系实际。本课程是一门实践性很强的课程，除学习基本理论、基本知识和基本技能外，应注意结合工程实际进行学习。在学习过程中要多观察身边建筑工程材料的应用情况，了解常用材料的品种、规格、使用情况，验证和补充书本知识。

（4）建筑材料试验是本课程的重要教学环节。通过试验可以验证所学的基础理论，熟悉材料的检测方法，掌握一定的试验技能，对培养分析和判断问题的能力、试验工作的能力以及严谨的科学态度十分有益，也为后续专业课程的学习以及今后从事建筑类工作打下良好的基础。

小结

本绪论介绍了建筑材料常用的分类情况和建筑材料在建筑工程中的重要地位，叙述了建筑材料的发展历程和趋势，介绍了我国常用的四类技术标准、表示方法及建筑材料检验的一般规则，明确了本课程的学习目的和学习要求。

思考与练习

1. 建筑材料的广义定义和狭义定义分别是什么？

2. 建筑材料的作用有哪些？
3. 无机材料包括哪些？请举例说明。
4. 试举出六种以上所在教学楼用到的建筑材料及其使用部位。
5. 结合本人情况，谈谈如何学好这门课程。

第一章　建筑材料的基本性质

章前导读

通过本章学习要求在明辨建筑材料的各种基本性质（物理性质、力学性质、耐久性）的含义，衡量指标及影响因素的基础上，可以初步判断材料的性能和应用范围，为以后进一步学习各种材料，正确选择、合理使用建筑材料打下基础。

学习目标

1. 掌握材料的密度、表观密度、堆积密度、孔隙率和空隙率的定义及计算。
2. 掌握材料与水有关的性质、热工性质、力学性能和耐久性。
3. 熟悉材料孔隙和孔隙特征对材料性能的影响。

建筑材料是构成建筑的物质基础，这些材料在建筑物的各个部位要承受各种各样的作用，因此要求建筑材料必须具备相应性质。如结构材料必须具备良好的力学性质；墙体材料应具备良好的保温隔热性能、隔声吸声性能；屋面材料应具备良好的抗渗防水性能；地面材料应具备良好的耐磨损性能等。此外，建筑物的耐久性在很大程度上也取决于所使用的建筑材料的耐久性，如何抵抗各种自然因素（如干湿变化、冷热变化、反复冻融、紫外线辐射等）及其他有害介质的长期作用而保持材料及建筑物原有性质不发生明显改变，是建筑材料所应具有的一项长期性质，对于延长建筑物的使用寿命，减少维修量以及降低建筑总成本至关重要。

由上可见，建筑材料的性质是多方面的。一种建筑材料要具备哪些性质，这要根据材料在建筑物中的功用和所处环境来决定。一般而言，建筑材料的基本性质包括物理性质、化学性质、力学性质和耐久性。

第一节　材料的物理性质

一、材料的基本物理性质

（一）密度

材料在绝对密实状态下，单位体积的质量称为密度。用公式表示如下：

$$\rho=\frac{m}{V} \tag{1-1}$$

式中，ρ——材料的密度，g/cm^3；m——材料在干燥状态下的质量，g；V——干燥材料在绝对密实状态下的体积，cm^3。

材料在绝对密实状态下的体积是指不包括孔隙在内的固体物质部分的体积，也称实体积。在自然界中，通常认为钢材、玻璃等少数材料是接近绝对密实的，绝大多数固体材料内部都存在孔隙。因此固体材料的总体积（V_0）应由固体物质部分体积（V）和孔隙体积（V_P）两部分组成，而材料内部的孔隙又根据是否与外界相连通被分为开口孔隙（浸渍时能被液体填充，其体积用 V_k 表示）和封闭孔隙（与外界不相连通，其体积用 V_b 表示）。固体材料的体积构成见图 1-1。

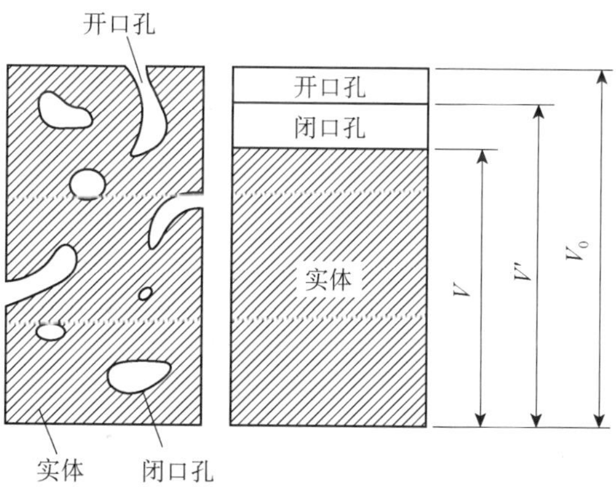

图 1-1　固体材料的体积构成

测定固体材料的密度时，须将材料磨成细粉（粒径小于 0.2mm），经干燥后采用李氏瓶测定其体积。材料磨得越细，受测材料孔隙排除得越充分，测得的体积越接近实体积，测得的密度值越精确。

（二）表观密度

材料在自然状态下，单位体积的质量称为表观密度。用公式表示如下：

$$\rho_0=\frac{m}{V_0} \tag{1-2}$$

式中，ρ_0——材料的表观密度，kg/m^3；m——材料的质量，kg；V_0——材料在自然状态下的体积，m^3，简称自然体积或表观体积。

材料在自然状态下的体积是指材料的固体物质部分体积与材料内部所含全部孔隙体积之和，即 $V_0 = V+V_p$。对于外形规则的材料，可直接按外形尺寸计算表观密度；对于外形不规则的材料，要采用排液法测定，但在测定前，材料表面应用薄蜡密封，以防液体进入材料内部孔隙而影响测定值。

表观密度的大小除取决于密度外，还与材料孔隙率及孔隙的含水程度有关。材料孔隙越多，表观密度越小；当孔隙中含有水分时，其质量和体积均有所变化。因此在测定表观密度时，须注明含水情况，没有特别标明时常指气干状态下的表观密度。在进行材料对比试验时，则以绝对干燥状态下测得的表观密度值（干表观密度）为准。

（三）堆积密度

散粒状（粉状、粒状、纤维状）材料在自然堆积状态下，单位体积的质量称为堆积密度。用公式表示如下：

$$\rho_0' = \frac{m}{V_0'} \tag{1-3}$$

式中，ρ_0'——材料的堆积密度，kg/m^3；m——散粒材料的堆积质量，kg；V_0'——散粒材料在自然堆积状态下的体积，又称堆积体积，m^3。

散粒状材料在自然堆积状态下的体积（V_0'），是指含有孔隙在内的颗粒材料的总体积（V_0）与颗粒之间空隙体积（V_k'）之和。测定堆积密度时，采用一定容积的容器，将散粒状材料按规定方法装入容器中，测定材料质量，容器的容积即为材料的堆积体积，如图 1-2 所示。

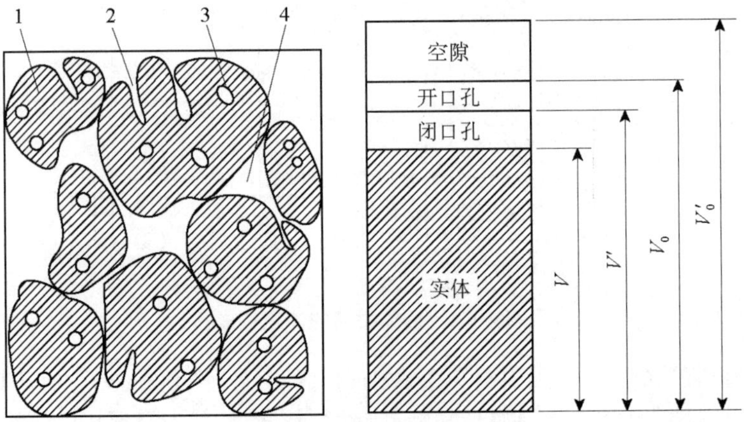

1—颗粒中固体物质；2—颗粒的开口孔隙；3—颗粒的闭口孔隙；4—颗粒间的空隙

图 1-2　堆积体积示意图

$$V_0' = V_0 + V_k'$$

式中，V_0'——堆积体积，m^3；V_0——材料在自然状态下的体积，m^3；V_k'——颗粒之间空隙体积，m^3。

材料的堆积密度取决于材料的表观密度以及测定时材料的装填方式和疏密程度。松堆积方式测得的堆积密度值明显小于紧堆积时的测定值。工程中通常采用松散堆积密度确定散粒状材料的堆放空间。

在建筑工程中，计算材料的用量、构件的自重、配料计算、确定材料堆放空间，以及材料运输车辆时，需要用到材料的密度、表观密度和堆积密度等数据。

（四）密实度与孔隙率

1. 密实度

密实度是指材料体积内被固体物质所填充的程度，也就是固体物质的体积占总体积的比例。以 D 表示，用公式计算如下：

$$D=\frac{V}{V_0}\times 100\%=\frac{\rho_0}{\rho}\times 100\% \tag{1-4}$$

含孔隙的固体材料的密实度均小于 1。材料的 ρ 与 ρ_0 越接近，即 ρ/ρ_0 越接近于 1，材料越密实。

2. 孔隙率

孔隙率是指材料内部孔隙体积占自然状态下总体积的百分率。以 P 表示，用公式计算如下：

$$P=\frac{V_0-V}{V_0}\times 100\%=(1-\frac{V}{V_0})\times 100\%=(1-\frac{\rho_0}{\rho})\times 100\% \tag{1-5}$$

孔隙率一般通过试验确定的材料密度和表观密度求得。

材料密实度、孔隙率是从不同角度反映材料的致密程度，一般工程上常用孔隙率。

材料的孔隙率与密实度的关系为：$P+D=1$。

孔隙率的大小取决于材料的组成、结构以及制造工艺。材料的许多工程性质如强度、吸水性、抗渗性、抗冻性、导热性、吸声性等都与材料的孔隙有关。这些性质不仅取决于孔隙率的大小，还与孔隙的大小、形状、分布、连通与否等构造特征密切相关。

工程上常常按孔隙的连通性，将孔隙分为开口孔隙（简称开孔）和闭口孔隙（闭孔）。开孔是指那些彼此相通，并且与外界相通的孔隙，如常见的毛细孔。材料内部开口孔隙增多使材料的吸水性、吸湿性、透水性、吸声性提高，但是抗冻性和抗渗性变差。闭孔是指那些彼此不连通，而且与外界隔绝的孔隙。材料内部闭口孔隙的增多会提高材料的保温隔热性能和耐久性。

（五）填充率与空隙率

1. 填充率

填充率是指散粒状材料在堆积体积中，被其颗粒填充的程度，以 D' 表示，用公式计算如下：

$$D'=\frac{V_0}{V_0'}\times 100\%=\frac{\rho_0'}{\rho_0}\times 100\% \tag{1-6}$$

2. **空隙率**

空隙率是指散粒材料在堆积体积中，颗粒之间的空隙体积所占的百分率。以 P' 表示，用公式计算如下：

$$P'=\frac{V_0'-V_0}{V_0'}\times 100\%=(1-\frac{V_0}{V_0'})\times 100\%=(1-\frac{\rho_0'}{\rho_0})\times 100\% \tag{1-7}$$

式中，ρ_0——散粒状材料的表观密度，kg/m^3；ρ_0'——散粒状材料的堆积密度，kg/m^3。

散粒材料的空隙率与填充率的关系为：$P'+D'=1$。

空隙率与填充率也是相互关联的两个性质，空隙率的大小可直接反映散粒材料的颗粒之间相互填充的程度。散粒状材料，空隙率越大，则填充率越小。

二、材料与水有关的性质

（一）亲水性与憎水性

材料与水接触时，根据材料是否能被水润湿，可将其分为亲水性和憎水性两类。亲水性是指材料表面能被水润湿的性质；憎水性是指材料表面不能被水润湿的性质。

当材料与水在空气中接触时，将出现图 1-3 所示的两种情况。在材料、水、空气三相交点处，沿水滴的表面作切线，切线与水和材料接触面所成的夹角称为润湿角（用 θ 表示）。当 θ 越小，表明材料越易被水润湿。一般认为，当 $\theta\leqslant 90°$ 时，如图 1-3（a）所示，材料表面吸附水分，能被水润湿，材料表现出亲水性；当 $\theta>90°$ 时，如图 1-3（b）所示，则材料表面不易吸附水分，不能被水润湿，材料表现出憎水性。

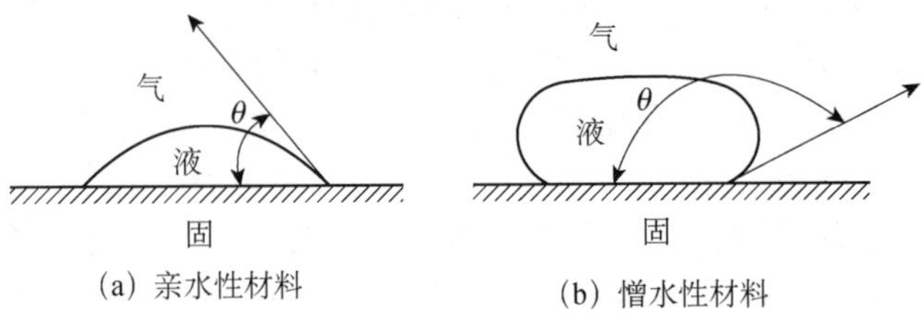

图 1-3　材料被水润湿示意图

亲水性材料易被水润湿，且水能通过毛细管作用而被吸入材料内部。憎水性材料则能阻止水分渗入毛细管中，从而降低材料的吸水性。建筑材料大多数为亲水性材料，如水泥、混凝土、砂、石、砖、木材等，只有少数材料为憎水性材料，如沥青、石蜡、某些塑料等。建筑工程中憎水性材料常被用做防水材料，或作为亲水性材料的覆面层，以提高其防水、防潮性能。

（二）吸水性

材料在浸水状态下吸收水分的性质称为吸水性。吸水性的大小用吸水率表示，吸水率有两种表示方法：质量吸水率和体积吸水率。

1. **质量吸水率**

材料在吸水饱和时，所吸收水分的质量占材料干燥时质量的百分率。用公式表示如下：

$$W_{\mathrm{m}}=\frac{m_{湿}-m_{干}}{m_{干}}\times 100\% \tag{1-8}$$

式中，W_{m}——材料的质量吸水率，%；$m_{湿}$——材料在吸水饱和状态下的质量，g；$m_{干}$——材料在绝对干燥状态下的质量，g。

2. **体积吸水率**

材料在吸水饱和时，所吸收水分的体积占干燥材料自然体积的百分率。

$$W_{\mathrm{v}}=\frac{V_{水}}{V_0}\times 100\%=\frac{m_{湿}-m_{干}}{V_0}\cdot\frac{1}{\rho_{水}}\times 100\% \tag{1-9}$$

式中，W_{v}——材料的体积吸水率，%；V_0——干燥材料在自然状态下的体积，cm^3；$\rho_{水}$——水的密度，$\mathrm{g/cm^3}$。常温下取 $1\mathrm{g/cm^3}$。

质量吸水率与体积吸水率存在如下关系：

$$W_{\mathrm{v}}=W_{\mathrm{m}}\cdot\rho_0 \tag{1-10}$$

常用的建筑材料，其吸水率一般采用质量吸水率表示。对于某些轻质材料，如加气混凝土、木材等，由于其质量吸水率往往超过 100%，一般采用体积吸水率表示。

材料吸水率的大小，不仅与材料的亲水性或憎水性有关，而且与材料的孔隙率和孔隙特征有关。材料所吸收的水分是通过开口孔隙吸入的。一般而言，孔隙率越大，开口孔隙越多，则材料的吸水率越大；但如果开口孔隙粗大，则不易存留水分，即使孔隙率较大，材料的吸水率也较小；另外，封闭孔隙水分不能进入，吸水率也较小。

（三）吸湿性

材料在潮湿空气中吸收水分的性质称为吸湿性。吸湿性的大小用含水率表示。材料所含水的质量占材料干燥质量的百分率，称为材料的含水率，用公式表示如下：

$$W_{含}=\frac{m_{含}-m_{干}}{m_{干}}\times 100\% \tag{1-11}$$

式中，$W_{含}$——材料的含水率，%；$m_{含}$——材料在吸湿状态下的质量，g；$m_{干}$——材料在干燥状态下的质量，g。

材料的含水率随空气的温度、湿度变化而改变。空气的温度越低、相对湿度越大，材料的含水率越大。材料既能在潮湿的空气中吸收水分，又能向干燥的空气释放水分，当材料中的水分与空气的湿度达到平衡，此时的含水率就称为平衡含水率。一般情况下，材料的含水率多指平衡含水率。当材料内部孔隙吸水达到饱和时，此时材料的含水率等于吸水率。

材料吸水后，会导致自重增加、保温隔热性能降低、强度和耐久性产生不同程度地下降。材料含水率的变化会引起体积的变化，影响使用。

（四）耐水性

材料长期在饱和水作用下不破坏，强度也不显著降低的性质称为耐水性。材料耐水性用软化系数表示，用公式表示如下：

$$K_{软}=\frac{f_{饱}}{f_{干}} \tag{1-12}$$

式中，$K_{软}$——材料的软化系数；$f_{饱}$——材料在吸水饱和状态下的抗压强度，MPa；$f_{干}$——材料在干燥状态下的抗压强度，MPa。

软化系数的大小反映材料在浸水饱和后强度降低的程度。材料被水浸湿后，强度一般会有所下降，因此软化系数在 0～1 之间。软化系数越小，说明材料吸水饱和后的强度降低越多，其耐水性越差。工程中将 $K_{软}>0.85$ 的材料称为耐水性材料。对于经常位于水中或潮湿环境中的重要结构，所选用的材料要求其软化系数不得低于 0.85；对于用于受潮较轻或次要结构的材料，其软化系数不宜小于 0.75。

（五）抗渗性

材料抵抗压力水渗透的性质称为抗渗性或不透水性。材料的抗渗性通常采用渗透系数或抗渗等级表示。

1. 渗透系数

渗透系数的物理意义是指一定厚度的材料，在单位压力水头作用下，单位时间内透过单位面积的水量，如图 1-4 所示，用公式表示如下：

$$K=\frac{Wd}{Ath} \tag{1-13}$$

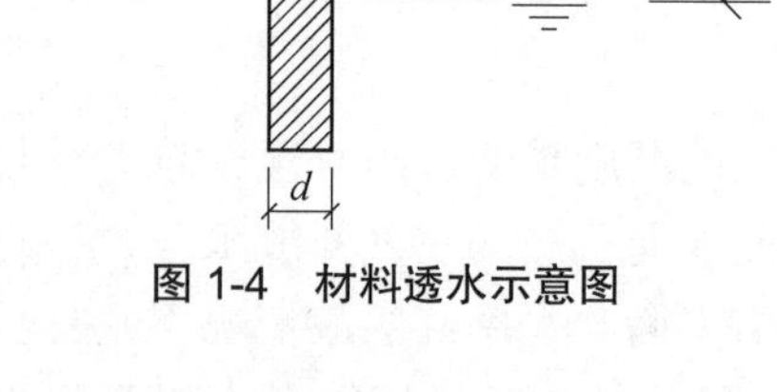

图 1-4 材料透水示意图

式中，K——材料的渗透系数，cm/h；W——透过材料试件的水量，cm^3；d——材料试件的厚度，cm；A——透水面积，cm^2；t——透水时间，h；h——静水压力水头，cm。

渗透系数反映了材料抵抗压力水渗透的能力，渗透系数越大，则材料的抗渗性越差而透水性越好。对于防水、防潮材料，如沥青、油毡、沥青混凝土、瓦等材料，常用渗透系数表示其抗渗性。

2. 抗渗等级

对于混凝土和砂浆，其抗渗性常采用抗渗等级表示。抗渗等级是以规定的试件，采用标准的试验方法测定试件所能承受的最大水压力来确定，以符号“P”及材料承受的水压力值（以 0.1MPa 位单位）来表示。如 P6、P8 分别表示试件能够承受 0.6MPa、0.8MPa 的水压而不渗透。抗渗等级越大，材料的抗渗性越好。

材料抗渗性的大小，与其孔隙率和孔隙特征有关。材料中存在连通的孔隙，且孔隙率较大，水分容易渗入，故这种材料的抗渗性较差。孔隙率小的材料具有较好的抗渗性。封闭孔隙水分不能渗入，因此对于孔隙率虽然较大，但以封闭孔隙为主的材料，其抗渗性也较好。对于地下建筑、压力管道、水工构筑物等工程部位，因经常受到压力水的作用，要选择具有良好抗渗性的材料；作为防水材料，则要求其具有更高的抗渗性。

（六）抗冻性

材料在饱和水状态下，能经受多次冻融循环作用而不破坏，且强度也不显著降低的性质，称为抗冻性。材料的抗冻性用抗冻等级表示。抗冻性试验通常是将规定的标准试件浸水饱和后，在-5℃条件下冻结一定时间，然后在室温的水中融化，进行反复冻融，试件强度降低不大于 25%，质量损失值不超过 5%，材料表面无明显损伤，所对应的最大循环次数，定为该材料的抗冻等级。用“F”加数字表示，如 F50 表示在标准实验条件下，材料所能经受的最大冻融循环次数为 50 次。抗冻等级越高，材料的抗冻能力越强，材料可以经受的冻融循环次数就越多。

材料经受冻融循环作用而破坏，主要是因为材料内部孔隙中的水结冰所致。水结冰时体积要增大，若材料内部孔隙充满了水，则结冰产生的膨胀会对孔隙壁产生很大的应力，当此应力超过材料的抗拉强度时，孔壁将产生局部开裂；另一方面是在冻结和融化过程中，材料内外温差引起的温度应力会导致内部微裂纹的产生或加速原来微裂纹的扩展，而最终使材料破坏。显然，这种破坏作用随冻融循环次数的增多而加强。随着冻融循环次数的增加，材料逐渐被破坏。

材料抗冻性的好坏，取决于材料的孔隙率、孔隙的特征，并且还与材料受冻前的吸水饱和程度、自身的抗拉强度以及冻结条件（如冻结温度、速度、冻融循环作用的频繁程度等）有关。材料的强度越低、开口孔隙率越大，则材料的抗冻性越差。材料受冻时，其孔隙充水程度越高，材料的抗抗冻性越差。冻结温度越低、速度越快、越频繁，那么材料产生的冻害越严重。

在寒冷地区及寒冷环境中的建筑物或构筑物，必须要考虑所选择材料的抗冻性。

三、材料与热有关的性质

为保证建筑物具有良好的室内小气候，降低建筑物的使用能耗，因此要求材料具有良好的热工性质。通常考虑的热工性质有导热性、热容量。

（一）导热性

当材料两侧存在温差时，热量将从温度高的一侧通过材料传递到温度低的一侧，材料这种传导热量的能力称为导热性。材料导热性的大小用导热系数 λ 表示。导热系数在数值上等于厚度为 1m 的材料，当两侧温差为 1K 时，在单位时间（1s）内通过单位面积（$1m^2$）的热量。材料传导热量的示意图如图 1-5 所示。用公式表示如下：

$$\lambda = \frac{Qa}{At(T_2 - T_1)} \tag{1-14}$$

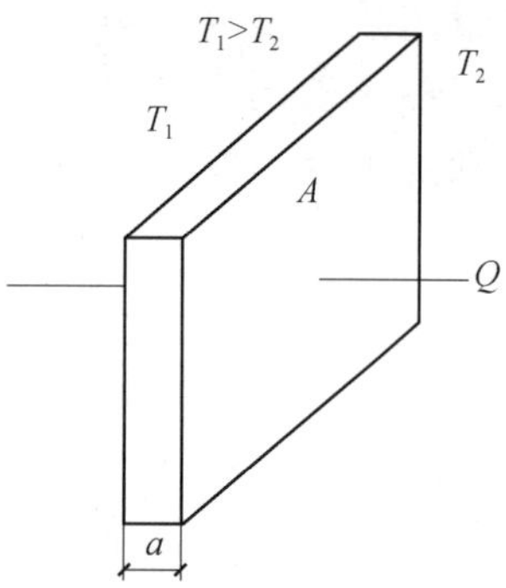

图 1-5　材料传热示意图

式中，λ——材料的导热系数，W/（m·K）；Q——传导的热量，J；a——材料的厚度，m；A——材料的传热面积，m^2；t——传热时间，s；T_2-T_1——材料两侧的温差，K。

显然，导热系数越小，材料的隔热性能就越好。材料的导热系数差别很大，大致在 0.035W/（m·K）（泡沫塑料）至 3.5W/（m·K）（大理石）之间。常将 $\lambda \leqslant 0.15$W/（m·K）的材料称为绝热材料。

材料的导热系数决定于材料的化学组成、结构、构造、孔隙率与孔隙特征、含水状况及导热的温度。一般来讲，金属材料、无机材料、晶体材料的导热系数分别大于非金属材料、有机材料、非晶体材料。由于密闭空气的导热系数很小〔λ=0.023W/（m·K）〕，故材料的闭口孔隙率越大，其导热系数就越小。但如果孔隙粗大而且贯通，空气会形成对流，材料的导热性反而会增大。材料受潮以后，水分进入孔隙，水的导热系数比空气的导热系数高很多〔λ=0.58W/（m·K）〕，从而使材料的导热性大大增加；材料若受冻，水结成冰，冰的导热系数是水导热系数的 4 倍，为 λ=2.3W/（m·K），材料的导热性将进一步增加。因此对于保温材料一定要注意保管和使用过程中防止受潮受冻。

建筑物要求具有良好的保温隔热性能。保温隔热性和导热性都是指材料传递热量的能力，在工程中常把 $1/\lambda$ 称为材料的热阻，用 R 表示。材料的导热系数越小，其热阻越大，则材料的导热性能越差，其保温隔热性能越好。

（二）热容量

材料在受热时吸收热量，冷却时放出热量的性质称为材料的热容量，其大小用比热容 c 表示。比热容是指单位质量的材料，温度每升高或降低 1K 时所吸收或放出的热量。用公式表示如下：

$$c=\frac{Q}{m(T_2-T_1)} \tag{1-15}$$

式中，c——材料的比热容，J/（kg·K）；Q——材料吸收或放出的热量，J；m——材料的质量，kg；T_2-T_1——材料加热或冷却前后的温差，K。

比热容的大小直接反映出材料吸热或放热能力的大小。采用比热容大的材料做围护结构材料时，能在热流变动或采暖设备供热不均匀时，缓和室内的温度波动，对于维持室内温度稳定有良好的作用。水的比热容大，c=4.19J/（g·K），因此蓄水的平屋顶能使室内冬暖夏凉，沿海地区昼夜温差较小。

材料的导热系数和比热容是设计建筑物围护结构、进行热工计算时的重要参数，选用导热系数小、比热容大的材料可以节约能耗并长时间地保持室内温度的稳定。常见建筑材料的导热系数和比热容见表 1-1。

表 1-1　常用建筑材料的导热系数和比热容指标

材料名称	导热系数 W/（m·K）	比热容 J/（kg·K）	材料名称	导热系数 W/（m·K）	比热容 J/（kg·K）
建筑钢材	58	0.48	黏土空心砖	0.64	0.92
花岗岩	3.49	0.92	松木	0.17～0.35	2.51
普通混凝土	1.28	0.88	泡沫材料	0.03	1.30
水泥砂浆	0.93	0.84	冰	2.20	2.05
白灰砂浆	0.81	0.84	水	0.60	4.19
普通黏土砖	0.81	0.84	静止空气	0.025	1.00

（三）热变形性

材料随温度变化其形状尺寸改变的性能称为材料的热变形性。在自然界中，绝大多数的材料都有热胀冷缩这一属性。这种变化表现在单向尺寸时，为线膨胀或线收缩，用线胀系数 α_L 表示，按下式计算：

$$\alpha_L = \frac{\Delta L}{L(T_2 - T_1)} \tag{1-16}$$

式中，α_L——材料在常温下的平均线胀系数，单位为 1/K；ΔL——线膨胀或线收缩量，单位为 mm 或 m；$T_2 - T_1$——材料升（降）温前后的温度差，单位为 K；L——材料原来的长度，单位 mm 或 m。

建筑工程中，对材料的温度变形往往只考虑某一单向尺寸的变化，因此，研究材料的线膨胀系数具有重要意义。在多种材料复合使用中，应充分考虑材料的热变形性，尽量选用线膨胀系数相近的材料，以避免材料间产生较大的温度应力出现开裂破坏。

第二节　材料的力学性质

材料的力学性质是指材料在外力作用下的变形性和抵抗破坏的性质，它是选用建筑材料时首要考虑的基本性质。

一、材料的强度

材料在荷载（外力）作用下抵抗破坏的能力称为材料的强度。

当材料受到外力作用时，其内部就产生应力，荷载增加，所产生的应力也相应增大，直至材料内部质点间结合力不足以抵抗所作用的外力时，材料即发生破坏。材料破坏时，达到应力极限，这个极限应力值就是材料的强度，又称极限强度。

强度的大小直接反映材料承受荷载能力的大小。由于荷载作用形式不同，材料的强度主要有抗压强度、抗拉强度、抗弯（抗折）强度及抗剪强度等，见表 1-2。

表 1-2 材料受力作用示意图及计算公式

强度	受力示意图	计算公式	附注
抗压强度 f_c，MPa	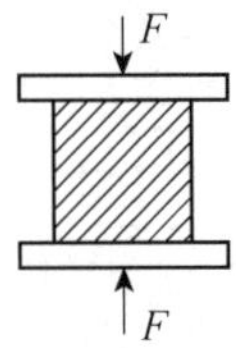	$f_c=\frac{F}{A}$	F——破坏荷载，N； A——受荷面积，mm^2； l——跨度，mm； b——试件宽度，mm； h——试件高度，mm
抗拉强度 f_t，MPa	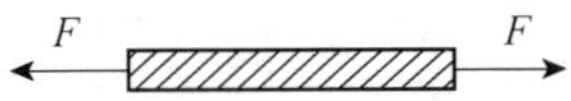	$f_t=\frac{F}{A}$	
抗剪强度 f_v，MPa	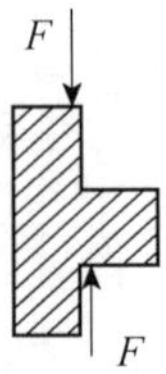	$f_v=\frac{F}{A}$	
抗弯强度 f_{tm}，MPa	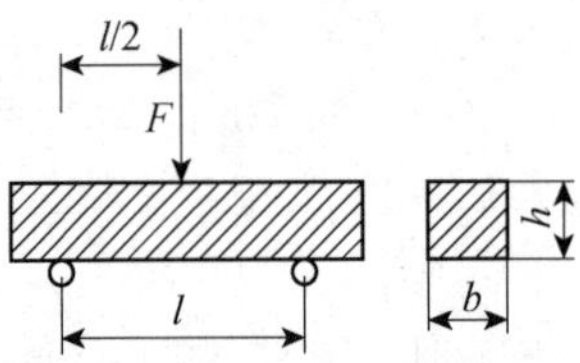	$f_{tm}=\frac{3Fl}{2bh^2}$	

不同种类的材料具有抵抗不同外力的特点，同种材料因其孔隙率及宏观构造特征不同，强度也会有很大差异。一般情况下，材料表观密度越小，孔隙率越大，质地越疏松的材料强度也越低。此外，材料的强度值还与试验条件有密切关系，如试件形状、尺寸、表面状态、含水率、环境温度及试验时加荷速度等。为了使测定的强度值准确且具有可比性，必须按规定的标准试验方法测定材料的强度。常用建筑材料的强度值见表 1-3。

表 1-3 常用建筑材料的强度值

材料名称	抗压强度/MPa	抗拉强度/MPa	抗弯强度/MPa	抗剪强度/MPa
钢材	215～1600	215～1600	215～1600	200～350
普通混凝土	10～100	1～8		2.5～3.5
烧结普通砖	7.5～30		1.8～4.0	1.8～4.0
花岗岩	100～250	5～8	10～14	13～19
松木（顺纹）	30～50	80～120	60～100	6.3～6.9

材料的强度等级是按照材料的主要强度指标划分的级别。对于水泥、砖、混凝土、砂浆等在建筑物中主要用于承压部位的材料以其抗压强度来划分强度等级。而建筑钢材在建筑物中主要用于承受拉力，所以以其屈服强度作为划分强度等级的依据。掌握材料的强度等级，对合理选择材料、控制工程质量是十分重要的。

为了便于不同材料的强度进行比较，常采用比强度这一指标。所谓比强度是按单位质量计算的材料强度，其值等于材料的强度与其表观密度之比。它是衡量材料轻质高强的一个主要指标。在高层建筑及大跨度结构工程中常采用比强度较高的材料。这类轻质高强的材料是未来建筑材料发展的方向。几种常用材料的参考比强度值见表 1-4。

表 1-4 几种常用材料的参考比强度值

材料（受力状态）	强度/MPa	表观密度/（kg/m^3）	比强度
玻璃钢（抗弯）	450	2000	0.225
低碳钢（抗拉）	420	7850	0.054
铝材（抗压）	170	2700	0.063
铝合金（抗压）	450	2800	0.160
花岗岩（抗压）	175	2550	0.069
石灰岩（抗压）	140	2500	0.056
松木（顺纹抗拉）	10	500	0.200
普通混凝土（抗压）	40	2400	0.017
烧结普通砖（抗压）	10	1700	0.006

由表数值可见，松木的比强度较大，是轻质高强材料。混凝土的比强度较小，是质量大而强度较低的材料。

二、材料的弹性与塑性

材料在外力作用下产生变形，当外力取消后，能够完全恢复原来形状的性质称为弹性。这种完全恢复的变形称为弹性变形（或瞬时变形）。明显具有弹性变形的材料称为弹性材料。这种变形是可逆的，其数值的大小与外力成正比。其比例系数 E 称为弹性模量。在弹性范围内，弹性模量 E 为常数，其值等于应力与应变的比值，即

$$E=\frac{\sigma}{\varepsilon} \tag{1-17}$$

式中，σ——材料的应力，MPa；ε——材料的应变；E——材料的弹性模量，MPa。
弹性模量是衡量材料抵抗变形能力的一个指标，E 越大，材料受外力作用时越不易产生变形。

材料在外力作用下产生不能自行恢复的变形，且不破坏的性质称为塑性。这种不能恢复的变形称为塑性变形（或永久变形）。明显具有塑性变的材料称为塑性材料。

实际上，纯弹性与纯塑性的材料都是不存在的。不同的材料在力的作用下表现出不同的变形特征。一些材料在受力不大时只产生弹性变形，而当外力达到一定限度后，即产生塑性变形，如低碳钢，其变形曲线如图 1-6（a）所示。有些材料在受力时，弹性变形和塑性变形同时产生，如普通混凝土，其变形曲线如图 1-6（b）所示。

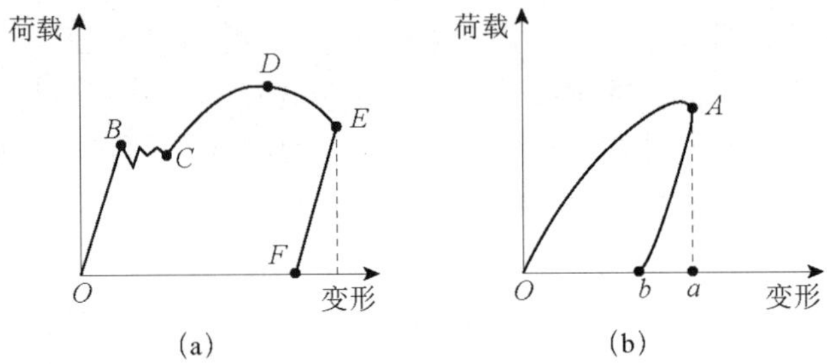

图 1-6　材料的变形曲线

三、材料的脆性与韧性

材料受外力作用，当外力达到一定限度时，材料发生突然破坏，且破坏时无明显塑性变形，这种性质称为脆性，具有这种性质的材料称为脆性材料。脆性材料的抗压强度远大于其抗拉强度，因此其抵抗冲击荷载或震动作用的能力很差。建筑材料中大部分无机非金属材料均为脆性材料，如混凝土、玻璃、天然岩石、砖瓦、陶瓷等。

材料在冲击荷载或震动荷载作用下，能吸收较大的能量，同时产生较大的变形而不破坏的性质称为韧性（或冲击韧性）。具有这种性质的材料称为韧性材料。韧性材料的特点是塑性变形大，受力时产生的抗拉强度接近或高于抗压强度，破坏前有明显征兆，主要适合于承受拉力或动载荷。木材、建筑钢材、沥青混凝土等属于韧性材料。在建筑工程中，对于要求承受冲击荷载和有抗震要求的结构，如吊车梁、桥梁、路面等所用材料，均应具有较高的韧性。

第三节　材料的耐久性

材料的耐久性是泛指材料在使用环境中，受各种内在或外来自然因素的作用，长久地保持其使用性的性质。耐久性是衡量材料在长期使用条件下的安全性能的一项综合指标。建筑工程中，建筑材料选用时必须考虑其耐久性问题。只有采用耐久性良好的建筑材料，才能保证建筑物整体的耐久性。

影响材料耐久性的因素有内因和外因之分。内因是指材料的组成、构造、性能发生变化；外因是指材料长期受到使用条件及各种自然因素的作用，这些作用概括为以下几个方面：

（1）物理作用。包括环境温度、湿度的交替变化，即冷热、干湿、冻融等循环作用。材料经受这些作用后，将发生膨胀、收缩或产生应力，长期的反复作用，将使材料逐渐被破坏。

（2）化学作用。包括大气和环境水中的酸、碱、盐等或其他有害物质对材料的侵蚀作用，以及日照、紫外线等对材料的作用。

（3）生物作用。包括菌类、昆虫等的侵害作用，导致材料发生腐朽、虫蛀等而破坏。

（4）机械作用。包括荷载的持续作用，交变荷载对材料引起的疲劳、冲击、磨损等。

实际上，影响材料耐久性的原因是内因和外因共同作用的结果。即耐久性是一种综合性质。它包括如抗冻性、抗渗性、抗风化性、抗老化性、耐化学腐蚀性等多方面的内容。

不同种类的材料，其耐久性的内容也各不相同。无机矿物质材料（如石材、砖、混凝土等）主要受风吹、日晒、雨淋、霜雪等引起的风化和冻融作用，有害气体的侵蚀作用会对上述破坏起促进作用；金属材料（如钢材）主要受化学腐蚀作用；木材等有机材料主要受生物作用；沥青、高分子材料主要受阳光、空气、热的作用。建筑部位不同或工程所处环境不同，其材料的耐久性也具有不同的内容。

提高材料的耐久性，对节约建筑材料、保证建筑物长期正常使用、减少维修费用、延长建筑物使用寿命等，均具有十分重要的意义。

本章小结

本章主要介绍材料基本性质。材料基本性质是指材料处于不同的使用条件和使用环境时，必须考虑的最基本的、共用的性质。本章是学习建筑材料课程所必备的基础知识。通过本章学习可以了解建筑材料所具有的各种基本性质的定义、内涵、参数及计算方法；了解材料性质对其性能的影响，如材料的孔隙率对材料强度、吸水性、耐久性、抗冻性等的影响；了解材料性能对建筑结构质量的影响，为下一步学习材料理论打下基础。

思考与练习

1. 材料的密度、表观密度、堆积密度有何区别？如何计算？

2. 什么是材料的孔隙率和空隙率？如何计算？

3. 什么是材料的吸水性和吸湿性？各用什么指标表示？如何计算这些指标？

4. 什么是材料的耐水性？用什么指标表示？

5. 什么是材料的抗冻性和抗渗性？抗冻等级和抗渗等级是如何划分的？

6. 什么是材料的强度和比强度？

7. 材料孔隙率和孔隙特征对材料的密度、表观密度、吸水性、吸湿性、抗冻性、抗渗性、强度及导热性的影响是什么？

8. 弹性变形和塑性变形有何不同？

9. 脆性材料和韧性材料有何区别？使用时应注意哪些问题？

10. 一普通烧结黏土砖（此砖尺寸为 240mm×115mm×53mm），烘干至恒定质量为 2420g，浸水饱和后质量为 2640g，将其烘干磨细称取 50g，用密度瓶测定其体积为 19.2cm^3。求此砖的密度、表观密度、吸水率、密实度、孔隙率、开口孔隙率、闭口孔隙率。

11. 某砂样 500g，烘干后称其质量为 458g，求此砂样的含水率。

12. 某工地现场拌制混凝土，每次搅拌须加入干砂 120kg，现场砂的含水率为 2%，计算每次应加入湿砂多少千克？

13. 直径为 20mm 的钢筋做拉伸试验，测得能承受的最大拉力为 145kN，试计算钢筋的抗拉强度（精确至 0.1MPa）。

14. 某岩石在气干、绝干、水饱和状态下测得的抗压强度分别为 172MPa、178MPa、168MPa，求该岩石的软化系数。并指出该岩石可否用于水下工程。

15. 什么是材料的耐久性？

第二章　气硬性胶凝材料

章前导读

本章主要讲述石灰、石膏、水玻璃等常用气硬性胶凝材料的硬化机理、技术性质及主要用途，通过学习可以了解并掌握常见气硬性胶凝材料的相关知识，以便在实际工程应用中合理选用。

学习目标

1. 掌握胶凝材料的分类。
2. 掌握石灰、石膏的技术要求、特性、应用及保管。
3. 了解石灰、石膏的生产工艺产品分类。
4. 了解水玻璃的特性及在工程中的应用。

在建筑工程中，把经过一系列的物理、化学作用后，由液体或膏状体变为坚硬的固体，同时能将砂、石、砖、砌块等散粒或块状材料胶结成一个整体的材料，统称为胶凝材料。

胶凝材料品种繁多，按化学成分可分为有机胶凝材料和无机胶凝材料两大类，其中无机胶凝材料按硬化条件又可分为水硬性胶凝材料和气硬性胶凝材料两类。所谓气硬性胶凝材料，是指只能在空气中硬化并保持或继续提高其强度的胶凝材料，如石灰、石膏、水玻璃等，如图 2-1 所示。

- 胶凝材料
  - 无机胶凝材料
    - 气硬性胶凝材料：石灰、石膏、水玻璃
    - 水硬性胶凝材料：各类水泥
  - 有机胶凝材料：沥青、树脂、橡胶等

图 2-1　胶凝材料的分类

气硬性胶凝材料一般只适合用于地上或干燥环境，不宜用于潮湿环境，更不可用于水中。水硬性胶凝材料是指不仅能在空气中硬化，而且能更好地在水中硬化并保持或继续提高其强度的胶凝材料，如水泥。水硬性胶凝材料既适用于地上，也适用于地下或水中。

第一节　石灰

石灰是建筑工程中使用较早的矿物胶凝材料之一。由于其原料来源广泛，生产工艺简单，成本低廉，具有其特定的工程性能，所以至今仍广泛应用于建筑工程中。

一、石灰的生产

（一）原料

生产石灰的原料有两种：一是天然原料，以碳酸钙为主要成分的矿物、岩石（如石灰岩、白云岩）或贝壳等；二是化工副产品，如电石渣（是碳化钙制取乙炔时产生的，其主要成分是氢氧化钙），目前主要是以天然的石灰岩为原料。

（二）生产过程

将主要成分为碳酸钙和碳酸镁的岩石经高温煅烧（加热至 900℃以上），逸出 CO_2 气体，得到的白色或灰白色的块状材料即为生石灰，其主要化学成分为氧化钙和氧化镁。

$$CaCO_3 \xrightarrow{900℃} CaO+CO_2\uparrow$$

$$MgCO_3 \xrightarrow{600℃} MgO+CO_2\uparrow$$

在实际生产中，为加快石灰石的分解，使原料充分煅烧，温度通常控制在 1000～1200℃。温度较低、煅烧时间不足、石灰岩原料尺寸过大、装料过多等因素，会产生欠火石灰。欠火石灰中 $CaCO_3$ 尚未完全分解，未分解的 $CaCO_3$，没有活性，从而降低了石灰的有效成分含量；温度过高或煅烧时间过长时，石灰石中的杂质会发生熔结，产生过火石灰。过火石灰颗粒粗大、结构致密，熟化速度十分缓慢，使用时如果处理不当会影响工程质量。

根据石灰中氧化镁含量的多少，将石灰分为钙质石灰（MgO 含量≤5%）和镁质石灰（MgO 含量＞5%）。镁质石灰熟化较慢，但硬化后强度稍高。用于建筑工程中的多为钙质石灰。

按照成品加工方法的不同，建筑工程中常用的石灰产品主要有以下几种类型。

（1）块状生石灰：由原料煅烧而成的原产品，主要成分为 CaO。

（2）生石灰粉：块状生石灰经磨细而成的粉状产品，主要成分为 CaO。

（3）消石灰粉：将生石灰粉用适量的水消解而成的粉末，也称熟石灰粉，其主要成分为 $Ca(OH)_2$。

（4）石灰膏：将生石灰加石灰体积 3～4 倍的水消解，石灰浆在储灰池中沉淀，除去上层水分后即成为石灰膏，其主要称为 $Ca(OH)_2$。

二、石灰的熟化

（一）熟化过程

块状生石灰在使用前都要加水消解，这一过程称为“消解”或“熟化”，也可称之为“淋灰”。经消解后的石灰称为“消石灰”或“熟石灰”，其化学反应式为

$$CaO+H_2O\rightarrow Ca(OH)_2+64.8kJ$$

生石灰在熟化过程有两个显著的特点：一是体积膨胀大（约 1～2.5 倍）；二是放热量大，放热速度快。煅烧良好、氧化钙含量高、杂质含量小的生石灰，其熟化速度快，放热量和体积增大也多，因此产浆量高。此外，熟化速度还取决于熟化池中的温度，温度高，熟化速度快。

（二）熟化方法

1. 经过筛与陈伏后制成石灰膏

石灰中不可避免含有未分解的碳酸钙及过火的石灰颗粒。为消除这类杂质的危害，石灰膏在使用前应进行过筛和陈伏。即在化灰池中加水，拌制成石灰浆，熟化的氢氧化钙经筛网过滤（除渣）流入储灰池，在储灰池中沉淀陈伏成膏状材料，即石灰膏。为保证石灰充分熟化，必须在储灰池中储存半个月后再使用，这一过程称为陈伏。陈伏期间，石灰膏表面应保留一层水，或用其他材料覆盖，避免石灰膏与空气接触而导致碳化。石灰膏可用来拌制砌筑砂浆、抹面砂浆，也可以掺入较多的水制成石灰乳液用于粉刷。

2. 制成消石灰粉

将生石灰淋以适当的水，消解成氢氧化钙，再经磨细、筛分而得干粉，称为消石灰粉或熟石灰粉。消石灰粉也需放置一段时间，待进一步熟化后使用。由于其熟化未必充分，不宜用于拌制砂浆、灰浆。消石灰粉常用丁拌制石灰土、三合土。

三、石灰的硬化

石灰浆在空气中的硬化是物理变化过程——干燥结晶，和化学反应过程——碳化、硬化两个同时进行的过程。

1. 干燥结晶过程

石灰膏中的游离水分一部分蒸发掉，另一部分被砌体吸收。氢氧化钙从过饱和溶液中结晶析出，晶相颗粒逐渐靠拢结合成固体，强度随之提高。

2. 碳化硬化过程

氢氧化钙与空气中的二氧化碳反应生成不溶于水的、强度和硬度较高的碳酸钙，析出的水分逐渐蒸发，其反应式为

$$Ca(OH)_2+CO_2+nH_2O\rightarrow CaCO_3+(n+1)H_2O$$

这个反应实际是二氧化碳与水结合形成碳酸，再与氢氧化钙作用生成碳酸钙。如果没

有水，这个反应就不能进行。碳化过程是由表及里的，但表层生成的碳酸钙结晶阻碍了二氧化碳的深入，也影响了内部水分的蒸发，所以碳化过程长时间只限于表面。氢氧化钙的结晶作用则主要发生在内部。石灰硬化过程的两个主要特点是：一是硬化速度慢；二是体积收缩大。

从以上的石灰硬化过程可以看出，石灰的硬化只能在空气中进行，也只能在空气中才能继续发展提高其强度，所以石灰只能用于干燥环境的地面上建筑物、构筑物，而不能用于水中或潮湿环境中。

四、石灰的技术标准

1. 建筑生石灰

（1）建筑生石灰的分类。按生石灰的化学成分分为钙质石灰和镁质石灰两类。根据化学成分的含量又将钙质石灰和镁质石灰分成各个等级，见表 2-1。

表 2-1 建筑生石灰的分类（JC/T479—2013）

类别	名称	代号
钙质石灰	钙质石灰 90	CL90
	钙质石灰 85	CL85
	钙质石灰 75	CL75
镁质石灰	镁质石灰 85	ML85
	镁质石灰 80	ML80

（2）建筑生石灰的技术要求。建筑生石灰的化学成分应符合表 2-2 的要求。

表 2-2 建筑生石灰的化学成分（JC/T479—2013）

名称	（氧化钙+氧化镁）（CaO+MgO）	氧化镁（MgO）	二氧化碳（CO_2）	三氧化硫（SO_3）
CL90-Q CL90-QP	≥90	≤5	≤4	≤2
CL85-Q CL85-QP	≥85	≤5	≤7	≤2
CL75-Q CL75-QP	≥75	≤5	≤12	≤2
ML85-Q ML85-QP	≥85	＞5	≤7	≤2
ML80-Q ML80-QP	≥80	＞5	≤7	≤2

建筑生石灰的物理性质应符合表 2-3 的要求。

表 2-3　建筑生石灰的物理性质（JC/T479—2013）

名称	产浆量/［dm^3（10kg）］	细度	
		0.2mm 筛余量（%）	90μm 筛余量（%）
CL90-Q CL90-QP	≥26 —	— ≤2	— ≤7
CL85-Q CL85-QP	≥26 —	— ≤2	— ≤7
CL75-Q CL75-QP	≥26 —	— ≤2	— ≤7
ML85-Q ML85-QP	—	— ≤2	— ≤7
ML80-Q ML80-QP	—	— ≤7	— ≤2

注：其他物理特性，根据用户要求，可参照 JC/T478.1 进行测试。

2. **建筑消石灰**

（1）建筑消石灰的分类，见表 2-4。

表 2-4　建筑消石灰的分类（JC/T481—2013）

类别	名称	代号
钙质消石灰	钙质消石灰 90	HCL90
	钙质消石灰 85	HCL85
	钙质消石灰 75	HCL75
镁质消石灰	镁质消石灰 85	HML85
	镁质消石灰 80	HML80

（2）建筑消石灰的技术要求，见表 2-5 和 2-6。

表 2-5　建筑消生石灰的化学成分（JC/T481—2013）

名称	（氧化钙+氧化镁）（CaO+MgO）	氧化镁（MgO）	三氧化硫（SO_3）
HCL90 HCL85 HCL75	≥90 ≥85 ≥75	≤5	≤2
HML85 HML80	≥85 ≥80	>5	≤2

注：表中数值以试样扣除游离水和化学结合水后的干基为基准。

表 2-6　建筑消石灰的物理性质（JC/T481—2013）

名称	游离水	细度		安定性
		0.2mm 筛余量（%）	90μm 筛余量（%）	
HCL90	≤2	≤2	≤7	合格
HCL85				
HCL75				
HML85				
HML80				

五、石灰的技术性质

与其他胶凝材料相比，石灰具有以下特性。

1. 保水性、可塑性好

生石灰熟化为石灰浆时，能自动形成颗粒极细的呈胶体分散状态的氢氧化钙，表面吸附一层厚的水膜，因而保水性能好，且水膜层也大大降低了颗粒间的摩擦力。因此，用石灰膏制成的石灰砂浆具有良好的保水性和可塑性。在水泥砂浆中掺入石灰膏，可使砂浆的保水性和可塑性显著提高。

2. 硬化慢、强度低

石灰浆体硬化过程的特点之一就是硬化速度慢。原因是空气中的二氧化碳浓度低，且碳化是由表及里的，在表面形成较致密的壳，使外部的二氧化碳较难进入其内部，同时内部的水分也不易蒸发，所以硬化缓慢，硬化后的强度也不高，如 1∶3 石灰砂浆 28 天的抗压强度通常只有 0.2～0.5MPa。

3. 体积收缩大

体积收缩大是石灰在硬化过程中的另一特点，一方面是由于蒸发大量的游离水而引起显著的收缩；另一方面碳化也会产生收缩。所以石灰除调成石灰乳液作薄层涂刷外，不宜单独使用，常掺入砂、纸筋等以减少收缩、限制裂缝的扩展。

4. 耐水性差、吸湿性强

石灰浆体在硬化过程中的较长时间内，主要成分仍是氢氧化钙（表层是碳酸钙），由于氢氧化钙易溶于水，所以石灰的耐水性较差。硬化中的石灰若长期受到水的作用，会导致强度降低，甚至会溃散。生石灰极易吸收空气中的水分熟化成熟石灰粉，所以生石灰长期存放应在密闭条件下，并应防潮、防水。

六、石灰的应用

1. 拌制灰浆、砂浆

如麻刀灰、纸筋灰，石灰砂浆、水泥石灰混合砂浆等，用于砌筑工程、抹面工程。

2. 拌制灰土、三合土等

消石灰粉和黏土按一定比例配合称为灰土，通常用体积比表示，如三七灰，二八灰；在灰土中再加入炉渣、砂、石等填料，即成三合土；在三合土的基础上加入少量低标号的水泥形成所谓的四合土。灰土和三合土经夯实后强度高、耐水性好，且操作简单、价格低廉，广泛应用于建筑物、道路等的垫层、地基的换土处理和基础。

灰土和三合土的强度形成，是由于石灰改善了黏土的和易性，在强力夯打之下，大大提高了土的密实度。而且，黏土颗粒表面少量活性氧化硅和氧化铝与氢氧化钙起化学反应，生成了不溶性的水化硅酸钙和水化铝酸钙，将黏土颗粒黏结起来，从而提高了黏土的强度和耐久性。

3. 建筑生石灰粉

将生石灰磨成细粉，即建筑生石灰粉。建筑生石灰粉加入适量的水拌成的石灰浆可以直接使用，主要是因为粉状石灰熟化速度较快，熟化放出的热促使硬化速度进一步加快。硬化后的强度要比石灰膏硬化后的强度高。

4. 制作碳化石灰板材

碳化石灰板是将磨细的生石灰掺 30%～40%的短玻璃纤维或轻质骨料加水搅拌，振动成形，然后利用石灰窑的废气人工碳化 12～24 小时而成的一种轻质板材。它能锯、能钉，适宜用做非承重内隔墙板、天花板等。

5. 生产硅酸盐制品

将磨细的生石灰或消石灰粉与天然砂或粒化高炉矿渣、炉渣、粉煤灰等硅质材料配合均匀，加水搅拌，再经陈伏（使生石灰充分熟化）、加压成型和压蒸处理可制成蒸压灰砂砖。灰砂砖呈灰白色。如果掺入耐碱颜料，可制成各种颜色。它的尺寸与普通黏土砖相同，也可制成其他形状的砌块，主要用做墙体材料。

七、石灰的验收、储运及保管

建筑生石灰粉、建筑消石灰粉一般采用袋装，可以采用符合标准规定的牛皮纸袋、复合纸袋或塑料编织袋包装，袋上应标明厂名、产品名称、商标、净重、批量编号。运输、储存时不得受潮和混入杂物。

保管时应分类、分等级存放在干燥的仓库内，不宜长期存储。运输过程中要采取防水措施。由于生石灰遇水发生反应放出大量的热，所以生石灰不宜与易燃易爆物品共存、共运，以免酿成火灾。存放时，可制成石灰膏密封或在上面覆盖砂土等方式与空气隔绝，防止硬化。

包装重量：建筑生石灰粉有每袋净重 40kg、50kg 两种，每袋重量偏差值不大于 1kg；建筑消石灰粉有每袋净重 20kg、40kg 两种，每袋重量偏差值不大于 0.5kg、1kg。

第二节 石膏

石膏在建筑工程中的应用也有较长的历史。由于其具有轻质、隔热、吸声、耐火、色白且质地细腻等一系列优良性能，加之我国石膏矿资源丰富、储量大、分布广，所以石膏的应用十分广泛。

石膏是以硫酸钙为主要成分的气硬性胶凝材料。当石膏中含有的结晶水不同时，可形成多种性能不同的石膏，主要有建筑石膏（$CaSO_4\cdot 1/2H_2O$）、无水石膏（$CaSO_4$）、二水石膏（$CaSO_4\cdot 2H_2O$），也称生石膏。

一、建筑石膏的生产

将天然二水石膏（或主要成分为二水石膏的化工石膏）加热，由于加热方式和温度不同，可生产不同性质的石膏品种。

1. 建筑石膏

将天然二水石膏在常压下加热到 107～170℃，可生成β型半水石膏，再经磨细得到的白色粉状物，即为建筑石膏：

$$CaSO_4\cdot 2H_2O\text{（β 型）}\xrightarrow{107\sim170^\circ C} CaSO_4\cdot 1/2H_2O+3/2H_2O$$

建筑石膏晶体较细，调制成一定稠度的浆体时，需水量大，所以硬化后的建筑石膏制品孔隙率大，强度较低。

2. 高强石膏

将天然二水石膏在 124℃、0.13MPa 的压力条件下蒸压脱水，可得到α型半水石膏，磨细后即为高强石膏，其反应式如下：

$$CaSO_4\cdot 2H_2O\text{（α 型）}\xrightarrow{124^\circ C} CaSO_4\cdot 1/2H_2O+3/2H_2O$$

高强石膏晶体粗大，比表面积较小，调制成塑性浆体时需水量只有建筑石膏的一半左右。因此硬化后具有较高的强度和密实度，3h 强度可达到 9～24MPa，7d 强度可达 15～40MPa。高强石膏用于强度要求较高的抹灰工程、装饰制品和石膏板。在高强石膏中加入防水剂，可用于湿度要求较高的环境中。

3. 无水石膏、死烧石膏和煅烧石膏

当加热温度超过 170℃时，石膏中残留很少的水，凝结硬化非常缓慢，即生成无水石膏 $CaSO_4$。当加热高于 400℃时，石膏完全失去水分成为不溶性硬石膏，失去凝结硬化能力，成为死烧石膏。当温度高于 800℃时，部分石膏会分解出 CaO，经磨细后称为煅烧石膏。由于其中 CaO 激发作用，煅烧石膏经水化后能获得较高的强度、耐磨性和耐水性。

二、建筑石膏的凝结与硬化

建筑石膏遇水将重新水化成二水石膏，形成可塑的浆体，但很快就失去塑性、产生强度，并发展成为坚硬的固体，这一过程称为石膏的凝结硬化。石膏的凝结硬化是一个连续的溶解、水化、胶化、结晶的过程，其本质是建筑石膏与水之间发生了化学反应，其反应式如下：

$$CaSO_4 \cdot 1/2H_2O + 3/2\ H_2O \rightarrow CaSO_4 \cdot 2H_2O$$

这一反应是建筑石膏生成的逆反应，其主要区别是此反应是在常温下进行的。半水石膏极易溶于水，加水后很快达到饱和溶液而分解出溶解度低的二水石膏胶体。由于二水石膏的析出，溶液中的半水石膏转变为非饱和状态，这样，又有新的半水石膏溶解，接着继续重复水化、胶化的过程，随着析出的二水石膏胶体晶体的不断增多，彼此互相联结，使石膏具有了强度。同时溶液中的游离水分不断蒸发减少，结晶体之间的摩擦力、黏结力逐渐增大，石膏强度也随之增加，至完全干燥，强度停止发展，最后成为坚硬的固体。

浆体的凝结硬化是一个连续进行的过程。从加水开始拌和到浆体开始失去可塑性的过程称为浆体的初凝，对应的这段时间称为初凝时间；从加水开始拌和到浆体完全失去可塑性，并开始产生强度的过程称为浆体的终凝，对应的时间称为浆体的终凝时间。建筑石膏凝结硬化较快，一般初凝不早于 3min，终凝不迟于 30min。

三、建筑石膏的技术性质

根据国家标准《建筑石膏》（GB/T9776—2008），建筑石膏按 2h 强度（抗折）分为 3.0、2.0、1.6 三个等级。质量等级也相应分为三级，即优等品、一等品、合格品。建筑石膏技术指标应符合表 2-7 的规定。

表 2-7 建筑石膏技术标准（GB/T9776—2008）

等级	细度（0.2mm 方孔筛筛余量）%	凝结时间/min		2h 强度/MPa	
		初凝	终凝	抗折	抗压
3.0	≤10	≥3	≤30	≥3.0	≥6.0
2.0				≥2.0	≥4.0
1.6				≥1.6	≥3.0

1. **凝结硬化快**

建筑石膏加水后 10min 内可完成初凝，30min 可完成终凝。因初凝时间较短，为满足施工要求，常掺入缓凝剂，以延长凝结时间。可掺入石膏用量 0.1%～0.2%的动物胶，或掺入 1%的酒精，也可以掺入硼砂或柠檬酸等。

2. **硬化后体积微膨胀、装饰性好**

石膏在凝结过程中体积产生微膨胀，其膨胀率约 0.5%～1%，而且不开裂。这一性质使石膏制品造型清晰饱满、尺寸精确，加之石膏质地细腻，颜色洁白，特别适合用于制作建筑装饰件及石膏模型等。但受潮后，颜色发黄失去装饰性。

3. **孔隙率大、质量轻**

为使石膏具有必要的可塑性，通常加水量比理论需水量多得多（加水量为石膏用量的60%～80%，而理论用水量只为石膏用量的 18.6%），硬化后由于多余水分的蒸发，内部的孔隙率很大。因此石膏制品的表观密度小，热导率小，吸声性、吸湿性好，可调节室内温度和湿度。

4. **防火性好，耐火性差**

由于硬化的石膏中结晶水含量较多，遇火时，这些结晶水吸收热量蒸发，形成蒸汽幕，阻止火势蔓延，同时表面生成的无水物为良好的绝缘体，起到防火作用。但二水石膏脱水后强度下降，故耐火性差。

5. **可加工性好**

建筑石膏硬化后具有微孔结构，硬度也较低，所以石膏制品可锯、可刨、可钉，易于连接，具有良好的可加工性能，为安装施工提供了很大方便。

6. **保温性和吸声性好**

建筑石膏孔隙率大，且孔隙多呈微细的毛细孔，所以导热系数小，保温、隔热性能好。同时，大量开口的毛细孔隙对吸声有一定的作用，因此建筑石膏具有良好的吸声性能。

7. **强度低、耐水性差**

由于硬化后建筑石膏的孔隙率较大，二水石膏又微溶于水，具有很强的吸湿性和吸水性，如果处在潮湿环境中，晶体间的黏结力削弱，强度显著降低，通常石膏硬化后的抗压强度只有 3～5MPa，且遇水后晶体溶解而引起破坏。所以石膏及制品的耐水性较差，不能用于潮湿环境和水中。

四、建筑石膏的应用

（一）室内抹灰及粉刷

建筑石膏常被用于室内抹灰和粉刷。建筑石膏加砂、缓凝剂和水拌和成石膏砂浆，用于室内抹灰，其表面光滑、细腻、洁白、美观。石膏砂浆也可作为腻子用做油漆等的打底层。建筑石膏加缓凝剂和水拌和成石膏浆体，可作为室内粉刷的涂料。

（二）制作石膏板、石膏浮雕等装饰件

建筑石膏具有凝结快、体积稳定、装饰性强、不老化、无污染等的特点，是良好的室内装饰材料。常用的石膏板有纸面石膏板、石膏纤维板、石膏刨花板、石膏板、空心板等，石膏板可用于建筑物的内墙、顶棚等部位。

石膏浮雕装饰件包括装饰石膏线脚、花饰系列、艺术顶棚、灯圈、浮雕壁画等。石膏装饰线脚为长条状装饰件，多用高强石膏或加筋建筑石膏制作，表面呈雕花形或弧形，主要用于建筑物室内装饰。

（三）其他应用

建筑石膏可作为生产某些硅酸盐制品时的增强剂，如粉煤灰砖等，在水泥的生产过程中加入适量石膏能延缓水泥的凝结时间，石膏也可用于油漆或粘贴墙纸等的基层找平。

五、石膏的验收与储运

建筑石膏一般采用袋装，可用具有防潮及不易破损的纸袋或其他复合袋包装；包装袋上应清楚标明产品标记、制造厂名、生产批号和出厂日期、质量等级、商标、防潮标志；运输、储存时不得受潮和混入杂物，不同等级的应分别储运，不得混杂；石膏的储存期为三个月（自生产日起算）。超过三个月的石膏应重新进行质量检验，以确定等级。

六、石膏制品的发展

石膏制品具有绿色环保、防火、防潮、阻燃、轻质、高强、易加工、可塑性好、装饰性强等特点，使得石膏及其制品备受青睐，具有广阔的发展空间。当前石膏制品的发展趋势有：用于生产石膏砌块、石膏条板等新型墙体材料；石膏装饰材料，如各种高强、防潮、防火又具有环保功能的石膏装饰板、石膏线条、灯盘、门柱、门窗拱眉等装饰制品及具有吸音、防辐射、防火功能的石膏装饰板；具有轻质、高强、耐水、保温的石膏复合墙体，如轻钢龙骨纸面石膏板夹岩棉复合墙体、纤维石膏板或石膏刨花板等与龙骨的复合墙体、加气（或发泡）石膏保温板或砌块复合墙体、石膏与聚苯泡沫板、稻草板等复合的大板，这些石膏复合墙体正逐渐地取代传统的墙体材料。

第三节 水玻璃

水玻璃俗称“泡花碱”，是由碱金属氧化物和二氧化硅结合而成的能溶于水的一种金属硅酸盐物质。根据碱金属氧化物种类的不同，分为硅酸钠水玻璃和硅酸钾水玻璃，工程中以硅酸钠水玻璃（$Na_2O \cdot nSiO_2$）最为常用。

一、水玻璃的生产

硅酸钠水玻璃的主要原料是石英砂、纯碱。将原料磨细，按比例配合，在玻璃熔炉内熔融而生成硅酸钠，冷却后得固态水玻璃，然后在水中加热溶解而成液体水玻璃。其反应

式为

$$nSiO_2+Na_2CO_3 \xrightarrow{1300\sim1400℃} Na_2O \cdot nSiO_2+CO_2\uparrow$$

式中，n 为水玻璃模数，即二氧化硅与氧化钠的摩尔数比。其值的大小决定水玻璃的性质。n 值越大，水玻璃的黏度越大，黏结能力越强，易分解、硬化，但也难溶解，体积收缩也大。建筑工程中常用水玻璃的 n 值，一般为2.6～2.8之间。

水玻璃的生产除上述介绍的干法外还有湿法。湿法是将石英砂和苛性钠溶液在压蒸锅内用蒸汽加热，并加以搅拌，使其直接反应生成液体水玻璃。

液体水玻璃常含杂质而呈青灰色、绿色或微黄色，以无色透明的液体水玻璃为最好。液体水玻璃可以与水按任意比例混合。使用时仍可加水稀释。在液体水玻璃中加入尿素，在不改变其黏度下可提高黏结力。

二、水玻璃的硬化

水玻璃在空气中与二氧化碳作用，析出二氧化硅凝胶，凝胶因干燥而逐渐硬化。水玻璃的凝结硬化过程很慢，为加速硬化，可掺入适量的固化剂，如氟硅酸钠（Na_2SiF_6）或氯化钙。氟硅酸钠的适宜掺量为水玻璃重量的12%～15%，氟硅酸钠具有毒性，操作时应注意安全。

三、水玻璃的性质

1. 黏结强度较高

水玻璃有良好的黏结能力，硬化时析出的硅酸凝胶呈空间网络结构，具有较高的胶凝能力，因而黏结强度高。此外，硅酸凝胶还有堵塞毛细孔隙而防止水渗透的作用。

2. 耐热性好

水玻璃不燃烧，在高温下硅酸凝胶干燥得更加强烈，强度并不降低，甚至有所增加。故水玻璃常用于配置耐热混凝土，耐热砂浆，耐热胶泥等。

3. 耐酸性强

水玻璃能经受除氢氟酸、过热（300℃以上）磷酸、高级脂肪酸或油酸以外的几乎所有的无机酸和有机酸的作用，常用于配制水玻璃耐酸混凝土、耐酸砂浆、耐酸胶泥等。

4. 耐碱性、耐水性较差

水玻璃在加入氟硅酸钠后仍不能完全硬化，仍有一定量的水玻璃。由于水玻璃可溶于碱，且溶于水，硬化后的产物 Na_2CO_3 及 NaF 均可溶于水，所以水玻璃硬化后不耐碱、不耐水。为提高耐水性，可采用中等浓度的酸对已硬化的水玻璃进行酸洗处理。

四、水玻璃的应用

1. 配制快凝防水剂

以水玻璃为基料，加入二种、三种或四种矾配制而成二矾、三矾或四矾快凝防水剂。这种防水剂凝结迅速，一般不超过 1min，工程上利用它的速凝作用和黏附性，掺入水泥浆、砂浆或混凝土中，作修补、堵漏、抢修、表面处理用。因为凝结迅速，不宜配制水泥防水砂浆，用做屋面或地面的刚性防水层。

2. 配制耐热砂浆、耐热混凝土或耐酸砂浆、耐酸混凝土

以水玻璃为胶凝材料，氟硅酸钠做促凝剂，耐热或耐酸粗细骨料按一定比例配制而成。水玻璃耐热混凝土的极限使用温度在 1200℃以下。水玻璃耐酸混凝土一般用于储酸糟、酸洗槽、耐酸地坪及耐酸器材等。

3. 涂刷建筑材料表面，可提高材料的抗渗和抗风化能力

用浸渍法处理多孔材料时，可使其密实度和强度提高。对黏土砖、硅酸盐制品、水泥混凝土等均有良好的效果。但不能用以涂刷或浸渍石膏制品，因为硅酸钠与硫酸钙会发生化学反应生成硫酸钠，在制品孔隙中结晶，体积显著膨胀，从而导致制品的破坏。用液体水玻璃涂刷或浸渍含有石灰的材料，如水泥混凝土和硅酸盐制品等时，水玻璃与石灰之间起反应生成的硅酸钙胶体填实制品孔隙，使制品的密实度有所提高。

4. 加固地基，提高地基的承载力和不透水性

将液体水玻璃和氯化钙溶液轮流交替压入地基，反应生成的硅酸凝胶将土壤颗粒包裹并填实其空隙。硅酸胶体为一种吸水膨胀的冻状凝胶，因吸收地下水而经常处于膨胀状态，阻止水分的渗透而使土壤固结。

另外，水玻璃还可用做多种建筑涂料的原料。将液体水玻璃与耐火填料等调成糊状的防火漆，涂于木材表面，可抵抗瞬间火焰。

本章小结

本章主要介绍石灰、石膏、水玻璃等气硬性胶凝材料。通过本章的学习，要求了解气硬性胶凝材料与水硬性胶凝材料的概念，侧重理解石灰、石膏的熟化及硬化过程；重点掌握石灰、石膏的主要特性及应用；了解水玻璃的硬化特点、性质及用途。

思考与练习

1. 何谓气硬性胶凝材料、水硬性胶凝材料，两者差异是什么？
2. 生石灰、熟石灰、建筑石膏的主要成分是什么？它们各有哪些技术性质及用途？

3. 石灰膏使用前为什么要“过筛和陈伏”？

4. 石灰的主要技术性质有哪些?

5. 石灰主要应用在哪些方面？为什么石灰本身不耐水，但用石灰配制的灰土和三合土却具有较高的强度和耐水性?

6. 建筑石膏的主要技术性质有哪些?

第三章　水泥

章前导读

本章主要介绍通用硅酸盐水泥（熟料矿物组成、水化与凝结硬化、技术性质、特性与应用）及通用硅酸盐系列水泥（普通硅酸盐水泥、矿渣硅酸盐水泥、火山灰质硅酸盐水泥、粉煤灰硅酸盐水泥、复合硅酸盐水泥），并对部分常用的其他品种水泥作简单介绍。

学习目标

1. 掌握硅酸盐水泥的定义、矿物组成、特性、基本性质及要求、检验方法、应用。
2. 掌握掺混合材料的硅酸盐水泥的特性（与硅酸盐水泥相比较）及其工程中的应用。
3. 熟悉水泥存储和保管的方法及注意事项。
4. 了解其他品种水泥的特性及工程应用。

水泥是呈粉末状的无机水硬性胶凝材料，加水拌和成为浆体，能在空气中凝结硬化或能在水中更好凝结硬化成坚硬石状体，并能将砂、石等材料牢固胶结为整体。

水泥广泛应用于工业与民用建筑、水利、道路、国防等工程，是最重要的建筑材料之一。水泥作为一种重要的胶凝材料可用于制作混凝土、钢筋混凝土、预应力混凝土结构，也可配制砂浆用于砌筑、抹面、装饰等。

水泥的品种繁多，可从不同角度对其进行分类。

按化学成分可分为硅酸盐水泥、铝酸盐水泥、铁铝酸盐水泥、硫铝酸盐水泥、氟铝酸盐水泥等水泥系列，其中硅酸盐系列水泥应用最为广泛。

按性能和用途又可分为通用水泥、专用水泥和特种水泥三大类。

常用通用水泥有硅酸盐水泥、普通硅酸盐水泥、矿渣硅酸盐水泥、火山灰质硅酸盐水泥、粉煤灰硅酸盐水泥、复合硅酸盐水泥等，广泛应用于一般土木建筑工程中。

专用水泥是指用于一些特定工程的水泥，如耐热水泥、大坝水泥、油井水泥、砌筑水泥、道路水泥等。

特种水泥是指具有特殊性能，应用于对混凝土有某些特殊要求的工程的水泥，如白色水泥、彩色水泥、快硬硅酸盐水泥、抗硫酸盐水泥、膨胀水泥等。

本章主要介绍应用最为广泛的通用硅酸盐系列水泥，对其生产、熟料矿物组成、水化硬化、技术性能、特性及应用进行详细的阐述。同时对部分专用及特种水泥的组成、技术要求和应用范围做了简单介绍。

第一节　硅酸盐水泥

一、硅酸盐水泥的定义及生产

（一）硅酸盐水泥的定义

硅酸盐水泥即国外通称的波特兰水泥（Portland cement）是由硅酸盐水泥熟料、0～5%的石灰石或粒化高炉矿渣、适量石膏磨细制成的水硬性胶凝材料。根据混合材料的掺加情况，硅酸盐水泥分为：Ⅰ型硅酸盐水泥（不掺混合材料，代号为 P·Ⅰ）；Ⅱ型硅酸盐水泥（掺加 0～5%的石灰石或粒化高炉矿渣，代号为 P·Ⅱ）。

（二）硅酸盐水泥的生产

生产硅酸盐水泥的原料主要有石灰质原料、黏土质原料和校正原料。其中石灰质原料主要提供 CaO，可采用石灰岩、白垩、凝灰岩、贝壳等；黏土质原料主要提供 SiO_2、Al_2O_3 及 Fe_2O_3，可采用黏土、页岩、黄土、泥岩等；校正原料起修正作用，调整 Fe_2O_3 与 SiO_2 含量，主要采用铁矿粉。如果所选用的两种原料按一定的配比组合还满足不了形成熟料矿物所要求的化学组成时，则要加入第三甚至第四种校正原料加以调整。

硅酸盐水泥的生产过程可简单概括为“两磨一烧”，即：①将几种原材料按一定比例配合，并磨细成为生料；②将生料投入窑中煅烧，使之部分熔融形成熟料；③将熟料与适量石膏（也可掺入适量混合材料）共同磨细，即得硅酸盐水泥。硅酸盐水泥的主要生产流程如图 3-1 所示。

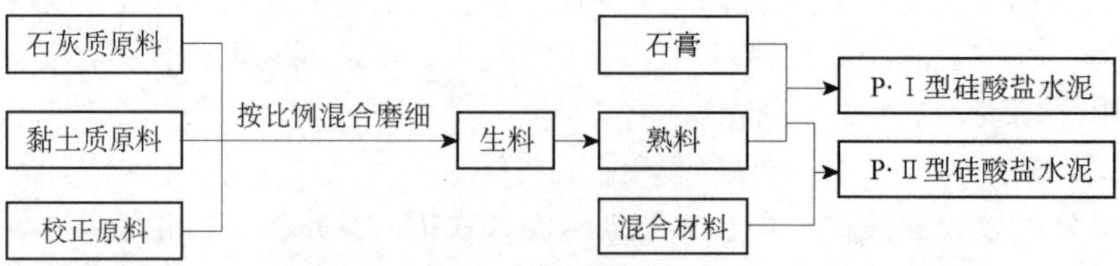

图 3-1　硅酸盐水泥的主要生产流程

在硅酸盐水泥中掺入少量石膏，主要作用是延缓水泥凝结硬化的速度。如在水泥生产中不掺加石膏或掺量太少，水泥浆便会在短时间内迅速凝结，不利于施工操作。石膏掺量一般为水泥质量的 3%～5%，过量的石膏会引起水泥体积安定性不良。其适宜掺量难以精确计算，通常用实验方法确定。

二、硅酸盐水泥熟料矿物组成

硅酸盐水泥熟料的矿物组成主要有四种，分别为：硅酸三钙（$3CaO \cdot SiO_2$，简写为 C_3S）；硅酸二钙（$2CaO \cdot SiO_2$，简写为 C_2S）；铝酸三钙（$3CaO \cdot Al_2O_3$，简写为 C_3A）；铁铝酸四钙（$4CaO \cdot Al_2O_3 \cdot Fe_2O_3$，简写为 C_4AF）。水泥熟料是上述四种矿物的混合物，其中硅酸钙矿物（C_3S、C_2S）含量约占 70%以上。各种矿物单独与水反应所表现出来的性质各不相同，其特性见表 3-1。

表 3-1 硅酸盐水泥熟料主要矿物的特性

矿物名称	$3CaO \cdot SiO_2$	$2CaO \cdot SiO_2$	$3CaO \cdot Al_2O_3$	$4CaO \cdot Al_2O_3 \cdot Fe_2O_3$
含量（质量百分数，%）	37～60	15～37	7～15	10～18
水化放热量	多	少	最多	中
水化速率	快	慢	最快	快
凝结硬化速率	快	慢	快	快
强度	高	早期低，后期高	低	低

除上述四种主要矿物组成，硅酸盐水泥熟料还含有：①少量游离氧化镁、游离氧化钙及三氧化硫，其含量过高将引起水泥体积安定性不良；②碱矿物、玻璃体等杂质，其中的 K_2O、Na_2O 含量过高时，如遇活性集料，易引起混凝土碱集料反应，降低混凝土质量。

由表 3-1 可知，硅酸三钙的水化速度较快，水化热较大，且主要是早期放出，其强度最高，是决定泥强度的主要矿物；硅酸二钙的水化速度最慢，水化热最小，且主要是后期放出，是保证水泥后期强度的主要矿物；铝酸三钙是凝结硬化速度最快、水化最快的矿物，且硬化时体积收缩最大；铁铝酸四钙的水化速度也较快，仅次于铝酸三钙，其水化热中等，有利于提高水泥抗拉强度。

水泥是几种熟料矿物的混合物，通过调整硅酸盐水泥熟料矿物组成之间的比例，水泥的技术性能会发生相应的变化，即可制得不同性能的水泥。例如，提高硅酸三钙的含量，可制成快硬高强水泥；降低硅酸三钙和铝酸三钙含量和提高硅酸二钙含量可制得中、低热水泥。

三、硅酸盐水泥的水化、凝结与硬化

（一）硅酸盐水泥的水化

水泥加水拌和后，水泥颗粒被水包围，表面的熟料矿物开始与水发生化学反应，生成各种水化产物，放出热量。其反应式如下：

$$2(3CaO \cdot SiO_2)+6H_2O \rightarrow 3CaO \cdot 2SiO_2 \cdot 3H_2O+3Ca(OH)_2$$

硅酸三钙　　　　水化硅酸钙　　　氢氧化钙

$$2(2CaO \cdot SiO_2)+4H_2O \rightarrow 3CaO \cdot 2SiO_2 \cdot 3H_2O+Ca(OH)_2$$

硅酸二钙　　　　水化硅酸钙　　　氢氧化钙

$$3CaO \cdot Al_2O_3+6H_2O \rightarrow 3CaO \cdot Al_2O_3 \cdot 6H_2O$$

铝酸三钙　　　　　　　　水化铝酸三钙

$$4CaO \cdot Al_2O_3 \cdot Fe_2O_3+7H_2O \rightarrow 3CaO \cdot Al_2O_3 \cdot 6H_2O+CaO \cdot Fe_2O_3 \cdot H_2O$$

铁铝酸四钙　　　　　　　　水化铝酸三钙　　　　　　　水化铁酸一钙

$$3CaO \cdot Al_2O_3 \cdot 6H_2O+CaSO_4 \rightarrow 3CaO \cdot Al_2O_3 \cdot 3CaSO_4 \cdot 31H_2O$$

或 $3CaO \cdot Al2O_3 \cdot CaSO4 \cdot 12H_2O$

水化铝酸钙　　　　　　石膏　　水化硫铝酸钙或单硫型水化硫铝酸钙

硅酸盐水泥水化反应比较复杂，上述反应是水泥主要水化反应。从以上反应可知水泥的主要水化产物有水化硅酸钙、水化铁酸钙凝胶体和氢氧化钙、水化铝酸钙、水化硫铝酸钙晶体。在完全水化的水泥石中水化硅酸钙凝胶所占比例最大，占 70%左右，是水泥石形成强度的最主要贡献水化物；氢氧化钙含量约为 20%。氢氧化钙、水化铝酸钙、钙矾石晶体与外部侵蚀介质接触后，会发生物理化学作用，降低水泥石强度，影响耐久性。

（二）硅酸盐水泥的凝结与硬化

硅酸盐水泥加水搅拌后形成具有一定流动性与可塑性的水泥浆，随着时间的推移，水泥浆体可塑性逐渐降低，直至完全失去可塑性，但还不具有强度，这一过程即为水泥的凝结；失去塑性的浆体随着水化反应的继续进行，开始产生明显的强度，并发展成为坚硬的水泥石，这一过程为水泥的硬化。水泥的凝结硬化是极复杂的物理化学过程，下面仅对其作简单介绍。

水泥加水搅拌后，未水化的水泥颗粒分散在水中，变成水泥浆体；水泥颗粒与水接触，在颗粒表面发生剧烈的水化反应，生成的水化产物在水泥颗粒表面聚集，逐渐形成水化物膜层，阻碍水与水泥颗粒的接触，延缓水泥水化反应速率，使得水泥浆的可塑性在一段时间内基本保持不变。随着水泥颗粒继续水化，水化产物逐渐增加，凝胶膜不断增厚而破裂，加速水泥水化。在这一阶段水化产物不断增加并填充颗粒之间空隙，使水泥颗粒之间形成凝聚结构，水泥浆逐渐变稠失去可塑性。这一过程即为水泥的凝结。此后，水化产物越来越多，并进一步填充颗粒之间空隙，使结构更加密实，水泥浆体逐渐产生强度进入硬化阶段。水泥的硬化是一个长时间过程。在适当的温度和湿度条件下，水泥硬化可以持续很长时间，几年甚至几十年后水泥石强度依然在增长。

（三）影响硅酸盐水泥凝结与硬化的因素

影响水泥凝结硬化的因素很多，主要由以下几个方面。

1. 水泥熟料矿物组成

从硅酸盐水泥熟料矿物单独水化时表现出来的特性不难看出，熟料矿物的组成比例直接影响水泥水化、凝结与硬化。当提高水泥熟料中硅酸三钙、铝酸三钙的含量时，可提高水泥的水化速率，加快其凝结硬化，制得快硬高强水泥。

2. 水泥细度

水泥的细度表示水泥颗粒的粗细程度。水泥颗粒的粗细程度对水泥的水化、凝结硬化、强度等影响很大。水泥颗粒越细，总表面积越大，与水起反应的表面积越大，水化反应越迅速，使凝结硬化的速度加快，早期强度高。但水泥颗粒过细，容易与空气中的水分及二氧化碳反应，使得水泥的储存时间不宜太长。同时，颗粒越细的水泥硬化时收缩也越大，影响后期强度，且水泥过细，耗能变大，增加成本。

3. **水灰比**

拌制水泥浆时，拌和水与水泥的质量之比称为水灰比。为保证水泥浆具有良好的流动性和塑性，拌合用水通常超过水泥充分水化时所需的水量。当水灰比偏大时，导致水泥颗粒间被水隔开的距离相对变远，颗粒相互间连结形成骨架结构的凝结时间长，延长水泥浆的凝结时间。另外，随着多余水分的蒸发形成的孔隙多，易使水泥石的强度降低。

4. **石膏掺量**

生产水泥时掺入石膏，其目的是调节水泥的凝结时间，是水泥必不可少的组分。但石膏掺量必须严格控制，掺量过少，缓凝作用不明显；掺量过多，不仅不能缓凝，还会造成水泥安定性不良。石膏掺量通常为水泥质量的3%～5%，具体掺量应由试验确定。

5. **环境温度和湿度**

温度对水泥的凝结硬化影响明显，只有温度在适当范围内时，水泥的水化、凝结与硬化才能正常进行。提高环境温度，可加速水泥水化、凝结与硬化；降低环境温度，可延缓水泥的水化、凝结与硬化速度。当温度小于 0℃时，水泥水化反应停止，不在凝结硬化，甚至在冻融作用下破坏已硬化水泥石。因此，冬季施工时，混凝土工程须采取一定的保温措施。

水的存在是水泥正常水化、硬化的必备条件。只有水泥颗粒表面具有充足的水分时，才能保证水泥的水化、凝结硬化充分进行。当环境湿度大时，水分不易蒸发，保证水泥水化所需水量，水泥硬化后强度较高；若周围环境干燥，水泥浆体中的水分蒸发过快，导致水泥水化不充分，水泥石强度增长缓慢甚至停止。同时水泥浆中水分蒸发过快，易引起水泥石或混凝土表面收缩开裂。通常混凝土工程在浇筑后应进行 2～3 周的淋水养护，保证水泥在适宜的湿度环境下完成硬化。

在工程中，保持环境的温、湿度，使水泥石强度不断增长的措施称为养护。

6. **养护龄期**

水泥在正常养护条件下经历的时间即为龄期。水泥的水化、硬化是连续、长期进行的过程。随着时间的推移，水泥颗粒的水化程度不断加深，凝胶体增多，内部毛细孔隙不断被填充。因此，水泥石的强度随着龄期的增加而提高。工程实践表明，水泥在 3～14d 内强度增长最为迅速，28d 后强度增长减缓。在适宜条件下，几年、甚至几十年后，水泥石强度依然在增长。

四、硅酸盐水泥的技术性质

（一）密度、堆积密度

硅酸盐水泥的密度与其熟料矿物组成有关，一般在 3.1～3.2g/m^3。硅酸盐水泥的堆积密度则主要取决于水泥堆积时的紧密程度。在混凝土配合比设计时，一般取堆积密度为 1300kg/m^3。

（二）细度

水泥细度是指水泥颗粒的粗细程度。水泥的细度可以采用筛分析法和比表面积法测定。筛分析法可采用 45μm 和 80μm 的方孔标准筛对水泥试样进行筛析试验，用筛余百分数来表示水泥样品的细度；水泥比表面积是指单位质量的水泥样品所具有的总表面积，常用平方米每千克（m^2/kg）表示，比表面积越大，说明水泥颗粒越细。水泥颗粒粒径一般在 7～200μm 之间。颗粒越细，与水接触的表面积越大，水反应越快也越完全，早期强度高；同时水泥在空气中硬化收缩大，成本高，运输、储存过程中易受潮降低水泥活性。而水泥颗粒太粗，则不利于其活性的发挥。因此水泥颗粒粗细应适中。

按国家标准《通用硅酸盐水泥》（GB 175—2007），水泥细度为选择性指标，硅酸盐水泥细度采用比表面积表示，且比表面积不小于 300m^2/kg。

（三）凝结时间

凝结时间指水泥从加水拌和开始，至水泥浆完全失去可塑性所需时间。凝结时间可分为初凝和终凝。初凝时间为由水泥加水拌和开始到水泥浆开始失去可塑性所经历的时间。从水泥加水搅拌到水泥浆完全失去塑性、产生强度所需时间，称为终凝时间。

水泥的凝结时间对工程施工意义重大。在工程施工中混凝土须完成搅拌、运输、浇筑和振捣等操作，为保证顺利完成这些操作，水泥的初凝时间不宜过短。而施工完毕后，为了加快下一步施工工作的进行，混凝土应尽快硬化，产生强度，因此水泥终凝时间不宜过长，避免拖延施工工期。

国家标准规定：硅酸盐水泥初凝不小于 45min，终凝不大于 390min；凡初凝时间或终凝时间不符合要求者，均为不合格品。

（四）标准稠度用水量

标准稠度是指在特定测定方法下水泥净浆达到的稠度，其目的是让水泥的凝结时间与体积安定性试验在标准稠度的条件下进行，使不同水泥之间的测定结果具有可比性。水泥净浆为标准稠度净浆时所用水量即为标准稠度用水量，按水质量占水泥质量百分比计。硅酸盐水泥的标准稠度用水量一般在 24%～33%范围内。标准稠度用水量主要取决于水泥的矿物组成及细度，因此不同品种水泥的标准稠度用水量各不相同。

（五）体积安定性

水泥体积安定性是指水泥在凝结硬化过程中体积变化的稳定性。如水泥浆体在硬化过程从中产生不均匀体积变化，则称为体积安定性不良，会造成水泥石膨胀、翘曲、开裂、疏松等。如果将体积安定性不良的水泥用于工程中，会导致水泥制品产生膨胀性裂缝，甚至使构件破坏，降低建筑物质量。国家标准规定水泥体积安定性不合格时，该水泥为不合格品。

造成水泥体积安定性不良的主要因素有以下两个方面。

1. **水泥熟料中游离氧化钙和游离氧化镁含量过多**

过多的游离氧化钙和游离氧化镁主要由水泥生产过程中存在原材料质量差、原料搭配比例不当或煅烧工艺不正常所致。它们均是过烧物，熟化较慢，往往在水泥已经凝结硬化后才开始或继续熟化，并且生成 $Ca(HO)_2$ 和 $Mg(HO)_2$ 膨胀性水化产物，会造成已硬化水泥石体积不均匀变化，并引起开裂。

2. **掺入过多石膏**

在水泥生产时，为调节水泥凝结时间须掺入适量石膏。如石膏掺加过量时，在水泥硬化后，多余石膏还会和水泥石中固态水化铝酸钙反应生成水化硫铝酸钙晶体，体积膨胀约 1.5 倍，会引起水泥石开裂。

安定性是关乎水泥质量的一项重要技术指标，国家标准规定，硅酸盐水泥安定性用沸煮法检验必须合格。安定性测定方法有：①雷氏夹法（标准法）；②试饼法（代用法），当两者有争议时以标准法为准。沸煮法只能测定由游离氧化钙引起的体积安定性不良，因此，石膏及氧化镁数量应在生产配料阶段控制。国家标准规定，硅酸盐水泥中游离氧化镁的数量不宜超过 5.0%。石膏掺量可通过三氧化硫含量控制，其含量应小于等于 3.5%。

（六）强度及其等级

水泥强度是一项表明水泥力学性质的重要指标，并且是水泥强度等级划分的依据。国家标准《水泥胶砂强度试验方法（ISO 法）》（GB/T 1761—1999）中规定，按水泥和标准砂 1∶3、水灰比为 0.5 的配合比，用标准制作方法制成 40mm×40mm×160mm 试件，在标准温度（20±1）℃的水中养护，测定其 3d、28d 的抗压与抗折强度值。根据所测得抗压强度和抗折强度值，国家标准《通用硅酸盐水泥》（GB 175—2007）将硅酸盐水泥划分为 42.5、42.5R、52.5、52.5R、62.5、62.5R 六个强度等级。根据早期强度值又可分为早强型（R）和普通型两种型号。不同类型及不同强度等级硅酸盐水泥，其不同龄期强度值应符合表 3-2 的规定。

表 3-2 通用硅酸盐水泥的强度要求（GB 175—2007） 单位：MPa

品种	强度等级	抗压强度		抗折强度	
		3d	28d	3d	28d
硅酸盐水泥	42.5	≥17.0	≥42.5	≥3.5	≥6.5
	42.5R	≥22.0		≥4.0	
	52.5	≥23.0	≥52.5	≥4.0	≥7.0
	52.5R	≥27.0		≥5.0	
	62.5	≥28.0	≥62.5	≥5.0	≥8.0
	62.5R	≥32.0		≥5.5	
普通硅酸盐水泥	42.5	≥17.0	≥42.5	≥3.5	≥6.5
	42.5R	≥22.0		≥4.0	
	52.5	≥23.0	≥52.5	≥4.0	≥7.0
	52.5R	≥27.0		≥5.0	

（续表）

<table>
<tr><th rowspan="2">品种</th><th rowspan="2">强度等级</th><th colspan="2">抗压强度</th><th colspan="2">抗折强度</th></tr>
<tr><th>3d</th><th>28d</th><th>3d</th><th>28d</th></tr>
<tr><td rowspan="6">矿渣硅酸盐水泥
火山灰质硅酸盐水泥粉煤灰
硅酸盐水泥</td><td>32.5</td><td>≥10.0</td><td rowspan="2">≥42.5</td><td>≥2.5</td><td rowspan="2">≥5.5</td></tr>
<tr><td>32.5R</td><td>≥15.0</td><td>≥3.5</td></tr>
<tr><td>42.5</td><td>≥15.0</td><td rowspan="2">≥52.5</td><td>≥3.5</td><td rowspan="2">≥6.5</td></tr>
<tr><td>42.5R</td><td>≥19.0</td><td>≥4.0</td></tr>
<tr><td>52.5</td><td>≥21.0</td><td rowspan="2">≥62.5</td><td>≥4.0</td><td rowspan="2">≥7.0</td></tr>
<tr><td>52.5R</td><td>≥23.0</td><td>≥4.5</td></tr>
<tr><td rowspan="5">复合硅酸盐水泥</td><td>32.5R</td><td>≥15.0</td><td>≥32.5</td><td>≥3.5</td><td>≥5.5</td></tr>
<tr><td>42.5</td><td>≥15.0</td><td rowspan="2">≥42.5</td><td>≥3.5</td><td rowspan="2">≥6.5</td></tr>
<tr><td>42.5R</td><td>≥19.0</td><td>≥4.0</td></tr>
<tr><td>52.5</td><td>≥21.0</td><td rowspan="2">≥52.5</td><td>≥4.0</td><td rowspan="2">≥7.0</td></tr>
<tr><td>52.5R</td><td>≥23.0</td><td>≥4.5</td></tr>
</table>

（七）水化热

水泥的水化为放热反应，在反应过程中放出的热量称为水化热。水泥在其水化反应初期3～7d内便可放出大部分水化热，7d内的水化热释放量约为总量的80%。水泥水化热的大小和热量放出速率主要取决于水泥熟料矿物组成与颗粒的粗细程度，熟料中 C_3S 和 C_3A 含量高，颗粒越细的水泥，水化热大，放热速度快。

冬季施工时，较大的水化热可促进水泥制品的正常凝结硬化，然而水泥水化产生的水化热对大体积混凝土工程（如桥墩、大坝、大型基础等）却是不利的。主要由于混凝土导热能力不足，使得大量的水化热聚集在混凝土内部不易消散，导致混凝土内部温度上升，高达50～60℃。因此，混凝土会在内外之间形成较大的温度差，产生温度应力，易使混凝土产生裂缝，影响混凝土工程质量。为保证大体积混凝土工程及一些对水化热有要求的特殊工程的施工质量，应采用水化热低的水泥，或采取适当的温控措施。

五、水泥石的腐蚀与防止方法

（一）水泥石的腐蚀

一般情况下，硬化后的水泥石的长期强度仍可不断增长。然而水泥石在一些侵蚀性介质（如流动的淡水、酸性液体、强碱、盐类溶液等）长期作用下，结构逐渐破坏，引起强度与耐久性降低，甚至完全溃散，这种现象即为水泥石的腐蚀。

水泥石的主要腐蚀类型如下。

1. 软水腐蚀

不含或含有较少的可溶性钙、镁化合物的水即为软水，常见软水有雨水、雪水、蒸馏水、冷凝水和重碳酸盐含量较少的河水与湖水。软水腐蚀为“溶出性腐蚀”，软水可使水泥石中氢氧化钙溶解，并引起其他水化物分解，降低强度。在软水环境下，水泥各水化产物中氢氧化钙溶解度最大，最先被溶出。如在静水或无水压的水中，当氢氧化钙饱和后，将停止溶出，因此水泥石仅表面部位被侵蚀，影响不大。如处在流动软水中，水泥石中氢氧化钙将持续溶出，同时引起水化物间碱度失衡，导致具有胶凝能力的水化硅酸钙、水化铝酸钙等水化产物溶解或分解，最终水泥石被破坏。

在含重碳酸盐较大的硬水中，水泥石中氢氧化钙与水中重碳酸盐之间会发生反应，生成几乎不溶于水的碳酸钙，填充水泥石孔隙，形成致密的保护层，阻碍外界水侵入和内部氢氧化钙溶出。因此若在软水环境中使用混凝土构件，可事先在空气中放置一段时间或进行人工碳化处理，形成密实碳酸钙保护层，降低软水对水泥石的侵蚀作用。

2. 酸类腐蚀

（1）碳酸腐蚀。当水泥石与溶解有较多二氧化碳的地下水、工业污水接触时，水泥石中氢氧化钙与二氧化碳反应生成溶于水的化合物。碳酸水腐蚀水泥石的过程如下。

$$Ca(OH)_2+CO_2+H_2O \rightarrow CaCO_3+2H_2O$$

碳酸钙继续与含碳酸的水反应，生成重碳酸钙。该反应是可逆的，具体反应式为

$$CaCO_3+CO_2+H_2O \rightarrow Ca(HCO_3)_2$$

碳酸氢钙易溶于水，同时水泥石中氢氧化钙浓度降低，使得其他水化产物溶解或分解，造成水泥石结构破坏。

（2）一般酸腐蚀。在工业污水、地下水、沼泽水中常含有多种无机酸和有机酸。各种酸类对水泥石都会一定程度的侵蚀作用，其侵蚀机理为酸类与水泥石中氢氧化钙反应，生成溶于水或者体积膨胀的化合物，引起水泥石破坏。其中无机酸中的盐酸、硫酸、硝酸、氢氟酸和有机酸中的醋酸、乳酸、蚁酸的侵蚀作用尤其显著。以无机酸盐酸、硫酸与水泥石中氢氧化钙作用为例，其反应式如下

$$Ca(OH)_2+2HCl \rightarrow CaCl_2+H_2O$$

$$Ca(OH)_2+H_2SO_4 \rightarrow CaSO_4 \cdot 2H_2O$$

其中，生成物 $CaCl_2$ 溶于水，而 $CaSO_4 \cdot 2H_2O$ 结晶后体积会膨胀引起水泥石破坏，同时还会造成硫酸盐的双重腐蚀。

3. 盐类侵蚀

（1）硫酸盐的侵蚀。当海水、地下水、沼泽水中含有钠、钾、铵等硫酸盐时，会对水泥石造成一定的腐蚀作用。硫酸盐与水泥石中的 $Ca(OH)_2$ 作用，生成硫酸钙。而后硫酸钙又与水泥石中固态水化铝酸钙反应，生成高硫型水化硫铝酸钙，具体反应式为：

$$3CaO \cdot Al_2O_3 \cdot 6H_2O+3(CaSO_4 \cdot 2H_2O)+19H_2O \rightarrow 3CaO \cdot Al_2O_3 \cdot 3CaSO_4 \cdot 12H_2O$$

反应得到的高硫型水化硫铝酸钙含有大量的结晶水，与原有固态水化铝酸钙相比，体积膨胀 1.5 倍以上，使水泥石开裂、强度降低，甚至破坏。硫酸盐侵蚀为膨胀性化学腐蚀。

（2）镁盐的侵蚀。在海水、地下水中还常含有大量镁盐，例如硫酸镁、氯化镁等。它们和水泥石中的氢氧化钙发生置换反应，生成易溶于水或体积膨胀的新化合物。

$$Ca(OH)_2+MgSO_4+2H_2O \rightarrow CaSO_4 \cdot 2H_2O+Mg(HO)_2$$

$$Ca(OH)_2+MgCl_2 \rightarrow CaCl_2+Mg(OH)_2$$

新化合物中氢氧化镁为松软且无胶凝能力物质，氯化钙则易溶于水，而二水硫酸钙又会

造成硫酸盐的二次腐蚀。因此，镁盐侵蚀属于双重侵蚀，其破坏作用尤为严重。

4. **强碱的侵蚀**

浓度不大的碱类溶液不会对水泥石有明显的侵蚀作用，如果为铝酸盐含量较高的硅酸盐水泥则会与强碱发生反应，产生侵蚀作用。例如强碱氢氧化钠与水泥石中未熟化的铝酸盐反应，生成易溶于水的铝酸钠，反应式为：

$$3CaO \cdot Al_2O_3 + 6NaOH \rightarrow 3Na_2O \cdot Al_2O_3 + 3Ca(OH)_2$$

被 NaOH 溶液浸透的水泥石在空气中干燥，又会与空气中的 CO_2 作用生成碳酸钠。碳酸钠在水泥石毛细孔中结晶沉淀，可致水泥石胀裂。

（二）防止水泥石腐蚀的措施

从上述四种水泥石主要腐蚀类型分析可知，引起水泥石腐蚀的主要原因有：①内部因素——水泥石中存在易被侵蚀的成分氢氧化钙、水化铝酸钙等；水泥石内部存在很多毛细孔通道，且组织结构不密实，使有害介质易于侵入其内部造成破坏；②外部因素——存在侵蚀性介质。因此，减少或防止水泥石腐蚀可采取以下措施。

1. **根据外部环境特点，选择适宜水泥品种**

如外部环境为软水，可选择水化产物中氢氧化钙含量少的水泥，降低氢氧化钙溶出性破坏；如处于硫酸盐介质条件下，可选择铝酸三钙含量低的水泥，减轻硫酸盐类的侵蚀作用。

2. **提高水泥石的密实度**

水泥石内部的孔隙是导致水泥石被侵蚀主要原因之一，提高水泥石的密实度可阻碍侵蚀性物质渗入内部。在混凝土工程施工过程中可采取如下措施提高密实度：改善混凝土耐腐蚀性，如采用机械搅拌、机械振捣等；在满足施工要求的条件下，合理设计配合比，掺加外加剂，尽量降低水灰比。

3. **加做保护层**

在结构表面覆盖耐腐蚀且不透水材料（如陶瓷、石料、塑料、沥青等），形成保护层，防止或减少腐蚀性物质与水泥石直接接触，达到抵抗腐蚀的目的。

六、硅酸盐水泥特性与应用

1. **凝结硬化快、强度高**

与其他品种水泥比较，硅酸盐水泥具有凝结硬化快，早期与后期强度都较高的特点，适用于对早期强度有较高要求的工程，如现浇混凝土梁、板、柱和预制构件，也适用于重要结构的高强混凝土和预应力混凝土工程等。

2. **水化热大、抗冻性好**

硅酸盐水泥中含有大量的 C_3S 和 C_3A，与水发生水化反应时，放热速率快，放热量大，适用于冬季混凝土工程的施工，不宜用于大体积混凝土工程。硬化后的硅酸盐水泥石密实度高，抗冻性好。严寒地区遭受反复冻融循环和抗冻性要求较高的混凝土工程宜选用硅酸盐水泥。

3. 干缩小、耐磨性好

硅酸盐水泥在硬化过程中干燥收缩小，不易产生干缩裂缝，可用于干燥环境工程。由于硬化时干缩小，不易起粉尘，所以硅酸盐水泥耐磨性好，可用于道路工程。

4. 耐腐蚀性差

由于硅酸盐水泥水化后会生成大量的氢氧化钙和水化铝酸钙，因此耐软水和耐化学腐蚀性差。硅酸盐水泥不适用于与流动的淡水接触或有压力水作用的工程，亦不宜用于受海水、矿物水等作用的工程。

5. 耐热性差

当温度超过 250℃时，硅酸盐水泥石中的水化产物便开始脱水，同时伴随着体积收缩、强度下降。当温度超过 700℃时，水泥石由于体积膨胀而破坏。因此，耐热、高温要求的混凝土工程不宜选用硅酸盐水泥，也不宜在配置耐热混凝土过程中使用。

6. 抗碳化性好

水泥石的碳化是水泥石受到的一种化学腐蚀。空气中的二氧化碳与水泥石中的氢氧化钙在有水存在的情况下发生化学反应生成碳酸钙，使水泥石碱度降低的过程即为碳化。碳化使混凝土的碱度降低，当碳化深度到达钢筋表面时，混凝土将失去对钢筋的保护作用，在空气与水的作用下钢筋被锈蚀。硅酸盐水泥水化后，生成大量的氢氧化钙，因此抗碳化性好，能较好的保护钢筋。适用于二氧化碳浓度较高的环境中，如铸造车间等。

第二节 通用硅酸盐水泥

一、品种、代号及组分

按国家标准《通用硅酸盐水泥》（GB 175—2007）的规定，通用硅酸盐水泥系列共有 6 个品种，各品种名称、代号及组分见表 3-3 并应符合相应规定。

二、混合材料

生产水泥时，为调节水泥性能，在磨制阶段加入的人工的或天然的矿物材料称为混合材料。根据其性能及作用不同可划分为：活性混合材料、非活性混合材料。

1. 活性混合材料

活性混合材料本身不硬化或硬化缓慢，当其与水泥熟料的水化产物接触后发生显著的化学反应，不仅能在空气中硬化，同时能在水中继续硬化，发展强度。掺入活性混合材料的水

表 3-3　通用硅酸盐水泥品种、代号及组分%

<table>
<tr><th rowspan="2">品种</th><th rowspan="2">代号</th><th colspan="5">组分</th></tr>
<tr><th>熟料+石膏</th><th>粒化高炉矿渣</th><th>火山灰质混合材料</th><th>粉煤灰</th><th>石灰</th></tr>
<tr><td rowspan="3">硅酸盐水泥</td><td>P·Ⅰ</td><td>100</td><td>—</td><td>—</td><td>—</td><td>—</td></tr>
<tr><td rowspan="2">P·Ⅱ</td><td>≥95</td><td>≤5</td><td>—</td><td>—</td><td>—</td></tr>
<tr><td>≥95</td><td>—</td><td>—</td><td>—</td><td>≤5</td></tr>
<tr><td>普通硅酸盐水泥</td><td>P·O</td><td>≥80 且＜95</td><td colspan="4">＞5 且≤20</td></tr>
<tr><td rowspan="2">矿渣硅酸盐水泥</td><td>P·S·A</td><td>≥50 且＜80</td><td>＞20 且≤50</td><td>—</td><td>—</td><td>—</td></tr>
<tr><td>P·S·B</td><td>≥30 且＜50</td><td>＞50 且≤70</td><td>—</td><td>—</td><td>—</td></tr>
<tr><td>火山灰质硅酸盐水泥</td><td>P·P</td><td>≥60 且＜80</td><td>—</td><td>＞20 且≤40</td><td>—</td><td>—</td></tr>
<tr><td>粉煤灰硅酸盐水泥</td><td>P·F</td><td>≥60 且＜80</td><td>—</td><td>—</td><td>＞20 且≤40</td><td>—</td></tr>
<tr><td>复合硅酸盐水泥</td><td>P·C</td><td>≥50 且＜80</td><td colspan="4">＞20 且≤50</td></tr>
</table>

泥，早期强度发展变慢，但后期强度增长空间大。常用的活性混合材料有粒化高炉矿渣、火山灰质混合材料和粉煤灰混合材料等，其主要活性成分为 SiO_2 和 Al_2O_3。

2. **非活性混合材料**

非活性混合材料并不能与水泥成分发生化学反应或反应小，主要起填充作用。在水泥中掺入非活性混合材料主要目的是为了扩展水泥强度等级范围、降低水化热、提高水泥产量、节约成本等作用。常用非活性混合材料主要有黏土、石灰石、石英砂等。

三、技术性质与应用

（一）普通硅酸盐水泥（P·O）

凡是由硅酸盐水泥熟料、适量石膏、5%～20%混合材料经磨细而得的水硬性胶凝材料，称为普通硅酸盐水泥（代号为 P·O）。

1. **技术性质**

（1）普通硅酸盐水泥中烧失量应小于等于 5.0%，而细度、体积安定性、三氧化硫含量、氧化镁含量等性能指标与硅酸盐水泥要求一致。

（2）普通硅酸盐水泥初凝时间不小于 45min，终凝时间应不超过 600min。

（3）国家标准根据规定龄期的抗压强度和抗折强度，将普通硅酸盐水泥划分为四个强度等级（42.5、42.5R、52.5、52.5R）。其 3d 和 28d 强度值应符合表 3-2 的要求。

2. 特性及应用

普通硅酸盐水泥性能与硅酸盐水泥大致相同。与硅酸盐水泥相比较，其强度等级、水化热、抗冻性、抗碳化性等略有下降，而耐热性、耐腐蚀性则略有增强。普通硅酸盐水泥的应用范围和硅酸盐水泥基本一致，适用于各种混凝土及钢筋混凝土工程，如各种现浇混凝土梁、板、柱和预制构件，是目前被广泛使用的水泥品种之一。

（二）矿渣、火山灰质、粉煤灰硅酸盐水泥

1. 技术性质

这三种水泥的技术性质及其要求基本上是一致的，具体情况如下。

（1）细度。国家标准规定矿渣、火山灰质、粉煤灰硅酸盐水泥细度以筛余表示，80μm方孔筛筛余不大于10%或45μm方孔筛筛余不大于30%。

（2）凝结时间应满足。初凝时间不小于45min，终凝时间应不超过600min。

（3）安定性。沸煮法合格。

（4）强度等级。根据规定龄期的抗压强度和抗折强度，将三种水泥的强度划分为6个强度等级（32.5、32.5R、42.5、42.5R、52.5、52.5R）。其3d和28d强度值应符合表3-2的要求。

（5）矿渣硅酸盐水泥的三氧化硫含量不得超过4.0%，其中P•S•A型水泥氧化镁含量不得超过6%。火山灰质、粉煤灰硅酸盐水泥的三氧化硫含量不得超过3.5%，氧化镁含量不得超过6%。

2. 三种水泥的通性、特性及应用

三种水泥都掺入了不同品种及比例的活性混合材料，但是所掺加的粒化高炉矿渣、火山灰质混合材料、粉煤灰混合材料的化学组成和化学活性基本相同，它们主要活性成分均为SiO_2和Al_2O_3。因此三种水泥之间存在许多共同之处，例如凝结硬化慢，早期强度发展慢，后期强度增长快；湿热敏感性强，适宜高温养护；耐腐蚀性好，水化热低，抗冻性较差，抗碳化性差。然而每种水泥所掺入的混合材料之间又存在表面特征和物理性质的差异，使三种水泥各有特点。

（1）矿渣硅酸盐水泥（P•S）。粒化高炉矿渣通常为玻璃体结构，其对水的吸附能力较差，施工过程中易产生泌水现象，形成大量连通孔隙，致使矿渣水泥抗渗差。矿渣本身耐热性好，且硬化后的水泥石氢氧化钙含量低，所以矿渣水泥更具有良好的耐热性。矿渣硅酸盐水泥不宜用于对抗渗有较高要求的混凝土工程，适用于高温环境的混凝土工程，如铸造车间的高温窑炉基础、温度达到300～400℃的热气体通道等。

（2）火山灰质硅酸盐水泥（P•P）。火山灰颗粒为具有微晶相和玻璃相双重性质的细小颗粒，内部含有较多的细微孔隙，内比表面积大，所以保水性好，可使硬化后的水泥石结构密实。同时水化后形成较多的水化硅酸钙凝胶又可增加水泥石的密实程度，故抗渗性好。而在干燥、高温环境下，易与空气中的二氧化碳反应使水泥硅酸钙分解为氧化硅和碳酸钙，产生“起粉”现象。因此，火山灰质硅酸盐水泥适用于水中、地下及有抗渗要求的混凝土工程，避免用于干燥环境、有抗冻和耐磨要求的混凝土工程。

（3）粉煤灰硅酸盐水泥（P·F）。粉煤灰颗粒多数为封闭球形玻璃体结构，内表面积和水的吸附能力小，拌和需水量少，水化速率慢。因此粉煤灰硅酸盐水泥具有良好的和易性，干缩性小，抗裂性高的特点，但其早期强度低于其他掺混合材料的水泥。所以，粉煤灰硅酸盐水泥适用于对早期强度要求不高的混凝土工程，尤其适用于大体积水工混凝土、海港工程等。

（三）复合硅酸盐水泥（P·C）

凡是由硅酸盐水泥熟料、适量石膏、两种或两种以上规定的混合材料磨细制得的水硬性胶凝材料称为复合硅酸盐水泥（代号 P·C）。按照国家标准规定，复合硅酸盐水泥的技术性能要求如下。

（1）细度。复合水泥细度以筛余表示，80μm 方孔筛筛余不大于 10%或 45μm 方孔筛筛余不大于 30%。

（2）凝结时间应满足。初凝时间不小于 45min，终凝时间应不超过 600min。

（3）安定性。沸煮法合格。

（4）强度等级。根据规定龄期的抗压强度和抗折强度，将复合硅酸盐水泥的强度划分为 5 个强度等级（32.5R、42.5、42.5R、52.5、52.5R）。其 3d 和 28d 强度值应符合表 3-2 的要求。

（5）复合水泥的三氧化硫含量不得超过 3.5%，氧化镁含量不得超过 6%。

生产过程中复合水泥掺入了多种混合材料，它们之间能够形成互补，与仅掺一种混合材料的水泥相比较，复合水泥的性能有所改善。其早期强度接近于普通水泥，而其他性能优于同强度等级的矿渣硅酸盐水泥、火山灰质硅酸盐水泥、粉煤灰硅酸盐水泥，相对来说复合水泥的适用范围更广。

通用硅酸盐系列水泥各品种主要特性及应用范围汇总列于表 3-4。

表 3-4 六种常用水泥的特性及适用范围

水泥	硅酸盐水泥	普通水泥	矿渣水泥	火山灰水泥	粉煤灰水泥	复合水泥
特性	① 强度高 ② 快硬早强 ③ 水化热较高 ④ 抗冻性好 ⑤ 耐热性较差 ⑥ 耐腐蚀性较差	① 早强强度较高 ② 水化热较大 ③ 抗冻性好 ④ 耐热性与耐腐蚀性较差	① 早强强度低，后期强度增长快 ② 水化热较低 ③ 温度和湿度敏感性强 ④ 耐热性较好 ⑤ 耐硫酸盐、软水、海水侵蚀性好 ⑥ 易泌水，抗冻抗渗性差	① 抗渗性较好 ② 耐热性差 ③ 干缩较大，耐磨性差 ④ 其他同矿渣水泥	① 干缩性较小，抗裂性较好 ② 其他同矿渣水泥	① 早期强度较高 ② 其他性能与掺主要混合材料的水泥接近

（续表）

水泥	硅酸盐水泥	普通水泥	矿渣水泥	火山灰水泥	粉煤灰水泥	复合水泥
适用范围	① 快硬早强的工程 ② 高强度混凝土 ③ 预应力结构 ④ 受反复冻融的混凝土	①与硅酸盐水泥基本相同	① 高温环境和有耐热耐火要求的混凝土结构 ② 蒸汽养护构件 ③ 大体积混凝土结构 ④ 一般混凝土结构 ⑤ 有耐硫酸盐、软水、海水侵蚀要求的一般工程	① 地下、水中、大体积混凝土结构；有抗渗要求的混凝土结构 ② 其他与矿渣水泥相同	① 地上、地下、水中、大体积混凝土结构 ② 其他与矿渣水泥相同	① 早期强度要求较高的工程 ② 其他与掺主要混合材料的水泥相似
不适用范围	① 大体积混凝土工程 ② 受腐蚀的混凝土结构 ③ 受压力水作用的混凝土		① 早期强度要求较高的混凝土工程 ② 严寒地区，处在水位升降范围内的混凝土 ③ 有抗冻、抗渗要求的混凝土	① 处在干燥环境的混凝土 ② 有耐磨要求的混凝土 ③ 其他与矿渣水泥相同	① 有抗碳化要求的混凝土 ② 其他与火山灰水泥相同	① 与掺主要混合材料的水泥相似

第三节 其他品种水泥

实际建筑施工过程中常碰见一些有特殊要求的工程（如紧急抢修工程、耐热耐酸工程、海港和地下工程等），而通用硅酸盐水泥已不能满足这些工程的要求。这时就会用到在某一方面有比较突出性能的特性水泥或专用水泥，例如白色（彩色）硅酸盐水泥、快硬硅酸盐水泥、铝酸盐水泥、中热、低热硅酸盐水泥、道路水泥等。

一、白色及彩色硅酸盐水泥质

以适当成分的生料烧至部分熔融，所得以硅酸钙为主要成分，氧化铁含量少的白色熟料，再掺入适量石膏、混合材料，磨细制得的水硬性胶凝材料称为白色硅酸盐水泥，简称白色水泥（代号 P·W）。白色水泥的生产、矿物组成、性能与普通水泥基本相同，国家标准《白色硅酸盐水泥》（GB 2015—2005）对白色水泥的技术性质做了如下规定：

（1）细度。以筛余表示，80μm 方孔筛筛余不超过 10%。

（2）凝结时间、体积安定性。初凝时间不小于 45min，终凝时间应不超过 6h。体积安定性用沸煮法检验必须合格。

（3）白色水泥的三氧化硫含量（质量分数）不得超过 3.5%，熟料中氧化镁的含量（质量分数）不宜超过 5.0%。

（4）强度等级。根据规定龄期的抗压强度和抗折强度，将白色水泥的强度划分为三个强度等级（32.5、42.5、52.5）。其 3d 和 28d 强度值不得低于表 3-5 的要求。

（5）白度。白度指白色水泥的色白程度，是白色水泥的一项重要指标，其值应不低于 87。

表 3-5　白水泥个龄期的强度　　单位：MPa

强度等级	抗压强度		抗折强度	
	3d	28d	3d	28d
32.5	12.0	32.5	3.0	6.0
42.5	17.0	42.5	3.5	6.5
52.5	22.0	52.5	4.0	7.0

将白色水泥熟料、适量石膏、碱性矿物颜料共同磨细便可制得彩色硅酸盐水泥。

白色及彩色硅酸盐水泥主要用于装饰工程，如配置装饰混凝土、彩色砂浆，制造各种色水刷石、彩水磨石、人造大理石等，也可配置各种色彩水泥浆用于装饰粉刷。

二、铝酸盐水泥

铝酸盐水泥（又称矾土水泥、高铝水泥）是以铝矾土、石灰石为原料，经高温煅烧得到以铝酸钙为主的水泥熟料，经磨细制得的水硬性胶凝材料，代号 CA。

（一）铝酸盐水泥的分类及其要求

1. **分类**

国家标准《铝酸盐水泥》（GB 201—2000）规定，根据 Al_2O_3 含量百分数铝酸盐水泥分为四类：CA—50、CA—60、CA—70、CA—80，四种水泥的 Al_2O_3 的含量见表 3-6。

表 3-6　铝酸盐水泥的 Al_2O_3 的含量及其各龄期水泥胶砂强度

水泥类型	Al_2O_3 含量（质量分数，%）	抗压强度/MPa				抗折强度/MPa			
		6h	1d	3d	28d	6h	1d	3d	28d
CA—50	≥50，＜60	20	40	50	—	3.0	5.5	6.5	—
CA—60	≥60，＜68	—	20	45	85	—	2.5	5.0	10.0
CA—70	≥68，＜77	—	30	40	—	—	5.0	6.0	—
CA—80	≥77	—	25	30	—	—	4.0	5.0	—

2. **技术要求**

铝酸盐水泥细度要求比表面积应不小于 $300m^2/kg$ 或 0.045mm 筛余不大于 20%；CA—50、CA—70、CA—80 的初凝不得早于 30min，终凝不得迟于 6h；CA—60 的初凝不得早于

60min，终凝不得迟于 18h；水泥胶砂各龄期强度值应不低于表 6 的数值。

（二）铝酸盐水泥的性能及其应用

铝酸盐水泥具有快凝早强，水化热大，放热集中、耐热性好和抗硫酸盐腐蚀的特点。铝酸盐水泥 1 天内的强度值就可达最高强度的 80%以上，并且 1 天内放出的水化热为总量的 70%～80%。因此，铝酸盐水泥常被用于抢修工程、紧急军事工程、临时性工程、冬季施工和有耐热要求的工程。但铝酸盐水泥的长期强度有降低的趋势，约降低 40%～50%，所以铝酸盐水泥不宜用于长期承重的结构、大体积混凝土和处于高温高湿环境的工程。

三、道路硅酸盐水泥

由道路硅酸盐水泥熟料、适量石膏和 0～10%活性混合材料，磨细制得的水硬性胶凝材料，称为道路硅酸盐水泥（简称道路水泥，代号为 P·R）。道路水泥具有高抗折强度、耐磨性好、低收缩、抗冻性好等特点，被广泛应用于城市道路、公路道路、机场跑道等。水泥熟料主要矿物的耐磨性能 $C_4AF>C_3S>C_2S>C_3A$，收缩率 $C_3A>C_3S>C_4AF>C_2S$，为保证道路硅酸盐水泥具有良好的耐磨性，且干缩率低，国家标准《道路硅酸盐水泥》（GB 13693—2005）严格规定水泥熟料中铝酸三钙（$3CaO·Al_2O_3$）的含量不应大于 5.0%，铁铝酸四钙（$4CaO·Al_2O_3·Fe_2O_3$）的含量不应小于 16.0%，三氧化硫的含量不应大于 3.5%。

道路硅酸盐水泥的比表面积为 300～450m^2/kg；初凝时间应不早于 1.5h，终凝时间不得迟于 10h；体积安定性用沸煮法必须合格；28d 干缩率应不大于 0.10%；28d 磨耗量应不大于 3.00kg/m^2；道路水泥根据规定龄期的抗压和抗折强度值划分三个强度等级（32.5、42.5、52.5），规定龄期的抗压和抗折强度值不得低于表 3-7 数值。

表 3-7　道路硅酸盐水泥的等级与各龄期强度　　单位：MPa

强度等级	抗压强度		抗折强度	
	3d	28d	3d	28d
32.5	3.5	6.5	16.0	32.5
42.5	4.0	7.0	21.0	42.5
52.5	5.0	7.5	26.0	52.5

四、中热硅酸盐水泥、低热硅酸盐水泥、低热矿渣硅酸盐水泥

以适当成分的硅酸盐水泥熟料，加入适量石膏，磨细制成的具有中等水化热的水硬性胶凝材料，称为中热硅酸盐水泥（简称中热水泥，代号为 P·MH），强度等级为 42.5。

以适当成分的硅酸盐水泥熟料，加入适量石膏，磨细制成的具有低水化热的水硬性胶凝材料，称为中热硅酸盐水泥（简称中热水泥，代号为 P·LH），强度等级为 42.5。

以适当成分的硅酸盐水泥熟料，加入粒化高炉矿渣、适量石膏，磨细制成的具有低水化热的水硬性胶凝材料，称为低热矿渣硅酸盐水泥（简称低热矿渣水泥，代号为 P·SLH），强

度等级为 32.5。

中热水泥、低热水泥和低热矿渣水泥各龄期的强度值应和水化热值应满足表 3-8 的规定。

表 3-8　中热水泥、低热水泥和低热矿渣水泥各龄期的强度值及水化热

品种	强度等级	抗压强度/MPa			抗折强度/MPa			水化热/（kJ/kg）	
		3d	7d	28d	3d	7d	28d	3d	28d
中热水泥	42.5	≥12.0	≥22.0	≥42.5	≥3.0	≥4.5	≥6.5	≤251	≤293
低热水泥	42.5	—	≥13.0	≥42.5	—	≥3.5	≥6.5	≤230	≤260
低热矿渣水泥	32.5	—	≥12.0	≥32.5	—	≥3.5	≥5.5	≤197	≤230

水泥熟料主要矿物的水化热及放热速率有如下顺序 C_3A>C_3S>C_4AF >C_2S。中热、低热水泥和低热矿渣水泥主要通过控制水化热较大的 C_3A 及 C_3S 的含量实现的。国家标准《中热硅酸盐水泥、低热硅酸盐水泥、低热矿渣硅酸盐水泥》（GB 200—2003）对其进行如下规定。

水泥熟料中，铝酸三钙的含量：中热水泥、低热水泥应不超过 6%，矿渣低热水泥应不超过 8%；中热水泥硅酸三钙的含量应不超过 55%；低热水泥硅酸二钙的含量应不小于 40%；游离氧化钙含量：中热水泥、低热水泥应不超过 1.0%，矿渣低热水泥应不超过 1.2%；三种水泥的氧化镁含量不宜大于 5.0%，三氧化硫含量应不大于 3.5%，水泥的比表面积应不低于 250m^2/kg，初凝应不早于 60min，终凝应不迟于 12h。

中热水泥主要应用于有较高耐磨性和抗冻性的工程，如大坝溢流面的面层、水位变动区等。低热水泥、低热矿渣水泥主要应用于要求低水化热的工程，如大坝或大体积混凝土内部及水下工程等。

第四节　水泥的选用、验收、运输及存储

一、常用水泥的选用

目前，我国应用最广泛的水泥品种为硅酸盐水泥、普通硅酸盐水泥、矿渣硅酸盐水泥、火山灰质硅酸盐水泥、粉煤灰硅酸盐水泥和复合硅酸盐水泥。常用水泥的选用应根据工程特点和环境条件决定，可参考表 3-9 进行选取。

表 3-9　常用水泥的选用

混凝土工程特点和所处环境条件		优先选用	可以选用	不宜选用
普通混凝土	1. 在普通气候环境中的混凝土	普通硅酸盐水泥	矿渣硅酸盐水泥 火山灰质硅酸盐水泥、粉煤灰硅酸盐水泥	

（续表）

混凝土工程特点和所处环境条件		优先选用	可以选用	不宜选用
普通混凝土	2. 在干燥环境中的混凝土	普通硅酸盐水泥	矿渣硅酸盐水泥	火山灰质硅酸盐水泥 粉煤灰硅酸盐水泥
	3. 在高湿度环境中或长期处在水下的混凝土	矿渣硅酸盐水泥	普通硅酸盐水泥 火山灰质硅酸盐水泥 粉煤灰硅酸盐水泥	
	4. 厚大体积混凝土	矿渣硅酸盐水泥 火山灰质硅酸盐水泥 粉煤灰硅酸盐水泥	普通硅酸盐水泥	硅酸盐水泥 快硬硅酸盐水泥
有特殊要求的混凝土	1. 要求快硬的混凝土	硅酸盐水泥 快硬硅酸盐水泥	普通硅酸盐水泥	矿渣硅酸盐水泥 火山灰质硅酸盐水泥 粉煤灰硅酸盐水泥
	2. 高强（大于 C40）的混凝土	硅酸盐水泥	普通硅酸盐水泥 矿渣硅酸盐水泥	火山灰质硅酸盐水泥 粉煤灰硅酸盐水泥
	3. 严寒地区的露天混凝土，寒冷地区的处在水位升降范围内的混凝土	普通硅酸盐水泥	矿渣硅酸盐水泥	火山灰质硅酸盐水泥 粉煤灰硅酸盐水泥
	4. 严寒地区处在水位升降范围内的混凝土	普通硅酸盐水泥		矿渣硅酸盐水泥 火山灰质硅酸盐水泥 粉煤灰硅酸盐水泥 复合硅酸盐水泥
	5. 有抗渗要求的混凝土	普通硅酸盐水泥 火山灰质硅酸盐水泥		矿渣硅酸盐水泥
	6. 有耐磨性要求的混凝土工程	硅酸盐水泥 普通硅酸盐水泥	矿渣硅酸盐水泥	火山灰质硅酸盐水泥 粉煤灰硅酸盐水泥

二、水泥的验收

水泥可以散装或袋装，袋装水泥每袋净含量为 50kg，且应不少于标志质量的 99%。随机抽取 20 袋总质量（含包装袋）应不少于 1000kg。其他包装形式由供需双方协商确定。水泥包装袋上应清楚标明：执行标准、水泥品种、代号、强度等级、生产者名称、生产许可证标志（QS）及编号、出厂编号、包装日期、净含量。散装发运时应提交与袋装标志相同内容的卡片。

水泥出厂前按同品种、同强度等级编号和取样。袋装水泥和散装水泥应分别进行编号和取样。每一编号为一取样单位。取样方法按 GB12573—2008 进行。可连续取，也可从 20 个以上不同部位取等量样品，总量至少 12kg。经确认水泥各项技术指标及包装质量符合要求时方可出厂。交货时水泥的质量验收可抽取实物试样以其检验结果为依据，也可以生产者同编号水泥的检验报告为依据。采取何种方法验收由买卖双方商定，并在合同或协议中注明。

三、水泥的运输与储存

水泥在运输与储存时不得受潮和混入杂物，不同品种和强度等级的水泥在储运中避免混杂。储存水泥的库房应注意防潮、防漏。存放袋装水泥时，地面垫板要离地 30cm，四周离墙 30cm；袋装水泥堆垛不宜太高，以免下部水泥受压结硬，一般以 10 袋为宜，如存放期短、库房紧张，也不宜超过 15 袋。

水泥的储存应按照水泥的到货先后，依次堆放，尽量做到先存先用。水泥储存期不宜过长，以免受潮而降低水泥强度。储存期一般水泥 3 个月，高铝水泥为 2 个月，快硬水泥为 1 个月。一般水泥存放 3 个月以上为过期水泥，强度将降低 10%～20%，存放期越长，强度降低值也越大。过期水泥使用前必须重新检验强度等级，否则不得使用。受潮水泥的处理方法及使用可参考表 3-10。

表 3-10　受潮水泥的处理及使用方法

受潮程度	有松块、小球，可以捏成粉末，但无硬块	部分结成硬块	呈硬块状
处理方法	将松块、小球等压成粉末，用时加强搅拌	筛去硬块，并将松块压碎	将硬块压成粉末，掺入25%硬块质量的新鲜水泥做强度试验
使用方法	经试验后根据实际强度使用	经试验后根据实际强度等级使用；用于不重要、受力小的部位；用于砌筑砂浆	经试验后根据实际强度等级使用

本章小结

本章是全书的重点章节之一，主要介绍通用硅酸盐系列水泥。通过本章学习，重点要求掌握硅酸盐水泥（熟料矿物组成、水化与凝结硬化、技术性质、特性与应用），在此基础上学习其他品种的水泥；熟悉混合材料及掺混合材料硅酸盐水泥的组成、特性及应用；了解其他品种水泥的组成、特性及使用范围；掌握水泥的选用、验收、运输及存储。

思考与练习

1. 水泥的矿物成分有哪些？它们单独与水作用时有何特性？
2. 常用的 5 种水泥是指哪几种？各有什么特点？
3. 在硅酸盐水泥生产中，加入石膏的目的是什么？掺量一般为多少？
4. 简述检验水泥强度的方法及强度等级的评定。
5. 何为水泥的体积安定性？引起水泥体积安定性不良的因素有哪些？
6. 为何水泥的细度越细，强度不一定越高？

7. 掺混合材料的水泥与硅酸盐水泥相比，有何异同点？

8. 在下列混凝土中应分别选用哪些水泥？

（1）紧急抢修的工程或紧急军事工程

（2）大体积混凝土工程

（3）现浇混凝土构件

（4）高炉基础工程

（5）混凝土路面

（6）蒸汽养护的混凝土构件

（7）海港码头工程

（8）有抗渗要求的混凝土

（9）大跨度结构工程、高强度预应力混凝土工程

（10）有硫酸盐腐蚀的地下工程

9. 某建筑工程，因甲方原因造成工程停工 3 个月，停工前工地仓库中存放的水泥应如何处理？

10. 高铝水泥的主要矿物是什么？适用于哪些工程，不能用于哪些工程？

第四章　普通混凝土

章前导读

本章是建筑材料课程的重点章节之一，主要介绍普通混凝土的组成材料，混凝土外加剂及其作用原理和应用，新拌混凝土的工作性能及评定指标，硬化混凝土的力学性能、变形性能、耐久性能及其影响因素，混凝土配合比设计方法及混凝土质量控制等。此外还简要介绍了其他种类的混凝土。

学习目标

1. 了解混凝土的概念、分类、特点及其发展方向。
2. 掌握普通混凝土组成材料的品种、技术要求及选用。
3. 熟练掌握普通混凝土组成材料对混凝土性能的影响。
4. 熟练掌握混凝土拌和物的性质及其测定和调整方法。
5. 熟练掌握硬化混凝土的力学性能、变形性能和耐久性及其影响因素。
6. 熟悉普通混凝土的配合比设计方法。
7. 熟悉混凝土质量控制及强度检验评定方法。

第一节　混凝土概述

一、有关混凝土的概念

由胶凝材料、细骨料、粗骨料、水以及必要时掺入的外加剂或掺合料按适当比例搅拌均匀，经过胶凝材料凝结硬化后，形成具有一定强度和耐久性的人造石材，称为混凝土。由于胶凝材料、细骨料和粗骨料的品种很多，因此混凝土的种类也很多。该意义上的混凝土即广义的混凝土。

目前，工程上使用最多的是以水泥为胶结材料，以石为粗骨料、砂为细骨料，加水或掺入适量外加剂、掺和料拌制的普通混凝土，又称为水泥混凝土，简称为“混凝土”。这类混凝土在工程中应用极为广泛，因此本章主要讲述普通混凝土。

二、混凝土的分类

（一）按表观密度分

1. 混凝土

干表观密度大于 2800kg/m^3。一般采用密度很大的重质骨料，如重晶石、铁矿石、钢屑等和钡水泥、锶水泥等重水泥配制而成。由于该混凝土厚重密实，具有防射线功能，又称为防辐射混凝土，广泛用于防辐射的屏蔽材料。

2. 普通混凝土

干表观密度为 2000～2800kg/m^3，一般在 2400kg/m^3 左右。采用水泥和天然砂石配制，是工程中应用最广的混凝土，主要用做建筑工程的承重结构材料。

3. 轻混凝土

干表观密度小于 2000kg/m^3。它可以分为三种：

（1）轻骨料混凝土（用膨胀珍珠岩、浮石、陶粒、火山灰和煤渣等轻质材料作骨料）。

（2）多孔混凝土（内部充满大量微小气泡，没有骨料的轻混凝土）。如泡沫混凝土、加气混凝土等。

（3）无砂大孔混凝土（组成材料中不加细骨料）。如普通大孔混凝土、轻骨料大孔混凝土等。

轻混凝土主要用作轻质结构材料和保温隔热材料。

（二）按胶凝材料分

按混凝土中胶凝材料品种不同将混凝土分为水泥混凝土、石膏混凝土、水玻璃混凝土、沥青混凝土、聚合物水泥混凝土、聚合物浸渍混凝土等品种。这类混凝土的名称中一般有胶凝材料的名称。

（三）按用途分

可分为结构混凝土、防水混凝土、耐热混凝土、道路混凝土、耐酸混凝土、装饰混凝土、大体积混凝土、膨胀混凝土、防辐射混凝土等。

（四）按施工方法分

可分为预拌混凝土（商品混凝土）、泵送混凝土、喷射混凝土、碾压混凝土、离心混凝土、挤压混凝土、真空吸水混凝土、压力灌浆混凝土、热拌混凝土等。

（五）按强度分

（1）普通混凝土。强度等级一般在 C60 级以下。

（2）高强混凝土。强度等级大于或等于 C60 级。

（3）超高强混凝土。抗压强度在 100MPa 以上。

（六）按配筋情况分

可分为素混凝土、钢筋混凝土、预应力混凝土、钢纤维混凝土等。

三、混凝土的特点

1. 混凝土的优点

普通混凝土在建筑工程中能得到广泛的应用，是因为与其他材料相比，有很多他材料无法替代的良好性能和经济效益。

（1）原材料来源丰富。混凝土中约 70%以上的材料是砂石料，属地方性材料，原材料丰富、成本低、符合就地取材的原则，避免远距离运输，因而价格低廉，符合经济原则。

（2）施工方便。混凝土拌和物在凝结前具有良好的流动性和可塑性，可按照工程结构的要求，浇筑成各种形状和任意尺寸的构件及构筑物。既可现场浇筑成形，也可预制。

（3）性能可根据需要设计调整。通过调整各组成材料的品种和数量，特别是掺入不同外加剂和掺合料得不同施工和易性、强度、耐久性或具有特殊性能的混凝土，满足工程上的不同要求。

（4）硬化后有较高的力学强度。混凝土的抗压强度一般在 15～60MPa 之间。当掺入高效减水剂和掺合料时，强度可达 100MPa 以上。

（5）与钢筋的协同工作性好。混凝土与钢筋具有牢固的粘结力，以及混凝土与钢筋的线膨胀系数基本相同，浇筑成钢筋混凝土后，能互补优缺，有效地改善抗拉强度低的缺陷，使混凝土能够应用于各种结构部位，大大扩展了混凝土应用范围。

（6）耐久性良好。混凝土一般不需要维护保养，故维修费用少。

（7）耐火性好。普通混凝土的耐火性远比木材、钢材和塑料好，可经数小时的高温作用仍保持其力学性能，有利于火灾及时扑救。

2. 混凝土的缺点

（1）自重大，比强度低。1m^3 混凝土重约 2400kg，致使在建筑工程中形成肥梁、胖柱、厚基础，对高层、大跨度建筑不利。

（2）抗拉强度低，抗裂性差。混凝土的抗拉强度一般只有抗压强度的 1/10～1/20，受拉时易产生脆裂。

（3）硬化速度慢、生产周期长、强度波动因素多等。

随着现代科学的发展，混凝土的不足正在不断地被克服。如采用轻质骨料可显著降低混凝土的自重，提高比强度；掺入纤维或聚合物，可提高抗拉强度，大大降低混凝土的脆性；掺入减水剂、早强剂等外加剂，可显著缩短硬化周期，改善力学性能。

第二节 普通混凝土的组成材料

普通混凝土是由水泥、砂子、石子、水、外加剂、掺合料等多种材料组成的，前四种材料是组成混凝土所必需的材料，后两种材料可根据混凝土性能的需要，有选择性地添加。其中水泥为胶凝材料，水的作用是使水泥水化并使混凝土具有流动性，砂为细骨料，石子为粗骨料。

水泥和水形成水泥浆，包裹在砂粒表面并填充砂粒间的空隙而形成水泥砂浆，水泥砂浆又包裹石子并填充石子间的空隙而形成混凝土。在混凝土硬化前，水泥浆起润滑作用，赋予混凝土拌和物一定的流动性，便于施工。水泥浆硬化后称为水泥石，起胶结作用，把砂石骨料胶结在一起，成为坚硬的人造石材，并产生力学强度。混凝土中砂石一般不与水泥起化学反应，主要起骨架作用并抑制水泥的收缩。加入外加剂、掺合料，起改善混凝土某些性能或节省水泥的作用。

硬化后的混凝土结构断面见图 4-1。

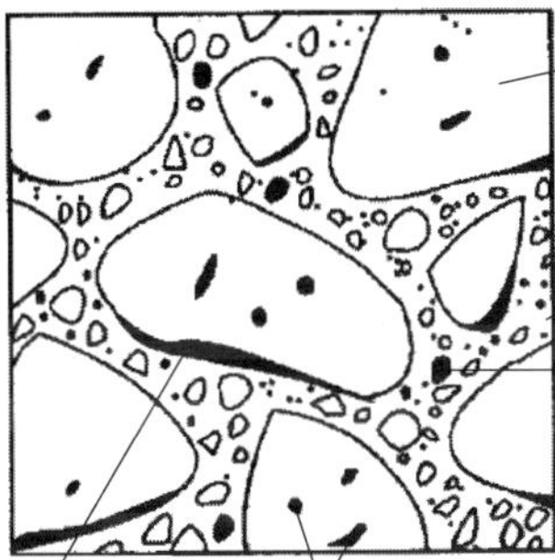

图 4-1 普通混凝土结构断面示意图

普通混凝土的质量和性能，主要与组成材料的性能、组成材料的相对含量即配合比，以及与混凝土的施工工艺（配料、搅拌、运输、浇注、成形、养护等）因素有关。因此为了保证混凝土的质量，提高混凝土的技术性能和降低成本，必须合理地选择组成材料。

一、水泥

水泥是混凝土中重要的组成材料，正确、合理地选择水泥的品种和强度等级，是影响混凝土强度、耐久性及经济性的重要因素。

（一）水泥品种的选择

配制普通混凝土的水泥品种，应根据工程性质与特点、所处的环境条件及施工所处条件，结合水泥的性能，且考虑当地生产的水泥品种情况等，进行合理地选择，这样不仅可以保证工程质量，而且可以降低成本。

对于一般结构及预制构件的普通混凝土，宜采用通用硅酸盐水泥；高强混凝土和有抗冻要求的混凝土宜采用硅酸盐水泥或普通硅酸盐水泥；有预防混凝土碱骨料反应要求的混凝土工程宜采用碱含量低于 0.6%的水泥；大体积混凝土宜采用中、低热硅酸盐水泥或低热矿渣硅酸盐水泥。水泥的性能指标必须符合现行国家有关标准的规定。常用水泥品种选择见表 3-4。

（二）强度等级的选择

水泥强度等级应根据混凝土设计强度等级进行选择。原则上，配制高强度等级的混凝土，选择高强度等级的水泥；配制低强度等级的混凝土，选用低强度等级的水泥。

当用高强度等级的水泥配制较低强度等级混凝土时，较小的水泥用量即可满足混疑土的强度要求，但水泥用量过少，水灰比偏大，会严重影响混凝土拌和物的和易性和耐久性；当用低强度等级水泥配制较高强度等级混凝土时，会使水泥用量过大，一方面混凝土硬化后的收缩和水化热增大，混凝土的水灰比过小而使拌和物流动性差，造成施工困难，不易成形密实；另一方面也不经济。

一般情况下，中、低强度的混凝土（≤C60），水泥强度等级为混凝土强度等级的 1.5～2.0 倍。高强度等级（≥C60）的混凝土，水泥强度等级为混凝土强度等级的 0.9～1.5 倍。配制混凝土常选用的水泥强度等级见表 4-1。

表 4-1　配制混凝土所用的水泥强度等级

混凝土强度等级	C10～C25	C30	C35～C45	C50～C60	C65	C70～C80
所选水泥强度等级	32.5	32.5、42.5	42.5	52.5	52.5、62.5	62.5

二、细骨料——砂

混凝土中大小不等的颗粒性材料称为骨料。骨料按其粒径的大小不同分为粗骨料和细骨料，公称粒径小于 5mm 的岩石颗粒称为细骨料；公称粒径大于 5mm 的岩石颗粒称为粗骨料。由于骨料在混凝土中起到骨架的作用，在混凝土中所占比例很大（占混凝土总体积的 70%～80%），所以骨料性能、质量的优劣，会极大地影响混凝土强度及耐久性。

（一）砂的分类

砂是混凝土中的细骨料，是指公称粒径在 5mm 以下的颗粒。其分类方法如下。

1. 按产源分

砂分为天然砂和人工砂两大类。

天然砂是由由自然条件作用而形成的、公称粒径小于 5mm 的岩石颗粒。按其产源不同可分为河砂、海砂和山砂等几种。河砂、海砂由于长期受水流的冲刷作用，颗粒表面比较圆滑而清洁，且这些砂产源广，但海砂中常含有贝壳碎片及盐类等有害杂质。山砂是岩体风化后在山间适当地形中堆积下来的岩石碎屑，其多具棱角，表面粗糙，砂中含泥量及有机杂质较多。相对来说，河砂较为适用，故建筑工程中普遍采用河砂作为细骨料。

人工砂是经除土开采，机械破碎、筛分制成的，公称粒径小于 5mm 的岩石颗粒，其颗粒富有棱角，比较洁净，但砂中片状颗粒及细粉含量较多，且成本较高。混合砂是由人工砂和天然砂混合制成的砂。

2. 按技术要求分

按照砂的技术要求，将其分为Ⅰ类、Ⅱ类、Ⅲ类。Ⅰ类宜用于强度等级大于C60的混凝土；Ⅱ类用于强度等级为C30～C60及抗冻、抗渗或其他要求的混凝土；Ⅲ类宜用于强度等级小于C30的混凝土和建筑砂浆。

（二）普通混凝土用砂的技术要求

《普通混凝土用砂石质量及检验方法标准》（JGJ 52—2006）中对砂的技术质量要求，主要有以下几方面。

1. 有害物质含量

配制混凝土的砂子要求清洁不含杂质，国家标准规定砂中不应混有草根、树叶、树枝、塑料、煤块等杂物，并对云母、轻物质、有机物、硫化物及硫酸盐、氯盐及海砂中贝壳等含量作了规定。有机物杂质易于腐烂，腐烂后析出的有机酸对水泥石有腐蚀作用；云母黏附在砂的表面，使水泥石与砂的黏结力下降，降低混凝土的强度、耐久性；轻物质（表观密度<2000kg/m^3）与水泥黏结差，影响混凝土的强度、耐久性；硫化物及硫酸盐对水泥石有腐蚀作用；氯盐的存在会使钢筋混凝土中的钢筋锈蚀，因此必须对氯离子严格限制；海砂中的贝壳对于混凝土的和易性、强度及耐久性均有不同程度的影响。各有害物质含量具体限值要求见表4-2。贝壳含量具体限值见表4-3。

表4-2 砂中有害物质含量规定

项 目	指 标
云母含量（按质量计，%）	≤2.0
轻物质含量（按质量计，%）	≤1.0
硫化物及硫酸盐含量（折算成SO_3按质量计，%）	≤1.0
有机物含量（用比色法试验）	颜色不应深于标准色，当颜色深于标准色时，应按水泥胶砂强度试验方法进行强度对比试验，抗压强度比不应低于0.95
氯化物（以氯离子占干砂质量百分率）	对于钢筋混凝土用砂，其氯离子含量不得大于0.06%；对于预应力混凝土用砂，其氯离子含量不得大于0.02%

注：①对于有抗冻、抗渗要求的混凝土，砂中云母含量不应大于1.0%。
②当砂中含有颗粒状的硫酸盐或硫化物杂质时，应进行专门检验，确认能满足混凝土耐久性要求后，方能采用。

表4-3 海砂中贝壳含量

混凝土强度等级	≥C40	C35～C30	C25～C15
贝壳含量（按质量计，%）	≤3	≤5	≤8

注：对于有抗冻、抗渗或其他特殊要求的小于或等于C25混凝土用砂，其贝壳含量不应大于5%。

2. 含泥量、泥块含量和石粉含量

含泥量是指砂中公称粒径小于80μm的颗粒含量。泥块含量是指砂中原公称粒径大于1.25mm，经水洗、手捏后变成小于630μm的颗粒含量。石粉含量是指人工砂中公称粒径小于 80μm，且其矿物组成和成分与被加工母岩石相同的颗粒含量。

天然砂的含泥量会影响砂与水泥石的粘结，使混凝土达到一定流动性的需水量增加，混凝土的强度降低，耐久性变差，同时硬化后的干缩性较大。当砂中夹有泥块时，会形成混凝土中的薄弱部分，对混凝土质量影响更大，更应严格控制其含量。

人工砂在生产时会产生一定的石粉，虽然石粉与天然砂中的含泥量均是指公称粒径小于 80μm 的颗粒含量，但石粉的成分、粒径分布和在砂中所起的作用不同。

人工砂中适量的石粉对混凝土是有一定益处的。人工砂颗粒坚硬、多棱角，拌制的混凝土在同样条件下比天然砂的和易性差，而人工砂中适量的石粉可弥补人工砂形状和表面特征引起的不足，起到完善砂级配的作用。

按《普通混凝土用砂石质量及检验方法标准》(JGJ 52—2006) 的规定，天然砂中含泥量和泥块含量规定分别见表 4-4，表 4-5；人工砂或混合砂中石粉含量规定见表 4-6。

表 4-4　天然砂中含泥量

混凝土强度等级	≥C60	C55～C30	≤C25
含泥量（按质量计，%）	≤2.0	≤3.0	≤5.0

注：对有抗冻、抗渗或其他特殊要求的小于或等于 C25 混凝土用砂，含泥量应不大于 3.0%。

表 4-5　砂中的泥块含量

混凝土强度等级	≥C60	C55～C30	≤C25
泥块含量（按质量计，%）	≤0.5	≤1.0	≤2.0

注：对于有抗冻、抗渗或其他特殊要求的小于或等于 C25 混凝土用砂，其泥块含量不应大于 1.0%。

表 4-6　人工砂或混合砂中石粉含量

混凝土强度等级		≥C60	C55～C30	≤C25
石粉含量（%）	MB＜1.4（合格）	≤5.0	≤7.0	≤10.0
	MB≥1.40（不合格）	≤2.0	≤3.0	≤5.0

注：亚甲蓝 MB 值，是指用于判定人工砂中粒径小于 80m 颗粒含量主要是泥土，还是与被加工母岩化学成分相同的石粉的指标。

3. 砂的坚固性

砂的坚固性是指砂在气候、环境变化或其他物理因素作用下抵抗破裂的能力。对某些重要工程或特殊环境下工作的混凝土用砂，应做坚固性检验。天然砂的坚固性应采用硫酸钠溶液检验，试样经 5 次循环后，其质量损失应符合表 4-7 的规定；人工砂采用压碎指标法进行试验。压碎指标值越小，表示砂抵抗压碎破坏能力越强，砂子越坚固。总压碎指标值应小于 30%。

表 4-7　天然砂的坚固性指标

混凝土所处的环境条件及其性能要求	5 次循环后的重量损失/%
在严寒及寒冷地区室外使用并经常处于潮湿或干湿交替状态下的混凝土 有腐蚀介质作用或经常处于水位变化区的地下结构混凝土 对于有抗疲劳、耐磨、、抗冲击要求的混凝土	≤8
其他条件下使用的混凝土	≤12

4. 砂的碱活性

混凝土用砂中不能含有活性氧化硅，以免产生碱骨料反应，使混凝土膨胀开裂。因此，标准规定对于长期处于潮湿环境的重要混凝土结构用砂，应采用砂浆棒（快速法）或砂浆长度法进行骨料的碱活性检验。经上述检验判断为有潜在危害时，应控制混凝土中的碱含量不超过 3kg/m^3，或采用能抑制碱-骨料反应的有效措施。

5. 粗细程度和颗粒级配

在混凝土拌和物中，水泥浆包裹砂子表面，并填充砂的空隙。为了节约水泥，降低成本，并使混凝土结构达到较高密实度，选择骨料时，应尽可能选用总表面积小、空隙率小的骨料。而砂子的总表面积与粗细程度有关，空隙率则与颗粒级配有关。

（1）粗细程度。粗细程度是指不同粒径的砂混合后，总体的粗细程度。在配制混凝土时，在相同用砂量条件下，若砂子过细则砂的总表面积就较大，需要包裹砂粒表面的水泥浆的数量多。混凝土拌和物和易性要求一定时，显然用较粗的砂比用较细的砂，减少拌合用水量，节约水泥用量。但若砂子过粗，混凝土拌和物易产生离析、泌水等现象，影响混凝土的工作性。因此用作拌制混凝土的砂，不宜过细，也不宜过粗。

（2）颗粒级配。砂的颗粒级配是指粒径大小不同的砂粒互相搭配的情况。在混凝土中砂粒之间的空隙是由水泥浆所填充，为了节约水泥和提高混凝土强度，就应尽量减小砂粒之间的空隙。从图 4-2 中可以看出：如果是相同粒径的砂，空隙就大（图 4-2（a））；用两种不同粒径的砂搭配起来，空隙就减小了（图 4-2（b））；用三种不同粒径的砂搭配，空隙就更小了（图 4-2（c））。

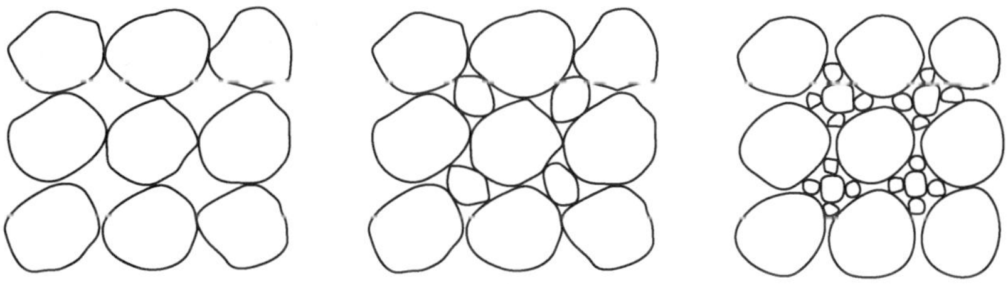

（a）相同粒径　　（b）两种不同粒径　　（c）多种不同粒径

图 4-2　砂子的颗粒级配

颗粒级配较好的砂，颗粒之间搭配适当，大颗粒之间的空隙由小一级颗粒填充，这样颗粒之间逐级填充，能使砂的空隙率达到最小，所拌制的混凝土不仅所需水泥浆量较少，经济性好，而且还可以提高混凝土的和易性、密实度和强度。

（3）砂的粗细程度与颗粒级配的评定。砂子的粗细程度和颗粒级配，通常采用筛分析法进行测定，并以细度模数表示砂的粗细程度，用级配区表示颗粒级配。

砂筛分析法是采用一套筛孔的公称直径分别为 10、5、2.5、1.25、0.630、0.315、0.160（mm）的方孔筛，将 500g（特细砂可称取 250g）干砂试样由粗到细依次过筛，然后称取留在各号筛上的砂的质量（分计筛余量）m_1、m_2、m_3、$\cdots m_6$，并计算各筛上的分计筛余百分率（各筛上的筛余量占砂样总质量的百分率），和累计筛余百分率（各个筛与比该筛粗的所有筛之分计筛余百分率之和），累计筛余百分率与分计筛余百分率的具体计算方法见表 4-8。

表 4-8　分计筛余率和累计筛余率的计算

筛孔公称直径	筛余量/g	分计筛余百分率	累计筛余百分率
5mm	m_1	$\alpha_1=(m_1/500)\times100\%$	$\beta_1=\alpha_1$
2.5mm	m_2	$\alpha_2=(m_2/500)\times100\%$	$\beta_2=\alpha_2+\alpha_1$
1.25mm	m_3	$\alpha_3=(m_3/500)\times100\%$	$\beta_3=\alpha_3+\alpha_2+\alpha_1$
630μm	m_4	$\alpha_4=(m_4/500)\times100\%$	$\beta_4=\alpha_4+\alpha_3+\alpha_2+\alpha_1$
315μm	m_5	$\alpha_5=(m_5/500)\times100\%$	$\beta_5=\alpha_5+\alpha_4+\alpha_3+\alpha_2+\alpha_1$
160μm	m_6	$\alpha_6=(m_6/500)\times100\%$	$\beta_6=\alpha_6+\alpha_5+\alpha_4+\alpha_3+\alpha_2+\alpha_1$

细度模数 μ_f 的计算式为

$$\mu_\mathrm{f}=\frac{\beta_2+\beta_3+\beta_4+\beta_5+\beta_6-5\beta_1}{100-\beta_1} \tag{4-1}$$

砂按细度模数 μ_f 可分为可分为粗、中、细、特细四级，其规定范围为：粗砂 μ_f =3.7～3.1；中砂 μ_f =3.0～2.3；细砂 μ_f =2.2～1.6；特细砂 μ_f =1.5～0.7。细度模数 μ_f 越大，表示砂越粗。普通混凝土用砂的细度模数，一般应控制在 2.0～3.5 之间，其中以采用中砂较为适宜。对于细度数为 0.7～1.5 的特细砂，应按特细砂混凝土配制及应用规程的有关规定执行和使用。

砂的细度模数并不能反映砂的级配优劣，细度模数相同的砂，级配可以很不相同。因此，在配制混凝土时，必须同时考虑砂的细度模数和颗粒级配。

砂的颗粒级配用级配区表示，除特细砂外，砂的颗粒级配可按公称直径 630μm 筛孔的累计筛余量（以质量百分率计，下同），分成三个级配区（见表 4-9），且砂的颗粒级配应处于表 4-9 中的某一区内。

砂的实际颗粒级配与表中的累计筛余相比，除公称粒径为 5.00mm 和 630μm 的累计筛余外，其余公称粒径的累计筛余可稍有超出分界线，但总超出量不应大于 5%。

当天然砂的实际颗粒级配不符合要求时，宜采取相应的技术措施，并经试验证明能确保混凝土质量后，方允许使用。

表 4-9　砂的颗粒级配区

累计筛余% 公称粒径	级配区		
	Ⅰ区	Ⅱ区	Ⅲ区
5.00mm	10～0	10～0	10～0
2.5mm	35～5	25～0	15～0
1.25mm	65～35	50～10	25～0
630μm	85～71	70～41	40～16
315μm	95～80	92～70	85～55
160μm	100～90	100～90	100～90

配制混凝土时，宜优先选用Ⅱ区的砂。当采用Ⅰ区砂时，应适当提高砂率，并保持足够的水泥用量，满足混凝土的和易性；当采用Ⅲ区砂时，宜适当降低砂率；当采用特细砂时，应符合相应的规定。

三、粗骨料——石子

（一）分类

粗骨料是指公称粒径大于 5mm 的岩石颗粒。普通混凝土常用的粗骨料分为卵石和碎石两种。卵石是由自然风化、水流搬运和分选、堆积形成的岩石颗粒。碎石是采用天然岩石经机械破碎、筛分制成的岩石颗粒。

卵石多为圆形，表面光滑，与水泥的黏结较差；碎石多棱角，表面粗糙，与水泥黏结较好。当采用相同混凝土配合比时，用卵石拌制的混凝土拌和物流动性较好，但硬化后强度较低；而用碎石拌制的混凝土拌和物流动性较差，但硬化后强度较高。因此，在配制高强度混凝土时，宜采用碎石。

（二）普通混凝土用卵石、碎石的技术要求

《普通混凝土用砂、石质量及检验方法标准》（JGJ 52—2006）中对石的技术质量要求，主要有以下几方面。

1. 含泥量和泥块含量及有害物质含量等

卵石、碎石的含泥量是指公称粒径小于 80μm 的颗粒含量；泥块含量是指卵石、碎石中原公称粒径大于 5.00mm，经水洗、手捏后变成小于 2.5mm 的颗粒的含量。含泥量和泥块含量过大时，会影响粗骨料与水泥石之间的粘结，降低混凝土的强度和耐久性。卵石、碎石中的含泥量和泥块含量应符合表 4-10 的规定。

表 4-10　卵石、碎石含泥量和泥块含量

混凝土强度等级	≥C60	C55～C30	≤C25
含泥量（按质量计，%）	≤0.5	≤1.0	≤2.0
泥块含量（按质量计，%）	≤0.2	≤0.5	≤0.7

注：①对于有抗冻、抗渗或其他特殊要求的混凝土，其所用碎石或卵石中泥的质量分数不应大于 1.0%。当碎石或卵石中的含泥是非黏土质的石粉时，其含泥量可由表 4-10 的 0.5%、1.0%、2.0%，分别提高到 1.0%、1.5%、3.0%。

②对于有抗冻、抗渗或其他特殊要求的强度等级小于 C30 的混凝土，其所用碎石或卵石中泥块含量不应大于 0.5%。

碎石或卵石中的硫化物和硫酸盐含量及卵石中有机物等有害物质含量，应符合表 4-11 的规定。

表 4-11　碎石或卵石中的有害物质含量

项目	质量要求
硫化物及硫酸盐含量（折算成 SO_3，按质量计，%）	≤1.0
卵石中有机物含量（用比色法试验）	颜色不深于标准色。当颜色深于标准色时，应配制成混凝土进行强度对比试验，抗压强度比应不低于 0.95

2. 颗粒形状

卵石及碎石的形状以接近球形或立方体为好，而针状和片状颗粒含量要少。针状颗粒，是指卵石和碎石颗粒的长度大于该颗粒所属相应粒级的平均粒径 2.4 倍者；片状颗粒是指厚度小于平均粒径 0.4 倍者。平均粒径是指该粒级上下限粒径的平均值。粗骨料中针、片状颗粒本身的强度不高，在承受外力时容易折断，而且含量较多时，会增大骨料空隙率，使混凝土和易性变差，同时降低混凝土的强度。为此，标准规定，针、片状颗粒含量应符合表 4-12 的规定。

表 4-12　卵石、碎石中针片状颗粒含量

混凝土强度等级	≥C60	C55～C30	≤C25
针、片状颗粒含量（按质量计，%）	≤0.5	≤1.0	≤2.0

3. 强度

为了保证配制的混凝土的强度，混凝土所用粗骨料必须具有足够强度。碎石的强度可用岩石的抗压强度和压碎值指标表示。卵石的强度用压碎值指标表示。

（1）岩石的抗压强度。岩石的抗压强度测定，采用碎石母岩，制成 50mm×50mm×50mm 的立方体试件或 ϕ50mm×50mm 的圆柱体试件，在水中浸泡 48h，取出擦干表面水分，测得其在饱和水状态下的抗压强度值。标准规定，岩石的抗压强度应比所配制的混凝土强度至少高 20%。当混凝土强度等级大于或等于 C60 时，应进行岩石抗压强度检验。其他情况下如有怀疑或认为有必要时，也可以进行岩石的抗压强度试验。岩石强度首先应由生产单位提供，工程中可采用压碎值指标进行质量控制。

（2）压碎指标。压碎指标检验是将一定质量气干状态下公称粒径 10.0～20.0mm 的石子，装入标准圆模内，放在试验机上均匀加荷至 200kN，稳定 5s 后卸载，倒出桶中的试样并称其质量 m_0，然后用公称直径为 2.50mm 的方孔筛筛除被压碎的细粒，再称出剩留在筛上试样重 m_1，然后按下式计算出压碎指标值 δ_a（精确至 0.1%）。

$$\delta_a = \frac{m_0 - m_1}{m_0} \times 100\% \tag{4-2}$$

式中，δ_a——压碎值指标；m_0——试样的质量（g）；m_1——压碎试验后筛余的试样的质量（g）。

卵石、碎石的压碎指标值越小，则表示石子抵抗受压破裂的能力越强。碎石或卵石的压碎指标宜符合表 4-13、表 4-14 的规定。

表 4-13　碎石的压碎指标

岩石品种	混凝土强度等级	碎石压碎值指标（%）
沉积岩	C60～C40	≤10
	≤C35	≤16
变质岩或深成的火成岩	C60～C4O	≤12
	≤C35	≤20

（续表）

岩石品种	混凝土强度等级	碎石压碎值指标（%）
喷出的火成岩	C60～C40	≤13
	≤C35	≤30

表 4-14　卵石的压碎指标

混凝土强度等级	C60～C40	≤C35
压碎值指标（%）	≤12	≤16

4. **碱活性骨料**

混凝土用石中不能含有活性二氧化硅，以免产生碱骨料反应。为此，标准规定，长期处于潮湿环境的重要结构混凝土，其所使用的碎石或卵石应进行碱活性检验。

进行碱活性检验时，应采用岩相法检验碱活性骨料的品种、类型和数量。当检验出骨料中含有活性二氧化硅时，应采用快速砂浆棒法或砂浆长度法进行碱活性检验；当检验出骨料中含有活性碳酸盐时，应采用岩石柱法进行碱活性检验。

经上述检验，当判定骨料存在潜在碱-碳酸盐反应危害时，不宜用做混凝土骨料；否则应通过专门的混凝土试验，作最后评定。

当判定骨料存在碱-硅反应危害时，应控制混凝土中的碱含量不超过 $3kg/m^3$，或采用能抑制碱骨料反应的有效措施。

5. **石的坚固性**

坚固性是指卵石、碎石在自然风化和其他外界物理化学因素作用下抵抗破裂的能力。当骨料由于干湿循环或冻融交替等风化作用引起体积变化而导致混凝土破坏时，即认为坚固性不良。骨料越密实，强度越高，吸水率越小时，其坚固性越好，而结构疏松、矿物成分复杂、构造不均匀的骨料，其坚固性差。

粗骨料的坚固性采用硫酸钠溶液法进行试验，卵石和碎石经 5 次循环后，其质量损失应符合表 4-15 的规定。

表 4-15　碎石或卵石的坚固性指标

混凝土所处的环境条件及其性能要求	5 次循环后的重量损失（%）
在严寒及寒冷地区室外使用并经常处于潮湿或干湿交替状态下的混凝土 有腐蚀介质作用或经常处于水位变化区的地下结构混凝土 有抗疲劳、耐磨、抗冲击要求的混凝土	≤8
其他条件下使用的混凝土	≤12

6. **颗粒级配**

粗骨料与细骨料一样，也要求有良好的颗粒级配，以减小空隙率，增强密实性，从而可以节约水泥，保证混凝土的和易性及混凝土的强度。特别是配制高强度混凝土，粗骨料级配特别重要。

粗骨料的颗粒级配也是通过筛分试验确定的。其一套标准方孔筛的公称直径为 2.5mm、

5.00mm、10.0mm、16.0mm、20.0mm、25.0mm、31.5mm、40.0mm、50.0mm、63.0mm、80.0mm 和 100.0mm，共十二个筛进行筛分。按规定方法进行筛分试验，计算各号筛的分计筛余百分率和累计筛余百分率，判定卵石、碎石的颗粒级配。根据标准《普通混凝土用砂、石质量及检验方法标准》（JGJ 52—2006）的规定，普通混凝土用碎石或卵石的颗粒级配应符合表 4-16 的要求。

表 4-16　碎石或卵石的颗粒级配范围

级配情况	公称粒级/mm	累计筛余别，按重量计/%											
		方孔筛筛孔边长/mm											
		2.36	4.75	9.5	16.0	19.0	26.5	31.5	37.5	53	63	75	90
连续粒级	5～10	95～100	80～100	0～15	0	—	—	—	—	—	—	—	—
	5～16	95～100	90～100	30～60	0～10	0	—	—	—	—	—	—	—
	5～20	95～100	90～100	40～70	—	0～10	0	—	—	—	—	—	—
	5～25	95～100	90～100	—	30～70		0～5	0	—	—	—	—	—
	5～31.5	95～100	90～100	70～90	—	15～45	—	0～5	0	—	—	—	—
	5～40	—	95～100	75～90	—	30～65	—	—	0～5	0	—	—	—
单粒级	10～20	—	95～100	85～100	—	0～15	0	—	—	—	—	—	—
	16～31.5	—	95～100	—	85～100	—	—	0～10	—	—	—	—	—
	20～40	—	—	95～100	—	80～100	—	—	0～10	0	—	—	—
	31.5～63	—	—	—	95～100	—	—	75～100	45～75	—	0～10	0	—
	40～80	—	—	—	—	95～100	—	—	70～100	—	30～60	0～10	0

粗骨料的颗粒级配按供应情况分连续粒级和单粒级。连续粒级是指颗粒由小到大连续分级，每一级粗骨料都占有一定的比例，且相邻两级粒径差较小（比值小于 2）。连续粒级的颗粒大小搭配合理，配制的混凝土拌和物和易性好，不易发生分层、离析现象，且水泥用量小。混凝土用石应采用连续粒级。

单粒级是从 1/2 最大粒径至最大粒径，粒径尺寸差别小，单粒级一般不单独使用，宜用于组合成满足要求级配的连续粒级；也可与连续粒级混合使用，以改善其级配或配成较大粒度的连续粒级。

当卵石的颗粒级配不符合表 4-16 的要求时，应采取措施并经试验证实能确保工程质量后，方允许使用。

7. **最大粒径**

公称粒级的上限称为该粒级的最大粒径。如 5～31.5mm 粒级的粗骨料，其最大粒径为 31.5mm。粗骨料的粒径越大，其比表面积越小，达到一定流动性时包裹其表面的水泥砂浆数量减小，可节约水泥；或者在和易性一定、水泥用量一定时，可以减少混凝土的单位用水量，提高混凝土的强度。

但粗骨料的最大粒径不宜过大，实践证明当粗骨料的最大粒径超过 40mm 时，会造成混凝土施工操作较困难，混凝土不易密实，引起强度降低和耐久性变差。

按《混凝土结构工程施工质量验收规范》（GB 50204—2015）的规定，混凝土用粗骨料的最大粒径须同时满足：不得超过构件截面最小边长的 1/4；不得超过钢筋间最小净距的 3/4；对于混凝土实心板，不得超过板厚的 1/3 且不得超过 40mm；对于泵送混凝土，最大粒径与输送管内径之比，碎石不宜大于 1∶3；卵石不宜大于 1∶2.5。

四、拌和用水

混凝土用水是混凝土拌和用水和混凝土养护用水的总称，包括饮用水、地表水、地下水、再生水、混凝土企业设备洗刷水和海水等。对混凝土用水的质量要求是：不影响混凝土的凝结和硬化；无损于混凝土强度发展及耐久性；不加快钢筋锈蚀；不引起预应力钢筋脆断；不污染混凝土表面。

《混凝土结构工程施工质量验收规范》（GB 50204—2015）规定，混凝土用水应优先采用符合国家标准的饮用水。在节约用水、保护环境的原则下，鼓励采用检验合格的中水（净化水）拌制混凝土。混凝用水的水质要求应符合《混凝土用水标准》（JGJ 63—2006）的规定，水中各杂质的含量应符合表 4-17 的规定。

表 4-17 混凝土拌和用水水质要求

项目	预应力混凝土	钢筋混凝土	素混凝土
PH 值	≥5.0	≥4.5	≥4.5
不溶物（mg/L）	≤2000	≤2000	≤5000
可溶物（mg/L）	≤2000	≤5000	≤10000
Cl^-（mg/L）	≤500	≤1000	≤3500
SO_4^{2-}（mg/L）	≤600	≤2000	≤2700
碱含量（mg/L）	≤1500	≤1500	≤1500

混凝土拌和用水不应有漂浮明显的油脂和泡沫，不应有明显的颜色和异味。

混凝土企业设备洗刷水不宜用于预应力混凝土、装饰混凝土、加气混凝土和暴露于腐蚀环境的混凝土；不得用于使用碱活性或潜在碱活性骨料的混凝土。

地表水和地下水，常溶解有较多的有机质和矿物盐，必须按标准规定的方法检验合格后，方可使用。

海水中含有较多的硫酸盐和氯盐，会影响混凝土的耐久性和加速混凝土中钢筋的锈蚀，因此，未经处理的海水严禁用于钢筋混凝土和预应力混凝土。在无法获得水源的情况下，海水可用于素混凝土，但不宜用于装饰混凝土，以免因表面产生盐析而影响装饰效果。

五、矿物掺合料

（一）矿物掺合料的概念和种类

《矿物掺合料应用技术规范》（GB/T 51003—2014）中对矿物掺合料的定义是：以硅、铝、钙等一种或多种氧化物为主要成分，具有规定细度，掺入混凝土中能改善混凝土性能的粉体材料。随着混凝土技术的发展，人们逐渐意识到应用混凝土掺合料的必要性和必然性。

特别是对于制备高性能混凝土，矿物掺合料已经成为其不可或缺的主要原材料。因此，人们也将矿物掺合料称为混凝土的第六组分。

用于混凝土中的矿物掺合料可包括：粉煤灰、粒化高炉矿渣粉、硅灰、石灰石粉、钢渣粉、磷渣粉、沸石粉；也可采用上述两种或两种以上矿物掺合料按一定比例复合后的粉体材料。

粉煤灰是煤粉炉烟道气体中收集的粉末。粉煤灰按煤种和氧化钙含量分为 F 类和 C 类。F 类粉煤灰是由无烟煤或烟煤燃烧收集的粉煤灰。C 类粉煤灰是由褐煤或次烟煤燃烧收集的粉煤灰，其氧化钙含量一般大于 10%。

粒化高炉矿渣粉是从炼铁高炉中排出的，以硅酸盐和铝硅酸盐为主要成分的熔融物，经淬冷成粒后粉磨所得的粉体材料。

硅灰是从冶炼硅铁合金或工业硅时通过烟道排出的粉尘，经收集得到的以无定形二氧化硅为主要成分的粉体材料。

石灰石粉是以一定纯度的石灰石为原料，经粉磨至规定细度的粉状材料。

钢渣粉是从炼钢炉中排出的，以硅酸盐为主要成分的熔融物，经消解稳定化处理后粉磨所得的粉体材料。

磷渣粉是用电炉法制黄磷时，所得到的以硅酸钙为主要成分的熔融物，经淬冷成粒后粉磨所得的粉体材料。

沸石粉是将天然斜发沸石岩或丝光沸石岩磨细制成的粉体材料。

（二）常用矿物掺合料的技术要求

按照《矿物掺合料应用技术规范》（GB/T 51003—2014），粉煤灰和磨细粉煤灰、粒化高炉矿渣粉和硅灰的技术要求应分别符合表 4-18、表 4-19 和表 4-20 的规定。

表 4-18　粉煤灰和磨细粉煤灰的技术要求

项目		技术指标			
		F 类粉煤灰		磨细粉煤灰	
		级别			
		I	II	I	II
细度	45μm 方孔筛筛余（%）	≤12.0	≤25.0	—	—
	比表面积（m^2/kg）	—		≥600	≥400
需水量比（%）		≤95	≤105	≤95	≤105
烧失量（%）		≤5.0	≤8.0	≤5.0	≤8.0
含水量（%）		≤1.0			
三氧化硫（%）		≤3.0			
游离氧化钙（%）		≤1.0			
氯离子含量（%）		—		≤0.02	

注：C 类粉煤灰除符合表 4-18 中 F 类粉煤灰的规定外，还应满足以下要求：
① 游离氧化钙不大于 4%。
② 安定性。应采用标准法，沸煮后雷氏夹增加距离不大于 5mm。

表 4-19 粒化高炉矿渣粉的技术要求

项目		技术指标		
		级别		
		S105	S95	S75
密度（g/m^3）		≥2.8		
比表面积（m^2/kg）		≥500	≥400	≥300
活性指数（%）	7d	≥95	≥75	≥55
	28d	≥105	≥95	≥75
流动度比（%）		≥95		
含水量（%）		≤1.0		
三氧化硫（%）		≤4.0		
氯离子含量（%）		≤0.06		
烧失量（%）		≤3.0		
玻璃体含量（%）		≥85		

表 4-20 硅灰的技术要求

项目	技术指标	项目	技术指标
比表面积（m^2/kg）	≥15000	烧失量（%）	≤6.0
28d 活性指数（%）	≥85	需水量比（%）	≤125
二氧化硅含量（%）	≥85	氯离子含量（%）	≤0.02
含水量（%）	≤3.0		

（三）掺矿物掺合料混凝土的工程应用

掺矿物掺合料的混凝土，宜采用硅酸盐水泥和普通硅酸盐水泥。当采用其他品种水泥时，应了解水泥中混合材的品种和掺量，并通过充分试验确定矿物掺合料的掺量。

配制混凝土时，宜同时掺用矿物掺合料与外加剂，其组分之间应有良好的相容性，矿物掺合料及外加剂的品种和掺量应通过混凝土试验确定。

《普通混凝土配合比设计规程》（JGJ 55—2011）规定：采用硅酸盐水泥或普通硅酸盐水泥时，钢筋混凝土和预应力混凝土中矿物掺合料最大掺量宜符合表 4-21 的规定。对基础大体积混凝土，粉煤灰、粒化高炉矿渣粉和复合掺合料的最大掺量可增加 5%。采用掺量大于30%的 C 类粉煤灰混凝土，应以实际使用的水泥和粉煤灰掺量进行安定性检验。

表 4-21 钢筋混凝土、预应力混凝土中矿物掺合料最大掺量

矿物掺合料种类	水胶比	钢筋混凝土中矿物掺合料最大掺量（%）		预应力混凝土中矿物掺合料最大掺量（%）	
		硅酸盐水泥	普通硅酸盐水泥	硅酸盐水泥	普通硅酸盐水泥
粉煤灰	≤0.40	45	35	35	30
	＞0.40	40	30	25	20

（续表）

矿物掺合料种类	水胶比	钢筋混凝土中矿物掺合料最大掺量（%）		预应力混凝土中矿物掺合料最大掺量（%）	
		硅酸盐水泥	普通硅酸盐水泥	硅酸盐水泥	普通硅酸盐水泥
粒化高炉矿渣粉	≤0.40	65	55	55	45
	>0.40	55	45	45	35
钢渣粉	—	30	20	20	10
磷渣粉	—	30	20	20	10
硅灰	—	10	10	10	10
复合掺合料	≤0.40	65	55	55	45
	>0.40	55	45	45	35

注：1. 采用其他通用硅酸盐水泥时，宜将水泥混合材掺量20%以上的混合材量计入矿物掺合料。
2. 复合掺合料各组分的掺量不宜超过单掺时的最大掺量。
3. 在混合使用两种或两种以上矿物掺合料时，矿物掺合料总掺量应符合表中复合掺合料的规定。

第三节　普通混凝土的主要技术性质

普通混凝土组成材料按一定比例混合，经拌和均匀后即形成混凝土拌和物，又称新拌混凝土；水泥凝结硬化后，即形成硬化混凝土。

混凝土拌和物应具有良好的和易性，以便于施工操作。混凝土拌和物凝结硬化以后，应具有足够的强度，以保证建筑物能安全地承受设计荷载，并具有必要的耐久性。

一、混凝土拌和物的和易性

（一）和易性的概念

混凝土拌和物的和易性是指拌和物便于施工操作（主要包括搅拌、运输、浇捣、成形、养护等），能够获得结构均匀、成形密实的混凝土的性能。和易性是一项综合性能，主要包括流动性、黏聚性和保水性三个方面的性质。

流动性是指混凝土拌和物在自重或施工机械振捣作用下，能产生流动并且均匀密实地填满模板的性能。流动性的大小反映了混凝土拌和物的稀稠程度。若混凝土拌和物太干稠，流动性差，难以振捣密实；若拌和物过稀，流动性虽好，但容易出现分层离析现象，从而影响混凝土的均匀性。

黏聚性是指混凝土拌和物各组成材料之间具有一定的黏聚力，在运输和浇注过程中不致产生分层和离析现象，而使混凝土能保持整体均匀的性能。

保水性是混凝土拌和物具有一定的保持内部水分的能力，在施工过程中不致发生严重泌水现象的性质。保水性差的混凝土拌和物，其内部固体颗粒下沉、水分上浮，在拌和物表面析出一部分水分，内部水分向表面移动过程中产生毛细管通道，使混凝土的密实度下降、强度降低、耐久性下降，且混凝土硬化后表面易起砂。

混凝土拌和物的流动性、黏聚性和保水性，三者之间是对立统一的关系。流动性好的拌和物，黏聚性和保水性往往较差；而黏聚性、保水性好的拌和物，一般流动性较差。在实际工程中，应尽可能达到三者统一，即满足混凝土施工时要求的流动性，同时也具有良好的黏聚性和保水性。

（二）和易性的评定

混凝土拌和物的和易性是一项满足施工工艺要求的综合性质，包括流动性、黏聚性和保水性三个方面，目前还很难用单一的指标来评定。通常采用测定混凝土拌和物的流动性、辅以直观经验评定黏聚性和保水性的方法来评定混凝土拌和物的和易性。根据《普通混凝土拌和物性能试验方法标准》（GB/T 50080—2002）规定，混凝土拌和和物的流动性用坍落度与坍落扩展度法和维勃稠度法测定。坍落度与坍落扩展度法适用于骨料最大粒径不大于40mm，坍落度值不小于 10mm 的塑性和流动性混凝土拌和物；维勃稠度法适用于骨料最大粒径不大于 40mm，维勃稠度值在 5～30s 之间的干硬性混凝土拌和物。

1. 坍落度和坍落扩展度值测定

在平整、润滑且不吸水的操作面上放置坍落度筒，将混凝土拌和物分三次（每次装料 1/3 筒高）装入筒内，分次捣实，装满后刮平。然后垂直提起坍落度筒，拌和物在自重作用下会向下坍落，坍落的高度（以 mm 计）就是该混凝土拌和物的坍落度值，即筒高与坍落后混凝土试体最高点之间的高度差，见图 4-3。

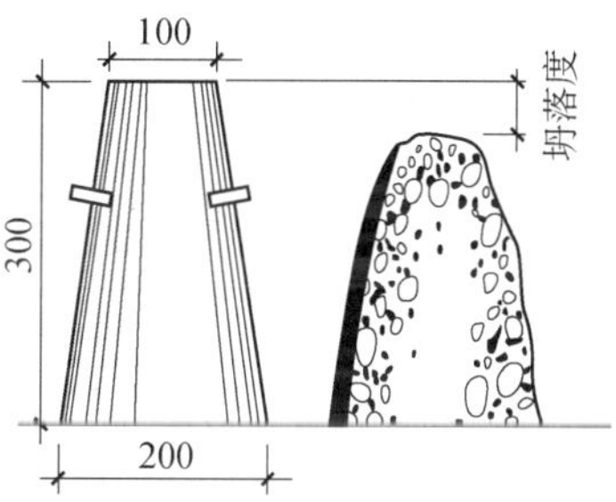

图 4-3　混凝土拌和物坍落度的测定

坍落度数值越大，表明混凝土拌和物流动性大。

坍落度反映的是混凝土拌和物流动性的好坏。在做坍落度试验的同时，还应观察混凝土拌和物的黏聚性、保水性等情况，以便更全面地评定混凝土拌和物的和易性。

黏聚性的评定，是用捣棒在已坍落的混凝土锥体侧面轻轻敲打，此时如果锥体保持整体均匀，逐渐下沉，则表示黏聚性良好，若锥体突然倒塌，部分崩裂或出现离析现象，则表示黏聚性不好。

保水性的评定，是以混凝土拌和物稀浆析出的程度来评定的，坍落度筒提起后如有较多的稀浆从底部析出，锥体部分的混凝土也因失浆而骨料外露，则表明此混凝土拌和物保水性能不好；如坍落度筒提起后无稀浆或仅有少量稀浆自底部析出，则表示此混凝土拌和物保水性良好。

坍落度在 10～220mm 对混凝土拌和物的稠度具有良好的反应能力，但当坍落度大于220mm 时，由于粗骨料的堆积的偶然性，坍落度就不能很好地代表拌和物的稠度，需做坍落扩展度试验。

坍落扩展度试验是在做坍落度试验的基础上，当坍落度值大于 220mm 时，用钢尺测量混凝土扩展后最终的最大直径和最小直径，在这两个直径之差小于 50mm 的条件下，用其算术平均值作为坍落扩展度值（以 mm 为单位）；否则，该次试验无效。

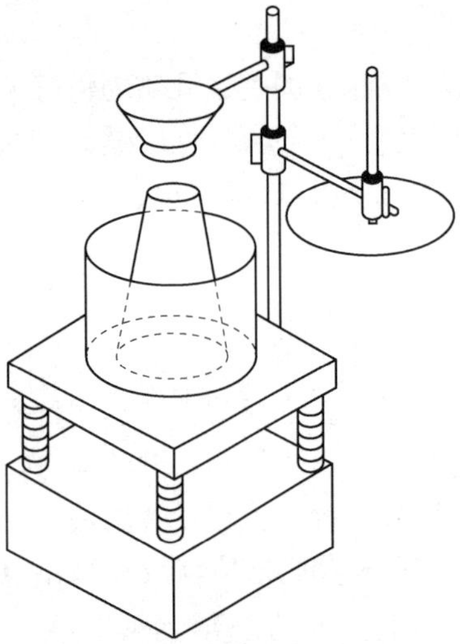

图 4-4 维勃稠度测定示意图

2. 维勃稠度法

对于坍落度小于 10mm 的混凝土拌和物的流动性，需用维勃度稠度法测定。将混凝土拌和物按规定方法装入坍落度筒内，将坍落度筒垂直提起后，将透明有机玻璃圆盘覆盖在拌和物锥体的顶面，如图 4-4 所示，开启振动台的同时用秒表计时，记录下当透明圆盘下面布满水泥浆时，所经历的时间（以 s 计），称为维勃稠度（用 V 表示）。维勃稠度越大，表示混凝土的流动性越小。

根据《混凝土质量控制标准》（GB50164—2011），混凝土拌和物按坍落度、维勃稠度和扩展度的等级划分应分别符合表 4-22～表 4-24 的规定。

表 4-22 混凝土拌和物的坍落度等级划分

等级	坍落度/mm
S_1	10～40
S_2	50～90
S_3	100～150
S_4	160～210
S_5	≥220

表 4-23 混凝土拌和物的维勃稠度等级划分

等级	维勃稠度/s
V_0	≥31
V_1	30～21
V_2	20～11
V_3	10～6
V_4	5～3

表 4-24 混凝土拌和物的扩展度等级划分

等级	扩展度/mm
F_1	≤340
F_2	350～410
F_3	420～480
F_4	490～550
F_5	560～620
F_6	≥630

（三）混凝土施工时坍落度的选择

混凝土拌和物应具有良好的和易性，并不得离析或泌水。混凝土拌和物应在满足施工要求的前提下，尽可能采用较小的坍落度；泵送混凝土拌和物坍落度设计值不宜大于 180mm。泵送高强混凝土的扩展度不宜小于 500mm；自密实混凝土的扩展度不宜小于 600mm。混凝土拌和物的坍落度损失不应影响混凝土的正常施工，泵送混凝土拌和物的坍落度损失不宜大于 30mm/h。

混凝土拌和物坍落度的选择，应根据施工条件、构件截面尺寸、配筋情况、施工方法等来确定。一般，构件截面尺寸较小、钢筋较密，或采用人工拌和与插捣时，坍落度应选择大些。混凝土浇注时的坍落度，宜按表 4-25 选用。

表 4-25 混凝土浇注时的坍落度

结构种类	坍落度/mm
基础或地面等的垫层，无筋厚大结构及配筋稀疏结构	10～30

（续表）

结构种类	坍落度/mm
板、梁和大型及中型截面的柱子等	30～50
配筋较密的结构（如薄壁、筒仓、细柱等）	50～70
配筋特密的结构	70～90

表 4-25 所示为采用机械振捣的坍落度，若采用人工振捣可适当增大。若采用泵送混凝土拌和物时，则要求混凝土拌和物具有高流动性，可通过掺入高效减水剂等方法，使坍落度提高到 80～180mm。

（四）影响混凝土拌和物和易性的因素

混凝土拌和物的和易性主要决定于组成材料的品种、规格，以及组成材料之间的数量比例、外加剂、外部环境条件等因素。

1. 水泥浆的数量

在混凝土骨料用量、水胶比（混凝土中用水量与胶凝材料用量的质量比）一定的条件下，填充在骨料之间的水泥浆数量越多，水泥浆对骨料的润滑作用较充分，混凝土拌和物的流动性增大。但水泥浆数量过多，将会出现流浆现象，不仅浪费水泥，而且会使拌和物的黏聚性、保水性变差，同时对混凝土的强度与耐久性也会产生一定的影响。水泥浆数量过少，不能填满骨料间隙或不能很好地包裹骨料表面时，拌和物就会产生崩塌现象，黏聚性也变差，泵送混凝土时会产生离析现象不能形成良好的润滑层，会发生堵管现象。因此，混凝土拌和物中水泥浆的数量，既不能过多，也不能过少，以满足流动性要求为宜。

单位体积混凝土内水泥浆的含量，在水胶比不变的条件下，可以用单位体积用水量（$1m^3$ 混凝土用水量）来表示。因此，水泥浆的数量对拌和物流动性的影响，实质上就是用水量对拌和物流动性的影响。

2. 水胶比（水泥浆的稠度）

在水泥用量不变的情况况下，水胶比越小，水泥浆就越稠，混凝土拌和物的流动性就越小。当水胶比过小时，混凝土过于干涩，会使施工困难，且不能保证混凝土的密实性；水胶比增大，流动性加大，但水胶比过大，会由于水泥浆过稀，而使黏聚性、保水性差，并严重影响混凝土的强度和耐久性。水胶比的大小应根据混凝土的强度和耐久性合理选用。

3. 砂率

砂率是指混凝土拌和物中砂的质量占砂、石总质量的百分率。用公式表示如下：

$$\beta_s = \frac{m_s}{m_s + m_g} \times 100\% \tag{4-3}$$

式中，β_s——混凝土的砂率；m_s——混凝土中砂质量，kg；m_g——混凝土中石子质量，kg。

砂率的变动会使混凝土中骨料的空隙率和总表面积发生显著的变化。所以，当水泥浆用量一定时，改变砂率，对混凝土拌和物的和易性也会产生很大的影响。

砂率过大，骨料总表面积及空隙率会增大，在水泥浆量一定的情况下，包裹骨料表面的水泥浆层将相对减薄，水泥浆的润滑作用减弱，拌和物的流动性变差。砂率过小，则拌和物中显得石子过多而砂子过少，砂不能填满石子之间的空隙，或填满后不能保证石子之间有足够厚度的砂浆层，不仅会降低拌和物的流动性，而且还会影响拌和物的黏聚性和保水性。当砂率适宜时，砂不但填满石子间的空隙，而且还能保证粗骨料间有一定厚度的砂浆层，以减小粗骨料间的摩擦力，使混凝土拌和物有较好的流动性。这个适宜的砂率，称为“合理砂率”。

合理砂率是指在用水量和水泥用量一定的条件下，能使拌和物的流动性（坍落度）达到最大，且黏聚性和保水性良好时的砂率，如图 4-5 所示；或者是在流动性（坍落度）、强度一定，黏聚性良好时，水泥用量最小时的砂率，如图 4-6 所示。

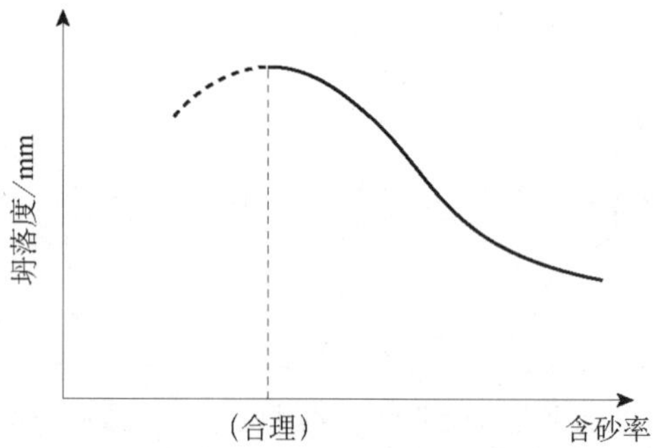

图 4-5　砂率与坍落度的关系
（水与水泥用量一定）

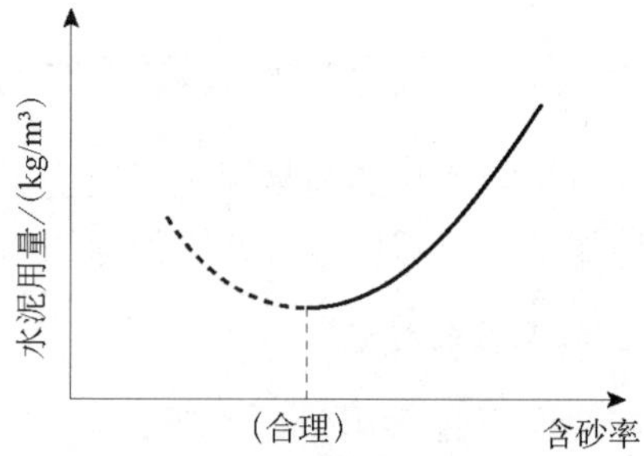

图 4-6　砂率与水泥用量的关系
（达到相同坍落度）

4. **组成材料性质的影响**

（1）水泥的影响。水泥对和易性的影响主要是水泥品种和水泥细度。不同品种的水泥其需水性不同，例如标准稠度用水量大的水泥，要达到相同的坍落度，则需要较多的用水量。矿渣水泥配制的混凝土拌和物流动性较大，但黏聚性较差，易泌水。火山灰水泥则需水量大，在拌和用水量相同时，用火山灰水泥配制的混凝土拌和物的流动性明显降低，但黏聚性和保水性较好。此外水泥的细度对拌和物的和易性也有影响，水泥的细度越小，在相同用水量情况下其混凝土拌和物流动性越小，但黏聚性和保水性较好。

（2）骨料的影响。骨料对拌和物的影响因素主要有骨料的品种、级配、颗粒形状、表面特征及粒径。通常来看，级配良好的砂、石骨料拌制的混凝土流动性较大，黏聚性和保水性也好。天然卵石呈圆形或卵圆形，表面较光滑，颗粒之间的摩擦阻力较小；碎石形状不规则，表面粗糙多棱角，颗粒之间的摩擦阻力较大。在其他条件完全相同的情况下，采用卵石拌制的混凝土，比用碎石拌制的混凝土的流动性好。另外在允许的情况下，应尽可能选择最大粒径较大的石子，可降低粗骨料的总表面积，使水泥浆的富余量加大，可提高拌和物的流动性。但砂、石子过粗，会使混凝土拌和物的黏聚性和保水性下降，同时也不易拌和均匀。

5. **外加剂**

外加剂（如减水剂、引气剂等）对拌和物的和易性有很大的影响，在拌制混凝土时，加入少量的外加剂能使混凝土拌和物在不增加水泥用量的条件下，获得良好的和易性，不仅流动性显著增加，还能有效地改善混凝土拌和物的黏聚性和保水性。而且在不改变混凝土配合比的情况下，能提高强度和耐久性（详见本章第四节混凝土的外加剂），是高强、高性能混凝土的必需组分。

6. **环境的温度和湿度**

环境温度的升高，水分蒸发及水泥水化反应速度加快，混凝土拌和物的流动性变差，而且坍落度损失也变快，尤其在夏季高温季节施工，上述现象更为明显。

空气湿度对于拌和物和易性影响也不能低估，由于湿度小，拌和物水分蒸发较快，也降低了拌和物的流动性。

7. **时间**

混凝土拌和物中水泥接触到水即开始水化，随着时间的延长（水化产物数量逐渐增加），水泥浆变得干稠，混凝土拌和物的流动性变差（即坍落度损失），导致和易性变差。所以，混凝土拌和物搅拌均匀后，应尽快完成施工操作。

（五）提高混凝土拌和物和易性的措施

在实际施工中，可采用如下措施调整混凝土拌和物的和易性：

（1）采用合理砂率。

（2）改善砂、石的级配。

（3）在可能的条件下，尽量采用较粗的砂、石。

（4）拌和物坍落度太小时，保持水胶比不变，增加适量的胶凝材料和水；当拌和物坍落度太大，保持砂率不变，增加适量的砂石。

（5）掺加外加剂（如减水剂、引气剂等）。

二、硬化后混凝土的强度

强度是混凝土硬化后的主要力学性能，并且与其他性质关系密切。混凝土强度包括立方体抗压强度、棱柱体抗压强度、抗拉强度、抗弯强度、抗剪强度和与钢筋的粘结强度等。其中抗压强度最高，因此混凝土主要用于承受压力的工程部位。混凝土的抗压强度与其他强度之间有一定的相关性，可根据抗压强度值的大小，估计其他强度值。因此混凝土抗压强度是最重要的一项性能指标，它是结构设计的主要参数，常作为评定混凝土质量的指标。

（一）混凝土的抗压强度与强度等级

1. **立方体抗压强度**

按照《普通混凝土力学性能试验方法标准》（GB/T 50081—2002）的规定，混凝土立方体抗压强度是指按照标准制作方法制成的边长为 150mm 的标准立方体试件，在标准养护条件下（温度为 20±2℃，相对湿度 95%以上或在温度为 20±2℃的不流动的 $Ca(OH)_2$ 饱和溶液中），养护至 28d 龄期，采用标准试验方法测得的混凝土极限抗压强度，用 f_{cu} 表示。混凝土立方体抗压强度按下式计算

$$f_{cu}=\frac{F}{A} \tag{4-4}$$

式中，f_{cu}——混凝土立方体抗压强度（MPa），精确至 0.1MPa；F——试件破坏荷载（N）；

A——试件承压面积（mm^2）。

立方体抗压强度的测定也可根据粗骨料的最大粒径选择尺寸为 100mm×100mm×100mm 和 200mm×200mm×200mm 的非标准试件，但强度测定结果必须乘以尺寸折算系数。当混凝土强度等级低于 C60 时，尺寸折算系数具体见表 4-26。当混凝土强度等级不低于 C60 时，宜采用标准尺寸试件；使用非标准尺寸试件时，尺寸折算系数应由试验确定，其试件数量不应少于 30 组。

表 4-26　试件的尺寸选择及尺寸折算系数

试件种类	试件尺寸/mm^3	粗骨料最大粒径/mm	换算系数
标准试件	150×150×150	≤40	1.00
非标准试件	100×100×100	≤31.5	0.95
	200×200×200	≤63	1.05

2. 立方体抗压强度标准值

立方体抗压强度标准值是指按标准方法制作和养护的边长为 150mm 的立方体试件，在 28d 龄期用标准试验方法测得的具有 95%保证率的抗压强度值，用 $f_{cu,k}$ 表示。

3. 混凝土的强度等级

为便于设计选用和控制混凝土，将混凝土按强度分成若干等级，即强度等级。混凝土强度等级是根据立方体抗压强度标准值 $f_{cu,k}$ 来确定的。它的表示方法是用“C”和“立方体抗压强度标准值”两项内容表示。《混凝土质量控制标准》（GB 50164—2011）中规定，混凝土强度等级应按方体抗压强度标准值（MPa）划分为 C10、C15、C20、C25、C30、C35、C40、C45、C50、C55、C60、C65、C70、C75、C80、C85、C90、C95 和 C100。例如 C35 表示混凝土立方体抗压强度值为 35MPa 的保证率为 95%，即立方体抗压强度标准值为 $f_{cu,k}=35MPa$。

混凝土强度等级是混凝土结构设计、施工质量控制和工程验收的重要依据。建筑物的不同部位或承受不同荷载的结构，应选用不同等级的混凝土。

4. 轴心抗压强度

轴心抗压强度，又称为棱柱体抗压强度，是以尺寸为 150mm×150mm×300mm 的标准试件，在标准养护条件下养护 28d，测得的抗压强度，以 f_{cp} 表示。如有必要，也可采用 100mm×100mm×300mm 或 200mm×200mm×400mm 的非标准试块。

混凝土的轴心抗压强度是钢筋混凝土结构设计的依据。实际工程中，钢筋混凝土结构形式极少是立方体的，大部分是棱柱体形或圆柱体形。为使测得的混凝土强度接近于混凝土结构的实际情况，在钢筋混凝土结构计算中，计算轴心受压构件时，都采用混凝土的轴心抗压强度作为设计依据。

混凝土的轴心抗压强度比同截面的立方体抗压强度小，棱柱体试件高宽比（即 h/a）越大，轴心抗压强度越小，但当 h/a 达到一定值后，强度就不再降低。因为这时在试件的中间区段已无环箍效应，形成了纯压状态。但是过高的试件在破坏前由于失稳产生较大的附加偏心，又会降低其抗压的试验强度值。通过大量试验研究表明，在立方体抗压强度 f_{cu}=10～55MPa 的范围内，f_{cp}＝（0.70～0.80）f_{cu}。

（二）抗拉强度

混凝土的抗拉强度很低，一般为抗压强度的 1/10～1/20，并且这个比值随着混凝土强度等级的提高而降低。故在钢筋混凝土结构设计中不考虑混凝土承受拉力，而是在混凝土中配以钢筋，由钢筋来承担结构中的拉力。但混凝土的抗拉强度对混凝土抗裂性具有重要意义，它是确定混凝土抗裂度的重要指标，有时也用它来间接衡量混凝土与钢筋的粘结强度等。

测定混凝土抗拉强度的试验方法有直接轴心受拉试验和劈裂试验。直接轴心受拉试验时，荷载不易对准轴线，夹具处常发生局部破坏，导致测值不准。因此，我国目前常采劈裂试验方法测定混凝土的抗拉强度，称为劈裂抗拉强度（f_{ts}）。劈裂抗拉强度采用边长为 150mm 的立方体试件为标准试件，在试件的两个相对的表面上加上垫条。当施加均匀分布的压力，就能在外力作用的竖向平面内，产生均匀分布的拉应力，应力可以根据弹性理论计算得出。这个方法大大地简化了抗拉试件的制作，并且较正确地反映了试件的抗拉强度。劈裂抗拉强度计算公式为

$$f_{ts}=\frac{2F}{\pi A}=0.637\frac{F}{A} \tag{4-5}$$

式中，f_{ts}——混凝土劈裂抗拉强度（MPa）；F——试件破坏荷载（N）；A——试件劈裂面积（mm^2）。

（三）影响混凝土强度的主要因素

由于混凝土是由多种材料组成，由人工经配制和施工操作后形成的，因此影响混凝土抗压强度的因素较多。概括起来主要有五个方面的因素，即人、机械、材料、施工工艺及环境条件。本课程着重探讨材料、环境等因素对混凝土抗压强度的影响。

混凝土受力破坏后，其破坏形式一般有三种：一是骨料本身的破坏，这种破坏的可能性很小，因为通常情况下，骨料强度大大超过水泥石和粘结面的强度；二是水泥石的破坏，这种现象在水泥石强度较低时发生；三是骨料和水泥石的分界面出现破坏，这是最常见的破坏形式，因为在水泥石与骨料的界面往往存在孔隙、潜在微裂缝。所以混凝土的强度主要取决于水泥石的强度及其水泥石与骨料表面的粘结强度。而水泥石强度及其与骨料的粘结强度又与水泥强度等级、水胶比及骨料的性质有密切关系。此外，混凝土的强度还受外加剂、施工质量、养护条件及龄期等的影响。

1. 水泥的强度等级和水胶比

水泥强度等级和水胶比是影响混凝土强度的最主要因素。

在混凝土中，由水泥石粘结了粗、细骨料，使混凝土成为具有一定强度的人造石材，因此水泥的强度直接影响混凝土强度。在配合比相同的情况下，所用水泥的强度等级越高，则硬化水泥石的强度越大，与骨料的粘结强度越大，混凝土的强度也就越高。

水胶比是混凝土中用水量与胶凝材料用量的比值。在混凝土中水泥的水化所需要的水分只占水泥质量 23%左右，但在拌制混凝土时，为了使拌和物具有较好的和易性，通常加入较

多的水，约占水泥质量的 40%～70%。这些多余的水分或泌出，或积聚在水泥石与骨料粘结的表面，会增大混凝土内部孔隙和降低水泥石与骨料之间的粘结力。因此在水泥强度及其他条件相同时，混凝土的抗压强度主要取决于水胶比。水胶比越小，则混凝土的强度越高。但水胶比不能太小，如果水胶比过小，拌和物过于干硬，造成施工困难（混凝土不易被振捣密实，出现较多蜂窝、空洞），反而导致混凝土强度下降，耐久性变差。

根据大量试验结果及工程实践，混凝土强度与水泥强度及水胶比之间有如下关系：

$$f_{cu}=\alpha_a \cdot f_b(\frac{B}{W}-\alpha_b) \tag{4-6}$$

式中，f_{cu}——混凝土 28d 龄期的立方体抗压强度，MPa；f_b——胶凝材料 28d 胶砂抗压强度，MPa（具体见普通混凝土的配合比设计步骤内容）；B/W——胶水比，即水胶比的倒数；α_a、α_b——回归系数（具体见普通混凝土的配合比设计步骤内容）。

2. **骨料的影响**

粗骨料在混凝土硬化后主要起骨架作用。当骨料级配良好、砂率适当时，由于组成了坚硬密实的骨架，有利于混凝土强度的提高。如果混凝土骨料中有害杂质较多，品质低，级配不好时，会降低混凝土的强度。

碎石形状不规则，表面粗糙、多棱角，与水泥石的粘结强度较高；卵石呈圆形或卵圆形，表面光滑，与水泥石的粘结强度较低。因此，在水泥强度等级及其他条件相同时，碎石混凝土的强度高于卵石混凝土的强度。

3. **养护条件**

混凝土强度增长的过程是水泥凝结硬化的过程，而水泥的水化与温度、湿度有着密切的关系。因此，在混凝土成形后，必须在一定时间内保持适当的温度和足够的湿度，以使水泥充分水化，这就是混凝土的养护。

温度越高，水化速度越快，混凝土的强度发展也越快，反之，在低温下混凝土强度发展迟缓，如图 4-7 所示。当温度降至冰点以下时，则由于混凝土中的水分大部分结冰，不但水泥停止水化，强度停止发展，而且由于混凝土孔隙中的水结冰，产生体积膨胀（约 9%），而对孔壁产生相当大的压应力（可达 100MPa），从而使硬化中的混凝土结构遭到破坏，导致混凝土已获得的强度受到损失。同时，混凝土早期强度低，更容易冻坏。因此，冬季施工时，混凝土应特别注意保温养护，防止早期受冻破坏。

环境的湿度是保证混凝土中水泥正常水化的重要条件。在适当的湿度下，水泥能正常水化，有利于混凝土强度的发展。湿度过低，混凝土表面会产生失水，迫使内部水分向表面迁移，在混凝土中形成毛细管通道，使混凝土的密实度、抗冻性、抗渗性下降，强度较低；或者混凝土表面产生干缩裂缝，不仅强度较低，而且影响表面质量和耐久性，如图 4-8 所示。

为了使混凝土正常硬化，必须保证混凝土成形后的一定时间内保持一定的温度和湿度。在自然环境中，利用自然气温进行的养护称为自然养护。《混凝土结构工程施工质量验收规范》（GB50204—2015）规定，对已浇注完毕的混凝土，应在 12h 内加以覆盖和浇水。浇水养护时间，对于硅酸盐水泥、普通硅酸盐水泥或矿渣硅酸盐水泥拌制的混凝土，浇水养护时间不得少于 7d，对掺缓凝型外加剂或有抗渗要求的混凝土不得少于 14d，浇水次数应能保持混凝土表面长期处于潮湿状态。当日最低气温低于 5℃时，不应采用洒水养护。

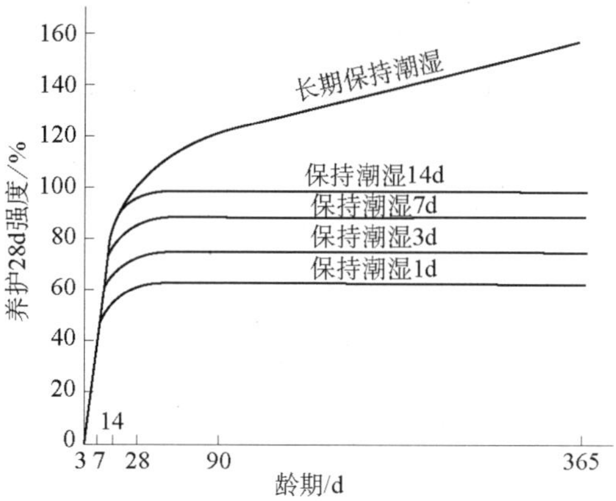

图 4-7　混凝土强度与养护温度的关系

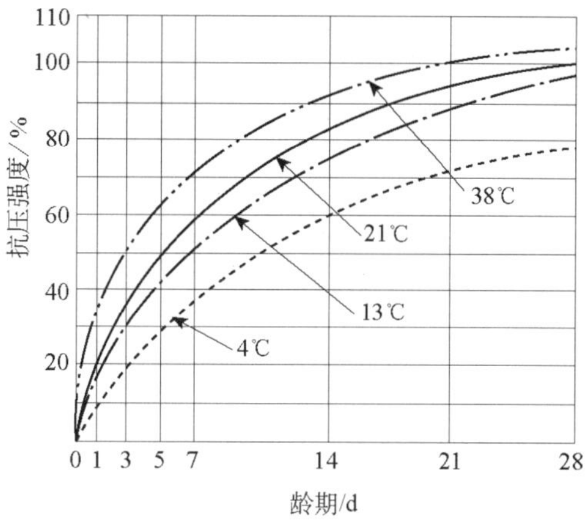

图 4-8　混凝土强度与保湿养护时间的关系

4. **龄期**

龄期是指混凝土在正常养护条件下所经历的时间。在正常的养护条件下，混凝土的抗压强度随龄期的增加而不断发展，在 7～14d 内强度发展较快，以后逐渐减慢，28d 后强度发展更慢。但只要保持适当的温度和湿度，其强度发展可持续数十年。

试验证明，当采用普通水泥拌制的、中等强度等级的混凝土，在标准养护条件下，混凝土的抗压强度与其龄期的对数成正比。其经验公式如下：

$$\frac{f_n}{\lg n}=\frac{f_{28}}{\lg 28} \tag{4-7}$$

式中，f_n、f_{28}——分别为 n、28 天龄期的抗压强度，MPa。n——养护龄期（d），大于等于 3。

根据上式，可以由所测混凝土的早期强度，估算其 28d 龄期的强度。或者由混凝土的 28d 强度，推算 28d 前后混凝土达到某一强度需要的天数，来确定混凝土拆模、构件起吊、放松预应力钢筋、制品养护、出厂等日期。但由于影响强度的因素很多，此式计算结果仅作参考。

5. **试验条件对混凝土强度测定值的影响**

试验条件主要是指试件尺寸、形状、表面状态及加荷速度等。

（1）试件尺寸。试件尺寸越小，测得的抗压强度值越高。所以，在用非标准试件测定混凝土抗压强度时，需采用表 4-26 中的尺寸折算系数。试件尺寸较大时，试件内部存在孔隙等缺陷的概率就高，这就造成有效受力面积的减小和应力集中，从而引起混凝土强度的测定值偏低。

（2）试件形状。试件受压面积（$a\times a$）相同，高度（h）不同时，高宽比（h/a）越大，抗压强度越小。这是由于试件受压时，试件受压面与试件承压板之间的摩擦力，对试件相对于承压板的横向膨胀起约束作用，该约束有利于强度的提高（图 4-9）。越接近试件的端面，这种约束作用就越大，在离端面大约 $\frac{\sqrt{3}}{2}a$ 范围以外，约束作用才消失。试件破坏后，其上下部分各呈现一个较完整的棱锥体，这就是这种约束作用的结果，通常称为“环箍效应”，见图 4-10。

（3）表面状态。混凝土试件承压面的状态，也是影响混凝土强度的重要因素。若试件承压面有油脂类润滑剂时，试件受压时的环箍效应减小，试件将出现直裂破坏（图 4-11），测出的强度值也较低。

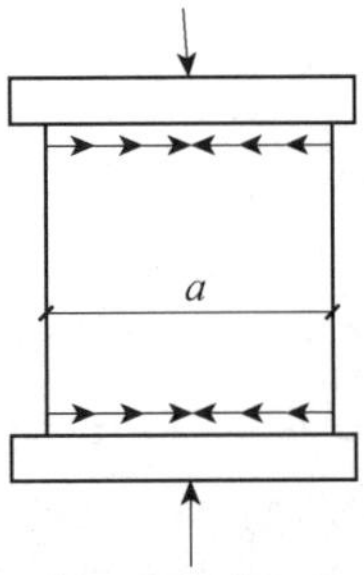

图 4-9　压力机压板对试件的约束作用

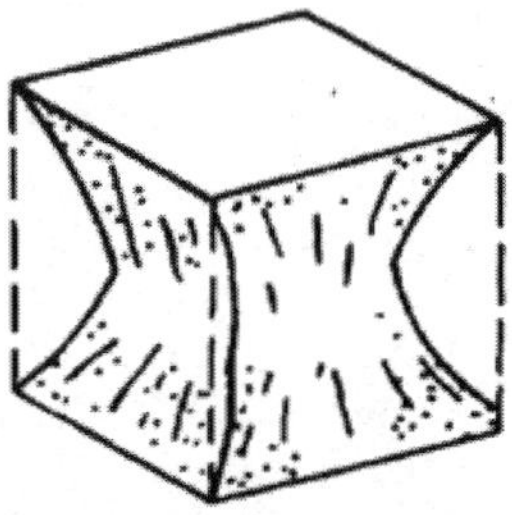

图 4-10　试件破坏后残存的棱锥体

图 4-11　不受压板约时试件的破坏情况

（4）加荷速度。加荷速度越快，测得的混凝土强度值就越大，当加荷速度超过 1.0MPa/s 时这种趋势更明显。所以，国家标准规定，测定混凝土抗压强度的加荷速度为 0.3～0.8MPa/s，且应连续均匀地进行加荷。

6. 施工质量的影响

混凝土的搅拌、运输、浇筑、振捣、现场养护是一个复杂的施工过程，受到各种不确定性随机因素的影响。配料的准确、振捣密实程度、拌和物的离析、现场养护条件的控制，以及施工单位的技术和管理水平都会造成混凝土强度的变化。因此，必须采取严格有效的控制措施和手段，以保证混凝土的施工质量。

（四）提高混凝土抗压强度的主要措施

根据影响混凝土抗压强度的主要因素，在工程实践中，可采取以下一些措施：

（1）采用高强度等级水泥。提高水泥的强度等级可有效提高混凝土的强度，但由于水泥强度等级的增加受到原料、生产工艺的制约，故单纯靠提高水泥强度来达到提高混凝土强度的目的，往往是不现实的，也是不经济的。

（2）降低水胶比。这是提高混凝土强度的有效措施。混凝土采用较低的水胶比，硬化后留下的孔隙少，密实度高，强度可显著提高。但水胶比过小，会使混凝土拌和物的工作性下降。因此，必须有相应的技术措施配合，如采用机械强力振捣、掺加提高混凝土工作性的外加剂。

（3）采用合理砂率，以及级配合格、强度较高、质量良好的砂石。

（4）改进施工工艺，加强搅拌和振捣。采用机械搅拌和强力振捣，都可使混凝土拌和物在低水胶比的情况下更加均匀、密实地浇筑，从而获得更高的强度。采用二次搅拌工艺（造壳混凝土），可改善凝土骨料与水泥砂浆之间的界面缺陷，有效提高混凝土强度。采用先进的高频振动、变频振动及多向振动设备，可获得更佳振动效果。

（5）采用湿热养护。可分为蒸汽养护及蒸压养护两类，尤以蒸汽养护常见。蒸汽养护是将混凝土置于 60℃以上的常压饱和水蒸气中进行养护。一般混凝土经过不超过 12h 的蒸汽养护，其强度可达正常条件下养护 28d 强度的 70%～80%。蒸汽养护最适于掺活性混合材料的矿渣硅酸盐水泥、火山灰质硅酸盐水泥及粉煤灰硅酸盐水泥制备的混凝土。因为蒸汽养护可加速活性混合材料内的活性 SiO_2 及活性 $A1_2O_3$ 与水泥水化析出的 $Ca(OH)_2$ 反应，使混凝土不仅提高早期强度，而且后期强度也有所提高，其 28d 强度可提高 10%～20%。而对普通硅酸盐水泥和硅酸盐水泥制备的混凝土进行过高温度或过长时间的蒸汽养护，其早期强度也能得到提高，但因在水泥颗粒表面过早形成水化产物凝胶膜层，阻碍水分继续深入水泥颗粒内部，使后期强度增长速度反而减缓。

（6）掺入混凝土外加剂、掺合料。掺加外加剂是提高混凝土强度的有效方法之一，减水剂和早强剂都能对混凝土的强度发展起到明显的作用。此外，在混凝土中掺入高效减水剂的同时，掺入磨细的矿物掺合料（如硅灰、优质粉煤灰、超细磨矿渣等），可显著提高混凝土的强度，配制出强度等级为 C60～C100 的高强度混凝土。但需指出的是早强剂只可提高混凝土的早期（≤l0d）强度，而对 28d 强度影响不大。

三、混凝土的变形性能

混凝土在凝结硬化或使用过程中，受各种因素作用会产生各种变形。混凝土的变形直接影响混凝土的强度及耐久性，特别是对裂缝的产生有直接影响。引起混凝土变形的因素很多，主要分为非荷载作用下的变形（主要有化学收缩、干湿变形、温度变形等）和荷载作用下的变形（弹塑性变形和徐变）。

（一）非荷载作用下的变形

1. 化学收缩

在混凝土硬化过程中，由于水泥水化生成物的固体体积比反应前物质的总体积小，从而引起混凝土的收缩，称为化学收缩。混凝土的化学收缩是不能恢复的，其收缩值随着龄期的延长而增加，一般在混凝土成形后 40d 内增长较快，以后逐渐趋于稳定。化学收缩值较小（小于 1%），对混凝土结构基本没有破坏作用，但在混凝土内部可能产生裂缝，从而影响承载状态（产生应力集中）和耐久性。

2. 干湿变形

干湿变形是指由于混凝土周围环境湿度的变化引起混凝土中水分变化，导致混凝土湿胀干缩的变形。

当混凝土在水中硬化时，水泥凝胶体颗粒的吸附水膜增厚，胶体粒子间的距离增大，使混凝土的体积产生轻微膨胀。混凝土的湿涨变形量很小，对结构一般无破坏作用。

混凝土在干燥过程中，由于毛细孔水的蒸发，毛细孔中形成负压，随着空气湿度的降低，负压逐渐增大，产生收缩力，导致混凝土收缩。当毛细管内水蒸发完后，若继续干燥，还会使吸附在胶体颗粒上的水蒸发，由于分子引力的作用，粒子间距变小，引起胶体收缩，称这种收缩为干燥收缩。混凝土干缩变形是由表及里逐渐进行的，因而会产生表面收缩大，内部收缩小，导致混凝土表面受到拉力作用。此外，混凝土在干缩过程中，骨料并不产生收缩，因而在骨料与水泥石界面上也会产生微裂缝，影响混凝土的强度、耐久性。

3. **温度变形**

混凝土与其他材料一样，也会随着温度的变化产生热胀冷缩的变形。混凝土的温度变形系数为（1～1.5）×10^{-5}/℃，即温度每升高1℃，每1m胀缩0.01～0.015mm。

由于混凝土的导热能力很低，水泥水化初期释放出的大量水化热会聚集在混凝土内部难以散失，而混凝土表面散热较快，混凝土内外温差很大，形成"内胀外缩"，使混凝土表面产生很大的拉应力，直至出现裂缝。因此对于大体积混凝土工程，应设法降低混凝土的发热量，如使用低热水泥，减少水泥用量，掺加缓凝剂或采用人工降温措施等，以减小内外温差，防止裂缝的产生和发展。对纵向较长或大面积的混凝土结构，为避免混凝土温度变形所产生的危害，每隔一段设置温度伸缩缝。

（二）荷载作用下的变形

1. **短期荷载作用下的变形**

混凝土是一种由水泥石、砂、石、游离水、气泡等组成的不匀质的多组分三相复合材料，为弹塑性体。受力时既产生弹性变形，又产生塑性变形，其应力应变关系呈曲线，如图4-12所示。

在静力试验的加荷过程中，若加荷至应力为 σ，应变为 ε 的 A 点，然后将荷载逐渐卸去，则卸荷时的应力—应变曲线如图 4-12 中 AC 所示（微向上弯曲）。卸荷后能恢复的应变 $\varepsilon_{弹}$ 是由混凝土的弹性应变引起的，称为弹性应变；剩余的不能恢复的应变 $\varepsilon_{塑}$，则是由混凝土的塑性应变引起的，称为塑性应变。

混凝土的弹性模量是反映应力与应变关系的物理量，混凝土应力与应变之间的关系不是直线而是曲线，因此混凝土的弹性模量不是定值。在计算钢筋混凝土构件的变形，裂缝开展以及大体积混凝土的温度应力时，都需要知道混凝土的弹性模量。

当应力 $\sigma <$（0.3～0.5）f_{cp} 时，在反复荷载作用下，每次卸荷都在应力—应变曲线中残留一部分塑性变形，但随着重复次数的增加，塑性变形的增量减小，最后曲线稳定于 $A'C'$ 线，它与初始切线大致平行，如图 4-13 所示。

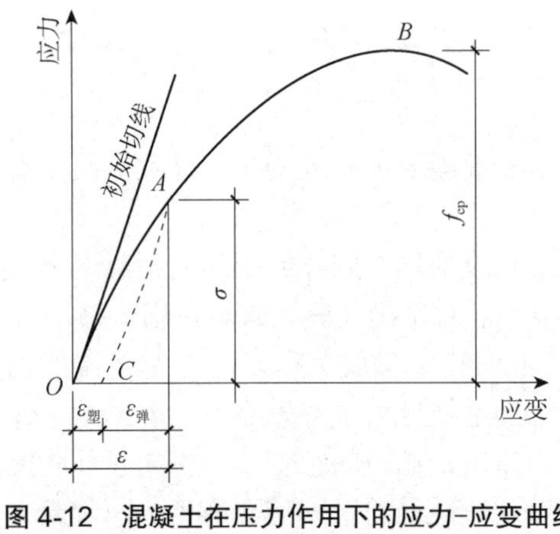

图 4-12　混凝土在压力作用下的应力-应变曲线

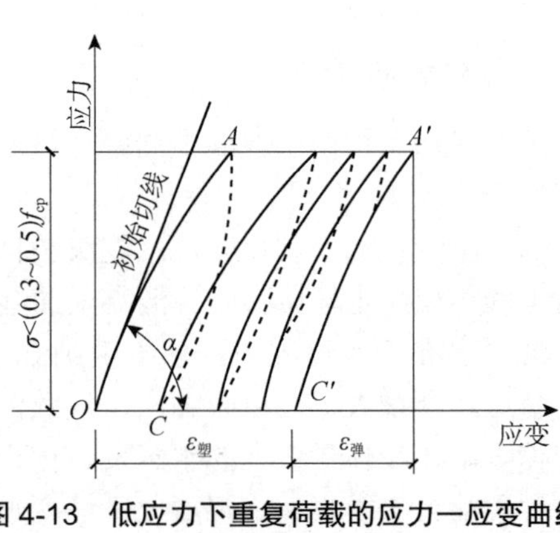

图 4-13　低应力下重复荷载的应力—应变曲线

《普通混凝土力学性能试验方法标准》（GB/T 50081—2002）规定，采用 150mm×150mm×300mm 的棱柱体试件作为标准试件，取测定点的应力为试件轴心抗压强度的 40%

（即 $\sigma=0.4f_{cp}$），经 4 次以上反复加荷与卸荷，所得应力—应变曲线与初始切线大致平行时测得的弹性模量值，即为该混凝土的弹性模量 E，在数值上与 $\tan\alpha$ 相近。

影响混凝土弹性模量的因素主要有：混凝土的强度、骨料的含量及其弹性模量和养护条件等。混凝土的强度越高，其弹性模量越大，当混凝土的强度等级由 C15 增加至 C80 时，其弹性模量大致由 2.2×10^4MPa 增加至 3.60×10^4MPa；骨料的含量越多，骨料自身的弹性模量越大，混凝土的弹性模量越高；混凝土的水胶比较小，养护较好，龄期较长，混凝土的弹性模量就较大。

2. 长期荷载作用下的变形

混凝土在恒定荷载长期作用下，沿作用力方向，随着时间的延长而不断增加的塑性变形，称为混凝土的徐变。

混凝土在加荷的瞬间，产生瞬时变形，随着荷载持续时间的延长，逐渐产生徐变变形。混凝土徐变在加荷早期增长较快，然后逐渐减慢，一般要 2～3 年才趋于稳定。当混凝土卸荷后，一部分变形瞬间恢复，其值小于在加荷瞬间产生的瞬时变形，在卸荷后的一段时间内变形还会继续恢复，称为徐变恢复，最后残存的不能恢复的变形称为残余变形，如图 4-14 所示。

混凝土的徐变，一般认为是由于水泥石中凝胶体在长期荷载作用下的黏性流动，使凝胶孔向毛细孔内迁移所致。在混凝土的较早龄期加载，水泥尚未充分水化，所含凝胶体较多，且水泥石中毛细孔较多，凝胶体易流动，所以徐变发展较快；在晚龄期，水泥继续水化，凝胶体含量相对减小，毛细孔亦少，徐变发展渐慢。

混凝土的徐变受许多因素的影响。混凝土的水胶比较小或在水中养护时，徐变较小；水胶比相同的混凝土，其水泥用量越多，徐变越大；混凝土所用骨料的弹性模量较大时，徐变较小；所受应力越大，徐变越大。

徐变对结构物的影响有利有弊：有利的是，它可以减弱钢筋混凝土内的应力集中，使应力重新分布，并能减小大体积混凝土的温度应力；不利的是，在预应力钢筋混凝土中，它会使预应力钢筋混凝土的预加应力值受到损失。

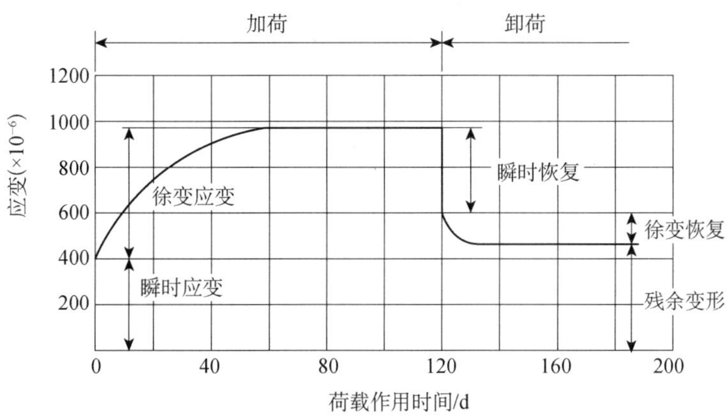

图 4-14　徐变变形与徐变恢复

四、混凝土的耐久性

混凝土抵抗环境介质作用并长期保持其良好的使用性能和外观完整性，从而维持混凝土结构的安全、正常使用的能力，称为混凝土的耐久性。

《混凝土耐久性检验评定标准》（JGJ/T 193—2009）中规定，混凝土耐久性检验评定项目包括抗冻性能、抗水渗透性能、抗硫酸盐侵蚀性能、抗氯离子渗透性能、抗碳化性能和早期抗裂性能。当混凝土需要进行耐久性检验评定时，检验评定的项目及其等级或限值应根据设计要求确定。混凝土的耐久性是一个综合性的指标。耐久性良好的混凝土，对延长结构使用寿命，减少维修保养费用，提高经济效益等具有重要意义。下面介绍几种常见的耐久性问题。

（一）抗渗性

抗渗性是指混凝土抵抗水、油等压力液体渗透作用的性能。它是决定混凝土耐久性最基本的因素，直接影响混凝土的抗冻性和抗侵蚀性。

混凝土的抗渗性用抗渗等级表示。抗渗等级是以 28d 龄期的标准试件，在标准试验方法下进行试验，以每组 6 个试件，4 个试件未出现渗水时，所承受的最大静水压来表示，共有 P4、P6、P8、P10、P12 等 5 个等级，即相应表示混凝土能抵抗 0.4MPa、0.6MPa、0.8MPa、1.0MPa 及 1.2MPa 的静水压力而不渗水。混凝土抗水渗透性能的等级划分见表 4-27。

表 4-27 混凝土抗冻性能、抗水渗透性能和抗硫酸盐侵蚀性能的等级划分

<table>
<tr><td colspan="2">抗冻等级（快冻法）</td><td>抗冻标号（慢冻法）</td><td>抗渗等级</td><td>抗硫酸盐等级</td></tr>
<tr><td>F50</td><td>F250</td><td>D50</td><td>P4</td><td>KS30</td></tr>
<tr><td>F100</td><td>F300</td><td>D100</td><td>P6</td><td>KS60</td></tr>
<tr><td>F150</td><td>F350</td><td>D150</td><td>P8</td><td>KS90</td></tr>
<tr><td>F200</td><td>F400</td><td>D200</td><td>P10</td><td>KS120</td></tr>
<tr><td colspan="2" rowspan="2">>F400</td><td rowspan="2">>D200</td><td>P12</td><td>KS150</td></tr>
<tr><td>>P12</td><td>>KS150</td></tr>
</table>

混凝土渗水的主要原因是由于混凝土内部存在连通的毛细孔和裂缝，形成了渗水通道。这些孔道除产生于施工振捣不密实外，主要来源于水泥中多余水分的蒸发而留下的气孔，水泥浆泌水所形成的泌水通道及各种收缩形成的微裂缝等。这些渗水通道的多少，主要与水胶比大小有关，因此水胶比是影响抗渗性的一个主要因素。试验表明，随着水胶比增大，抗渗性逐渐变差，当水胶比大于 0.6 时，抗渗性急剧下降。

提高混凝土抗渗性的主要措施是提高混凝土的密实度和改善混凝土中的孔隙结构，减少连通孔隙。这些措施可通过降低水胶比、选择级配良好的骨料、充分振捣和养护、掺入引气剂等方法来实现。

（二）抗冻性

混凝土的抗冻性是指混凝土在吸水饱和状态下，能经受多次冻融循环而不破坏，同时也不严重降低所具有性能的能力。在寒冷地区，特别是在严寒地区处于潮湿环境或干湿交替环境的混凝土，抗冻性是评定混凝土耐久性的重要指标。

混凝土的抗冻性能用抗冻等级和抗冻标号来表示。混凝土抗冻等级是用快冻法测得的最大冻融循环次数来划分的混凝土的抗冻性能等级；混凝土抗冻标号是用慢冻法测得的最大冻融循环次数来划分的混凝土的抗冻性能等级。混凝土抗冻性能的等级划分见表 4-27。

混凝土受冻融破坏的原因是由于混凝土内部孔隙中的水在负温下结冰后体积膨胀形成的静水压力，当这种压力产生的内应力超过混凝土的抗拉强度时，混凝土就会产生裂缝，多次冻融循环使裂缝不断扩展直至破坏。

混凝土的抗冻性主要决定于混凝土的孔隙率及孔隙特征、含水程度等因素。孔隙率较小且具有封闭孔隙的混凝土，其抗冻性较好。

提高混凝土抗冻性的有效途径是掺入引气剂，在混凝土内部产生互不连通的微细气泡，不仅截断了渗水通道，使水分不易渗入，而且气泡有一定的适应变形能力，对冰冻的破坏作用有一定的缓冲作用，除此之外，还可采用减小水胶比，提高水泥强度等级等措施。

（三）抗侵蚀性

当混凝土所处环境中含有侵蚀性介质时，混凝土便会遭受侵蚀，通常有软水侵蚀、硫酸盐侵蚀、镁盐侵蚀、碳酸侵蚀、一般酸侵蚀和强碱侵蚀等。混凝土在海岸、海洋工程中的应用也很广，海水对混凝土的侵蚀作用除化学作用外，尚有反复干湿的物理作用；盐分在混凝土内的结晶与聚集、海浪的冲击磨损、海水中氯离子对混凝土内钢筋的锈蚀作用等，也都会使混凝土遭受破坏。

抗硫酸盐侵蚀性能是混凝土耐久性检验评定项目之一。一般在混凝土处于硫酸盐环境时会对混凝土抗硫酸盐侵蚀性能提出设计要求，用抗硫酸盐等级表示。抗酸盐等级是用抗硫酸盐侵蚀试验方法测得的最大干湿循环次数来划分的混凝土抗硫酸盐侵蚀性能等级。混凝土硫酸盐侵蚀性能的等级划分见表 4-27。一般而言，抗硫酸盐等级为 KS120 的混凝土具有较好的抗硫酸盐侵蚀性能，抗硫酸盐等级为 KS150 的混凝土具有优异的抗硫酸盐侵蚀性能。

混凝土的抗侵蚀性主要取决于水泥石的抗侵蚀性。合理选择水泥品种、降低水胶比、提高混凝土制品的密实度和改善孔结构均可以提高抗侵蚀性。

（四）抗碳化性

混凝土的碳化是指水泥石中的 $Ca(OH)_2$ 与空气中的 CO_2 在潮湿条件下发生化学反应，生成 $CaCO_3$ 和 H_2O，使混凝土碱度降低的过程，也称为混凝土的中性化。

碳化对混凝土的性能既有有利的影响，也有不利的影响。其不利影响：一是，碱度降低减弱了对钢筋的保护作用。这是因为混凝土中水泥水化生成大量的 $Ca(OH)_2$，使钢筋处于碱性环境中，而在钢筋表面生成一层钝化膜，保护钢筋不受腐蚀。但当碳化深度穿透混凝土保护层而达钢筋表面时，钢筋钝化膜被破坏而发生锈蚀，此时产生体积膨胀，致使混凝土保护层产生开裂，开裂后的混凝土更有利于二氧化碳、水、氧等有害介质的进入，加剧了碳化的进行和钢筋的锈蚀，最后导致混凝土产生顺筋开裂而破坏。二是，碳化作用会增加混凝土的收缩，引起混凝土表面产生拉应力而出现微细裂缝，从而降低混凝土的性能。

碳化作用对混凝土也有一些有利影响，即碳化作用产生的碳酸钙填充了水泥石的孔隙，以及碳化时放出的水分有助于未水化水泥的水化，从而可提高混凝土碳化层的密实度，对提高抗压强度有利。如混凝土预制桩往往利用碳化作用来提高桩的表面硬度。

碳化作用是一个由表及里逐步扩散深入的过程。碳化的速度受许多因素的影响，主要是：环境中二氧化碳的浓度、环境湿度、水泥品种、水胶比等。

二氧化碳的浓度高，碳化速度快；当环境中的相对湿度在 50%～70%时，碳化速度最快；当相对湿度小于 25%或大于 100%时，碳化作用将停止；水胶比越小，混凝土越密实，二氧化碳和水不易侵入，碳化速度就慢；掺混合材料的水泥碱度较低，碳化速度随混合材料掺量的增多而加快。

在实际工程中，为减少碳化作用对钢筋混凝土结构的不利影响，可采取以下措施。

（1）根据工程所处环境的使用条件合理选用水泥品种。

（2）使用外加剂，改善混凝土的和易性，提高混凝土的密实度。

（3）采用水胶比小，单位胶凝材料用量较大的混凝土配合比。

（4）在混凝土表面涂刷保护层，防止二氧化碳侵入等。

（5）加强施工质量控制，加强养护，保证振捣质量，减少或避免混凝土出现蜂窝等质量事故。

（6）在钢筋混凝土结构中采用适当的保护层，使碳化深度在建筑设计年限内达不到钢筋表面。

（五）碱骨料反应

碱骨料反应是指水泥、外加剂等混凝土组成物及环境中的碱与骨料中的碱活性矿物在潮湿环境下缓慢发生并导致混凝土开裂破坏的膨胀反应。常见的碱骨料反应为碱—氧化硅反应，碱骨料反应后，会在骨料表面形成复杂的碱硅酸凝胶，吸水后凝胶不断膨胀而使混凝土产生膨胀性裂纹，严重时会导致结构破坏。

碱骨料反应时必须具备三个要素：碱活性骨料、有碱存在（K、Na 等离子）、水。三者缺一均不会发生碱骨料反应。但是，如果混凝土内部具备了碱骨料反应条件就很难控制其反应的发展。碱骨料反应速度极慢，其危害需几年或几十年表现出来，但造成的危害极大，而且即使采取修补加固措施，由于不能根除病害因素，病害还会继续发展。

抑制碱骨料反应的主要措施有：

（1）条件许可时选择非活性骨料。

（2）当不可能采用完全没有活性的骨料时，则应严格控制混凝土中总的碱量，使其符合现行有关标准的规定。首先是要控制水泥总含碱量不超过 0.6%。另外，降低混凝土的单位水泥用量。当掺入外加剂时，必须控制外加剂的含碱量，防止其对碱骨料反应的促进作用。

（3）在水泥中掺某些混合材料，吸收和消耗水泥中的碱，淡化碱骨料反应带来的不利影响。因为活性混合材可与混凝土中碱（包括 Na^+、K^+、和 Ca^{2+}）起反应，又由于它们是粉状、颗粒小、分布较均匀，因此反应进行得快，而且反应产物能均匀分散在混凝土中，而不集中在骨料表面，从而降低了混凝土中的含碱量，抑制了碱骨料反应。同样道理采用矿渣含量较高的矿渣硅酸盐水泥也是抑制碱骨料反应的有效措施。

（4）碱骨料反应要有水分，如果没有水分，反应速度就会大为降低乃至完全停止。因此，设法防止外界水分渗入混凝土或者使混凝土变干可减轻反应的危害程度。

（六）提高混凝土耐久性的措施

混凝土所处的环境和使用条件不同，对其耐久性的要求也不同，但影响耐久性的因素却有许多相同之处。混凝土的密实度是影响耐久性的主要因素，其次是原材料的性质、施工质量。因此提高混凝土耐久性的措施主要有以下内容。

1. 合理选择混凝土的组成材料

（1）应根据混凝土的工程特点或所处的环境条件，合理选择水泥品种。

（2）选择质量良好、技术要求合格的骨料。

2. 提高混凝土制品的密实度

（1）严格控制混凝土的水胶比和保证足够的胶凝材料用量。控制混凝土的水胶比及保证足够的胶凝材凝材料用量是保证混凝土密实度、提高混凝土耐久性的关键。《混凝土结构设计规范》（GB 50010—2010）中对设计使用年限为 50 年的混凝土结构，要求其混凝土材料及最大水胶比宜符合表 4-28 的规定。《普通混凝土配合比设计规程》（JGJ 55—2011）规定了工业与民用建筑所用混凝土（除配制 C15 及其以下强度等级的混凝土外）的最小胶凝材料用量的限值，见表 4-29。

表 4-28 结构混凝土材料的耐久性基本要求

环境等级	最大水胶比	最低强度等级	最大氯离子含量（%）	最大碱含量/（kg/m^3）
一	0.60	C20	0.30	不限制
二 a	0.55	C25	0.20	3.0
二 b	0.50（0.55）	C30（C25）	0.15	
三 a	0.45（0.50）	C35（C30）	0.15	
三 b	0.40	C40	0.10	

注：1. 氯离子含量系指其占胶凝材料总量的百分比。
2. 预应力构件混凝土中的最大氯离子含量为 0.06%；其最低混凝土强度等级宜按表中的规定提高两个等级。
3. 素混凝土构件的水胶比及最低强度等级的要求可适当放松。
4. 有可靠工程经验时，二类环境中的最低混凝土强度等级可降低一个等级。
5. 处于严寒和寒冷地区二 b、三 a 类环境中的混凝土应使用引气剂，并可采用括号中的有关参数。
6. 当使用非碱活性骨料时，对混凝土中的碱含量可不作限制。

表 4-29 混凝土的最小胶凝材料用量

最大水胶比	最小胶凝材料用量/（kg/m^3）		
	素混凝土	钢筋混凝土	预应力混凝土
0.60	250	280	300
0.55	280	300	300
0.50	320		
≤0.45	330		

（2）选择级配良好的骨料及合理砂率值，保证混凝土的密实度。

（3）掺入适量减水剂，可减小混凝土的单位用水量，提高混凝土的密实度。

（4）严格按操作规程进行施工操作，加强搅拌、合理浇注、振捣密实、加强养护，确保施工质量，提高混凝土制品的密实度。

3. **改善混凝土的孔隙结构**

在混凝土中掺入适量引气剂，可改善混凝土内部的孔结构，提高混凝土的抗渗性、抗冻性及抗侵蚀性。

第四节　混凝土外加剂

根据国家标准《混凝土外加剂定义、分类、命名与术语》（GB/T 8075—2005），混凝土外加剂是一种在混凝土搅拌之前或拌制过程中掺入的、用以改善新拌混凝土和（或）硬化混凝土性能的材料。

混凝土外加剂的使用是混凝土技术的重大突破，外加剂的掺量虽然很小，却能显著地改善新拌和（或）硬化混凝土的某些性能。在混凝土中应用外加剂，具有投资少、见效快、技术经济效益显著的特点。随着科学技术的不断进步，外加剂已越来越多地得到应用，现今外加剂已成为混凝土中除水泥（胶凝材料）、砂、石子、水这四种基本组分以外的第五种重要组分。

一、外加剂的分类

混凝土外加剂的种类繁多，按照其主要功能可分为四类：

（1）改善混凝土拌和物流变性能的外加剂，包括各种减水剂、引气剂和泵送剂等。

（2）调节混凝土凝结时间、硬化性能的外加剂，包括缓凝剂、促凝剂和速凝剂等。

（3）改善混凝土耐久性的外加剂，包括引气剂、防水剂和阻锈剂和矿物外加剂等。

（4）改善混凝土其他性能的外加剂，包括膨胀剂、防冻剂、着色剂等。

二、常用的混凝土外加剂

（一）减水剂

混凝土减水剂是指在保持混凝土拌和物稠度不变的条件下，具有减水和增强作用的外加剂，又称为“塑化剂”，高效减水剂又称为“超塑化剂”。根据减水剂的作用效果及功能不同，减水剂可分为普通减水剂、高效减水剂、早强减水剂、缓凝减水剂、引气减水剂、缓凝高效减水剂等。

1. **减水剂的作用机理**

当水泥加水拌和形成水泥浆的过程中，由于水泥为颗粒状材料，其比表面积大，颗粒之间容易吸附在一起，把一部分水包裹在颗粒之间而形成絮凝结构，包裹的水分不能起到使水泥浆流动的作用，因此混凝土拌和物流动性降低。

常用的减水剂属于表面活性剂，由亲水基团和憎水基团两部分组成。当水泥浆中加入适量的减水剂后，由于减水剂的表面活性作用，致使憎水基团定向吸附于水泥颗粒表面，亲水基团指向水溶液，使水泥颗粒表面带有相同的电荷，在电斥力作用下，水泥颗粒互相分开，絮凝结构中的水分释放出来，混凝土拌合用水的作用得到充分的发挥，拌和物的流动性明显提高，其原理见图 4-15。另一方面，当水泥颗粒表面吸附足够的减水剂后，使水泥颗粒表面形成一层稳定的溶剂化水膜，阻止了水泥颗粒之间直接接触，起到润滑作用，也改善了拌和物的流动性。此外，由于水泥颗粒被有效分散，颗粒表面被水分充分润湿，增大了水泥颗粒的水化面积，使水化比较充分，从而提高了混凝土的强度。

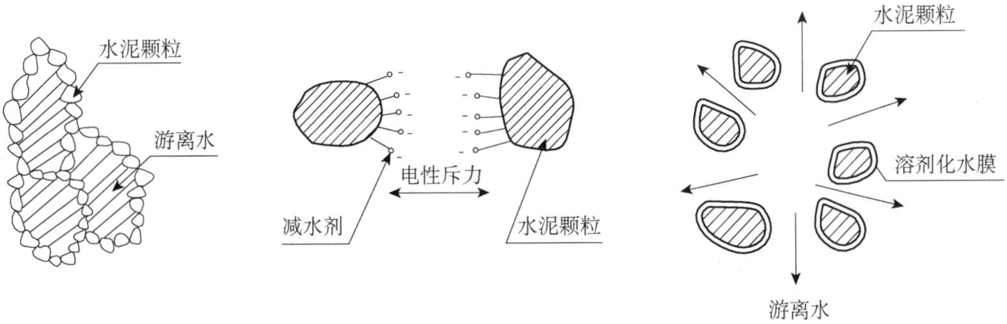

图 4-15 减水剂的作用示意图

由于表面活性剂对水泥颗粒的包裹，水泥水化反应速度减慢，因此减水剂一般具有一定的缓凝作用。

2. 减水剂的作用效果

根据使用目的不同，在混凝土中掺入减水剂后，具有以下技术经济效果：

（1）提高混凝土拌和物的流动性。在混凝土各组成材料用量一定的条件下，加入减水剂能明显提高混凝土拌和物的流动性，一般坍落度可提高 100～200mm，且不影响混凝土的强度。

（2）减小混凝土拌和物的用水量，提高混凝土的强度。在混凝土中掺入减水剂后，可在混凝土拌和物坍落度基本一定的情况下，减少混凝土的单位用水量 5%～25%，从而降低了混凝土的水胶比，使混凝土强度提高。

（3）节约水泥。在混凝土拌和物坍落度、强度一定的情况下，拌和物用水量减少的同时，水泥用量也可以减少，可节约水泥 5%～20%。

（4）改善混凝土拌和物的性能。掺入减水剂后，可以减少混凝土拌和物的泌水、离析现象；延缓拌和物的凝结时间；减缓水泥水化放热速度；显著提高混凝土硬化后的抗渗性和抗冻性，提高混凝土的耐久性。

3. 常用的减水剂

减水剂是目前应用最广的外加剂，其种类很多。按减水效果可分为普通减水剂和高效减水剂；按凝结时间可分为标准型、早强型、缓凝型三种；按是否引气可分为引气型和非引气型两种；按化学成分分为木质素系减水剂、萘系减水剂、树脂系减水剂、糖蜜系减水剂及腐植酸系减水剂等。各系列减水剂的主要品种、性能及适用范围见表4-30。

表4-30 常用减水剂的品种及性能

种类	木质素系	萘系	树脂系	糖蜜系	腐植酸系
类别	普通减水剂	高效减水剂	早强减水剂（高效减水剂）	缓凝减水剂	普通减水剂
主要品种	木质素磺酸钙（木钙粉、M型减水剂）、木质素磺酸钠等	NNO、NF、建1、FDN、UNF、JN、MF等	FG-2、ST、TF	长城牌、天山牌	腐植酸
适宜掺量	0.2%～0.3%	0.2%～1%	0.5%～2%	0.2%～0.3%	0.3%
减水率	10%左右	15%以上	20%～30%	6%～10%	8%～10%
早强效果	—	显著	显著（7d可达28d强度）	—	有早强型、缓凝型两种
缓凝效果	1～3h	—	—	3h以上	—
引气效果	1%～2%	部分品种<2%	—		—
适用范围	一般混凝土工程及大模板、滑模、泵送、大体积及夏季施工的混凝土工程	适用于所有混凝土工程，特别适用于配制高强混凝土及大流动性混凝土	因价格较高，宜用于有特殊要求的混凝土工程	大体积混凝土工程及滑模、夏季施工的混凝土工程作为缓凝剂	一般混凝土工程

（二）早强剂

早强剂是加速混凝土早期强度发展，对后期强度无明显影响的外加剂。早强剂可在不同温度下加速混凝土强度发展，多用于要求早拆模、抢修工程及冬季施工的工程。

工程中常用早强剂的品种主要有无机盐类（氯盐类、硫酸盐类）、有机物类和复合早强剂。常用早强剂的品种、掺量等见表4-31。

表4-31 常用早强剂的品种、掺量及作用效果

类别	氯盐类	硫酸盐类	有机物类	复合类
常用品种	氯化钙	硫酸钠（元明粉）	三乙醇胺、三异丙醇胺、尿素等	① 三乙醇胺（A）+氯化钠（B） ② 三乙醇胺（A）+亚硝酸钠（B）+氯化钠（C） ③ 三乙醇胺（A）+亚硝酸钠（B）+二水石膏（C） ④ 硫酸盐复合早强剂（NC）
适宜掺量（占水泥质量）/%	0.5～1.0	0.5～2.0	0.02～0.05 一般不单独使用，常与其他早强剂复合使用	① （A）0.05+（B）0.5 ② （A）0.05+（B）0.5+（C）0.5 ③ （A）0.05+（B）1.0+（C）2.0 ④ （NC）2.0～4.0

（续表）

类别	氯盐类	硫酸盐类	有机物类	复合类
作用效果	2d～3d 强度提高 40%～100%，7d 强度提高 20%～40%	掺 1.5%时达到混凝土设计强度 70%的时间可缩短一半	早期强度可提高 50%左右，28d 强度不变或稍有提高	2d 强度提高 70% 28d 强度提高 20%
注意事项	氯盐会锈蚀钢筋，掺量必须符合有关规定	严禁用于含有活性骨料的混凝土，不能超量掺加	对钢筋无锈蚀作用	早强效果显著，适用于严格禁止使用氯盐的钢筋混凝土

（三）缓凝剂

缓凝剂是指能延缓混凝土凝结时间，并对混凝土后期强度发展无不利影响的外加剂。缓凝剂主要有四类：糖类；木质素磺酸盐类；羟基羧酸及其盐类；无机盐类等，见表 4-32。常用的缓凝剂是木钙和糖蜜，其中糖蜜的缓凝效果最好。

表 4-32 常用缓凝剂

类型	品种	掺量占水泥质量/%	延缓凝结时间/h
糖类	糖、蜜等	0.2～0.5（水剂） 0.1～0.3（粉剂）	2～4
木质素磺酸盐类	木质素磺酸钙（钠）等	0.2～0.3	2～3
羟基羟酸盐类	柠檬酸、酒石酸钾（钠）等	0.03～0.1	4～10
无机盐类	锌盐、硼酸盐、磷酸盐等	0.1～0.2	—

缓凝剂能使混凝土拌和物在较长时间内保持塑性状态，以利于浇注成形，提高施工质量，而且还可延缓水化放热时间，降低水化热，对大体积混凝土或分层浇筑的混凝土十分有利。

缓凝剂适用于长距离运输或长时间运输的混凝土、夏季和高温施工的混凝土、大体积混凝土等。其不适用于 5℃以下的混凝土，也不适用于有早强要求的混凝土及蒸养混凝土。

缓凝剂对水泥品种适应性十分明显，不同水泥品种缓凝效果不相同，甚至会出现相反效果，因此，使用前必须进行试拌，检测效果。

（四）速凝剂

速凝剂是指能使混凝土迅速凝结硬化的外加剂。速凝剂主要有无机盐类和有机物类两类。我国常用的速凝剂是无机盐类，主要有红星Ⅰ型、711 型、728 型等品种，见表 4-33。

表 4-33 常用速凝剂

种类	红星Ⅰ型	711 型	728 型
主要成分	铝酸钠+碳酸钠+生石灰	铝氧熟料+无水石膏	矾泥+铝氧熟料+石灰石
适宜掺量（占水泥质量）/%	2.5～4.0	3.0～5.0	5.0～7.0
初凝时间/min	≥5		

（续表）

种类	红星Ⅰ型	711 型	728 型
终凝时间/min	≤10		
强度	1d 产生强度，1d 强度可提高 2～3 倍，28d 强度为不掺的 80～90%		

速凝剂主要用于矿山井巷、铁路隧道、引水涵洞、地下工程以及喷锚支护时的喷射混凝土或喷射砂浆工程中。

（五）防冻剂

防冻剂是能使混凝土在负温下硬化，并在规定养护条件下达到预期性能的外加剂。为了提高防冻剂的防冻效果，目前，工程上使用的防冻剂都是复合外加剂，由防冻组分、早强组分、引气组分、减水组分复合而成。防冻组分主要是降低水的冰点，使水泥在负温下仍能继续水化；早强组分主要是提高混凝土的早期强度，抵抗水结冰产生的膨胀力；引气组分主要是向混凝土中引入适量封闭气泡，减轻冰胀应力；减水组分主要是减少混凝土拌和用水量，以减少混凝土中冰含量，使冰晶粒度细小分散，减轻对混凝土的破坏应力。

常用防冻剂有氯盐类：用氯盐（氯化钙、氯化钠）或以氯盐为主的与其他早强剂、引气剂、减水剂复合的外加剂；氯盐阻锈类：氯盐与阻锈剂（亚硝酸钠）复合的外加剂；无氯盐类：以硝酸盐、亚硝酸盐、乙酸钠或尿素为主复合的外加剂。

不同类别的防冻剂，性能也各异，合理地选用显得十分重要。氯盐类防冻剂适用于无筋混凝土；氯盐阻锈类防冻剂可用于钢筋混凝土；无氯盐类防冻剂可用于钢筋混凝土工程和预应力钢筋混凝土工程。硝酸盐、亚硝酸盐、碳酸盐易引起钢筋的应力腐蚀，故此类防冻剂不适用于预应力混凝土以及与镀锌钢材相接触部位的钢筋混凝土结构。另外，含有六价铬盐，亚硝酸盐等有毒成分的防冻剂，严禁用于饮水工程及与仪器接触的部位。

防冻剂用于负温条件下施工的混凝土。目前，国产防冻剂品种适用于–15～0℃的气温，当在更低气温下施工时，应增加其他混凝土冬期施工措施，如暖棚法、原料（砂、石、水）预热法等。

（六）引气剂

在混凝土搅拌过程中，能引入大量分布均匀的稳定而封闭的微小气泡，以减小混凝土拌和物泌水离析、改善和易性，并能显著提高硬化混凝土抗冻性、耐久性的外加剂，称为引气剂。

常用的引气剂有松香树脂类，如松香热聚物、松香皂类等；烷基和烷基芳烃磺酸盐类，如烷基苯磺酸盐、烷基苯酚聚氧乙烯醚等；脂肪醇磺酸盐类，如脂肪醇聚氧乙烯醚、脂肪醇聚氧乙烯磺酸钠等。也可以采用引气型减水剂，或由各类引气剂与减水剂组成的复合剂。其中，松香热聚物和松香皂应用最多，而松香热聚物效果最好。

引气剂属憎水性表面活性剂，表面活性作用类似减水剂，区别在于减水剂的界活性作用主要发生在液–固界面，而引气剂的界面活性作用主要在气–液界面上。由于能显著降低水的表面张力和界面能，使水溶液在搅拌过程中极易产生许多微小的封闭气泡，气泡直径多在50～250μm。同时，因引气剂定向吸附在气泡表面，形成较为牢固的液膜，使气泡稳定而不破裂。按混凝土含气量 3%～5%计（不加引气剂的混凝土含气量为 1%），1m^3 混凝土拌和物中含数百亿个气泡。由于大量微小、封闭并均匀分布的气泡的存在，使混凝土的某些性能得到明显改善或改变。

（1）改善混凝土拌和物的和易性。由于大量微小封闭球状气泡在混凝土拌和物内形成，如同滚霖二秤；减小了颗粒间的摩擦阻力，使混凝土拌和物流动性增加。同时，由于水分均匀分在大量气泡的表面，能自由移动的水量减少，混凝土拌和物的保水性、黏聚性也随之提高。

（2）显著提高混凝土的抗渗性、抗冻性。大量均匀分布的封闭气泡切断了混凝土中毛细管渗水通道，改变了混凝土的孔结构，使混凝土抗渗透性显著提高。同时，封闭气泡有较大的弹性变形能力，对由水结冰所产生的膨胀应力有一定的缓冲作用，因而混凝土的抗冻性得到提高。

（3）降低混凝土强度。由于大量气泡存在，减小了混凝土的有效受力面积，混凝土强度有所降低。一般混凝土的含气量每增加 1%时，其抗压强度将降低 4%～6%。

引气剂可用于抗渗混凝土、抗冻混凝土、抗硫酸盐侵蚀混凝土、泌水严重的混凝土、贫混凝土、轻混凝土，以及对饰面有要求的混凝土等，但不宜用于蒸养混凝土及预应力混凝土。

三、外加剂的选择和使用

工程中选用外加剂时，应满足《混凝土外加剂》（GB 8076—2008）、《混凝土防冻剂》（JC475—2004），《喷射混凝土用速凝剂》（JC 477—2005）、《混凝土外加剂中释放氨的限量》（GB 18588—2001）、《混凝土外加剂应用技术规范》（GB 50119—2011）等标准的规定。另外，还应注意以下几点。

（一）外加剂品种的选择

外加剂品种、品牌很多，效果各异，尤其是对不同水泥效果不同。选择外加剂时，应根据工程需要、现场的材料条件、产品说明书通过试验确定。

（二）外加剂掺量的确定

混凝土外加剂均有适宜掺量。掺量过小，往往达不到预期效果；掺量过大，则会影响混凝土质量，甚至造成质量事故。因此，须通过试验试配，确定最佳掺量。

（三）外加剂的掺加方法

外加剂的掺量很小，必须保证其均匀分散，一般不能直接加入混凝土搅拌机内。对于可溶于水的外加剂，应先配成一定浓度的溶液，使用时连同拌和水一起加入搅拌机内。对于不溶于水的外加剂，应与适量水泥或砂混合均匀后，再加入搅拌机内。

外加剂的掺入时间，对其效果的发挥也有很大影响，如减水剂的掺法主要有先掺法、同掺法、后掺法等，其中以“后掺法”为最佳。后掺法是指减水剂加入混凝土中时，不是在搅拌时加入，而是在运输途中或在施工现场分一次加入或几次加入，再经二次或多次搅拌，成为混凝土拌和物。后掺法可减少、抑制混凝土拌和物在长距离运输过程中的分层离析和坍落度损失；可提高混凝土拌和物的流动性、减水率、强度和降低减水剂掺量、节约水泥等，并可提高减水剂对水泥的适应性等。特别适合于采用泵送法施工的商品混凝土。

（四）外加剂的储运保管

混凝土外加剂大多为表面活性物质或电解质盐类，具有较强的反应能力，敏感性较高，对混凝土性能影响很大，所以在储存和运输中应加强管理。失效的、不合格的、长期存放、质量未经明确的禁止使用；不同品种类别的外加剂应分别储存运输；应注意防潮、防水、避免受潮后影响功效；有毒性的外加剂必须单独存放，专人管理；有强氧化性外加剂必须进行密封储存，同时还必须注意储存期不得超过外加剂的有效期。

第五节　普通混凝土的配合比设计

一、配合比及其表示方法

混凝土的配合比是指混凝土各组成材料数量之间的比例关系。确定这种数量关系的工作就称为混凝土的配合比设计。

混凝土的配合比在工程中常有两种表示方法：

（1）以 $1m^3$ 混凝土中各组成材料的实际用量表示。例如水泥 $m_c=295$kg，砂 $m_s=648$kg，石子 $m_g=1330$kg，水 $m_w=165$kg。

（2）以各组成材料间的质量比表示，以胶凝材料质量为 1，并按“胶凝材料：砂：石子；水胶比（水）”的顺序排列表示。例如上例也可表示为 1∶2.20∶4.51，$W/B=0.56$。

二、配合比设计的要求

配合比设计的任务就是根据原材料的技术性能及施工条件，合理地确定出能满足工程所要求的各项组成材料的用量。混凝土配合比设计的基本要求是：

（1）满足混凝土结构设计要求的强度等级。

（2）满足施工所要求的混凝土拌和物的和易性。

（3）满足与所使用环境相适应的耐久性要求。

（4）在满足以上三项技术性质的前提下，尽量做到节约水泥和降低混凝土成本，符合经济性原则。

三、配合比设计的基本参数

普通混凝土配合比设计的实质是确定胶凝材料、砂、石子、水用量间的三个比例关系，即水与胶凝材料之间的比例关系，用水胶比表示；砂与石子之间的比例关系，用砂率表示；

水泥浆与骨料之间的比例关系，用单位用水量（$1m^3$ 混凝土的用水量）来反映。因此，混凝土配合比设计主要是正确地确定出水胶比、单位用水量和砂率这三个参数。

水胶比的大小直接影响混凝土强度和耐久性，因此确定水胶比的原则必须是同时满足强度和耐久性的要求；用水量，是控制混凝土拌和物流动性大小的重要参数，确定单位用水量的原则是以拌和物达到要求的坍落度为准；砂率反映了砂石的配合关系，砂率的改变不仅影响拌和物的流动性，对黏聚性和保水性也有很大影响，确定砂率的原则是选定合理砂率。

四、配合比设计的资料准备

在设计混凝土配合比之前，必须通过调查研究，预先掌握下列基本资料。

（1）了解工程设计要求的混凝土强度等级，以便确定混凝土配制强度。

（2）了解工程所处环境对混凝土耐久性的要求，确定配制混凝土的最大水胶比和最小胶凝材料用量。

（3）了解结构构件断面尺寸及钢筋配置情况，以便确定粗骨料的最大粒径。

（4）了解混凝土施工方法及管理水平，以便选择混凝土拌和物坍落度及强度标准差。

（5）掌握各原材料的性能指标，包括：水泥的品种、强度等级、密度；矿物掺合料舍料的品种、密度、掺量；砂、石骨料的种类、规格、表观密度、堆积密度、级配、石子最大粒径；混凝土拌合用水的水质情况；混凝土外加剂的品种、性能、适宜掺量等。

五、配合比设计的步骤与方法

根据《普通混凝土配合比设计规魂程》（JGJ 55—2011），混凝土配合比设计步骤如下。

（一）确定计算配合比

1. 混凝土的施工配制强度 $f_{cu,0}$

为了使混凝土强度达到强度等级要求的保证率为 95%，在施工配制混凝土时应在强度等级要求的基础上提高混凝土的强度，该强度称为混凝土的施工配制强度。

（1）当混凝土的设计强度等级小于 C60 时，配制强度应按下式确定：

$$f_{cu,0} \geqslant f_{cu,k} + 1.645\sigma \tag{4-8}$$

式中，$f_{cu,0}$——混凝土配制强度，MPa；$f_{cu,k}$——混凝土立方体抗压强度标准值，这里取混凝土的设计强度等级值，MPa；σ——混凝土强度标准差，MPa。

（2）当设计强度等级不小于 C60 时，配制强度应按下式确定：

$$f_{cu,0} \geqslant 1.15 f_{cu,k} \tag{4-9}$$

混凝土强度标准差应按下列规定确定：

① 当具有近 1～3 个月的同一品种、同一强度等级混凝土的强度资料，且试件组数不小于 30 时，其混凝土强度标准差 σ 应按下式计算：

$$\sigma = \sqrt{\frac{\sum_{i=1}^{n} f_{cu,i}^2 - n m_{f_{cu}}^2}{n-1}} \tag{4-10}$$

式中，σ——混凝土强度标准差；$f_{cu,i}$——第 i 组的试件强度（MPa）；$m_{f_{cu}}$——n 组试件的强度平均值（MPa）；n——试件组数。

对于强度等级不大于 C30 的混凝土，当混凝土强度标准差计算值不小于 3.0MPa 时，应按式（4-10）计算结果取值；当混凝土强度标准差计算值小于 3.0MPa 时，应取 3.0MPa。

对于强度等级大于 C30 且不大于 C60 的混凝土，当混凝土强度标准差计算值不小于 4.0MPa 时，应按式（4-10）计算结果取值；当混凝土强度标准差计算值小于 4.0MPa 时，应取 4.0MPa。

② 当没有近期的同一品种、同一强度等级混凝土强度资料时，其强度标准差 σ 可按表 4-34 取值。

表 4-34　标准差 σ 值（MPa）

混凝土强度标准值	≤C20	C25～C45	C50～C55
Σ	4.0	5.0	6.0

2. **确定水胶比**

（1）按混凝土强度要求计算水胶比 W/B。当混凝土强度等级小于 C60 时，混凝土水胶比宜按下式计算：

$$W/B=\frac{\alpha_a f_b}{f_{cu,0}+\alpha_a\alpha_b f_b} \tag{4-11}$$

式中，W/B——混凝土水胶比；α_a、α_b——回归系数，根据工程所使用的原材料，通过试验建立的水胶比与混凝土强度关系式来确定；当不具备上述试验统计资料时，可按表 4-35 选用；f_b——胶凝材料 28d 胶砂抗压强度（MPa），可实测，且试验方法应按现行国家标准《水泥胶砂强度检验方法（ISO 法）》GB/T 17671 执行；当无实测值时，可按下式计算：

表 4-35　回归系数 α_a、α_b 取值表

粗骨料品种 系数	碎　石	卵　石
α_a	0.53	0.49
α_b	0.20	0.13

$$f_b=\gamma_f\gamma_s f_{ce} \tag{4-12}$$

式中，γ_f、γ_s——粉煤灰影响系数和粒化高炉矿渣粉影响系数，可按表 4-36 选用；f_{ce}——水泥 28d 胶砂抗压强度（MPa），可实测，当无实测值时，可按下式计算：

$$f_{ce}=\gamma_c f_{ce,g} \tag{4-13}$$

式中，γ_c——水泥强度等级值的富余系数，可按实际统计资料确定；当缺乏实际统计资料时，也可按表 4-37 选用；$f_{ce,g}$——水泥强度等级值（MPa）。

表 4-36　粉煤灰影响系数（γ_f）和粒化高炉矿渣粉影响系数（γ_s）

种类掺量（%）	粉煤灰影响系数（γ_f）	粒化高炉矿渣影响系数（γ_s）
0	1.00	1.00
10	0.85～0.95	1.00

（续表）

种类掺量（%）	粉煤灰影响系数（γ_f）	粒化高炉矿渣影响系数（γ_s）
20	0.75～0.85	0.95～1.00
30	0.65～0.75	0.90～1.00
40	0.55～0.65	0.80～0.90
50	—	0.70～0.85

注：1. 采用Ⅰ级粉煤灰宜取上限值。
2. 采用S75级粒化高炉矿渣粉宜取下限值，采用S95级粒化高炉矿渣粉宜取上限值，采用S105级粒化高炉矿渣粉可取上限值加0.05。
3. 当超出表中的掺量时，粉煤灰和粒化高炉矿渣粉影响系数应经试验确定。

表4-37　水泥强度等级值的富余系数（γ_c）

水泥强度等级值	32.5	42.5	52.5
富余系数	1.12	1.16	1.10

（2）按耐久性要求复核水胶比。为了使混凝土耐久性符合要求，按强度要求计算的水胶比值不得超过表4-28规定的最大水胶比值，否则混凝土耐久性不合格，此时取规定的最大水胶比值作为混凝土的水胶比值。

3. 用水量和外加剂用量

（1）每立方米干硬性或塑性混凝土的用水量（m_{wo}）应符合下列规定：

①混凝土水胶比在0.40～0.80范围时，根据粗骨料的品种、粒径及施工要求的混凝土拌和物稠度，可按表4-38和表4-39选取。

②混凝土水胶比小于0.40时，可通过试验确定。

表4-38　干硬性混凝土的单位用水量（kg/m^3）

拌和物稠度		卵石最大公称粒径/mm			碎石最大公称粒径/mm		
项目	指标	10.0	20.0	40.0	16.0	20.0	40.0
维勃稠度，s	16～20	175	160	145	180	170	155
	11～15	180	165	150	185	175	160
	5～10	185	170	155	190	180	165

表4-39　塑性混凝土的单位用水量（kg/m^3）

拌和物稠度		卵石最大公称粒径/mm				碎石最大公称粒径/mm			
项目	指标	10	20	31.5	40	16	20	31.5	40
坍落度，mm	10～30	190	170	160	150	200	185	175	165
	35～50	200	180	170	160	210	195	185	175
	55～70	210	190	180	170	220	205	195	185
	75～90	215	195	185	175	230	215	205	195

注：1. 本表用水量系采用中砂时的取值。采用细砂时，每立方米混凝土用水量可增加5～10kg；采用粗砂时，可减少5～10kg。
2. 掺用矿物掺和料和外加剂时，用水量应相应调整。

（2）掺外加剂时，每立方米流动性或大流动性混凝土的用水量（m_{wo}）宜按下式计算：

$$m_{wo} = m'_{wo}(1-\beta) \tag{4-14}$$

式中，m_{wo}——计算配合比每立方米混凝土的用水量（kg/m^3）；m'_{wo}——未掺外加剂时推定的满足实际坍落度要求的每立方米混凝土用水量（kg/m^3），以表 4-38 中 90mm 坍落度的用水量为基础，按每增大 20mm 坍落度相应增加 $5kg/m^3$ 用水量来计算；β——外加剂的减水率（%），应经混凝土试验确定。

（3）每立方米混凝土中外加剂用量（m_{a0}）应按下式计算：

$$m_{a0} = m_{b0}\beta_a \tag{4-15}$$

式中，m_{a0}——计算配合比每立方米混凝土中外加剂用量（kg/m^3）；m_{b0}——计算配合比每立方米混凝土中胶凝材料用量（kg/m^3）；β_a——外加剂掺量（%），应经混凝土试验确定。

4. 胶凝材料、矿物掺合料和水泥用量

（1）每立方米混凝土的胶凝材料用量（m_{b0}）应按下式计算，并应进行试拌调整，在拌和物性能满足的情况下，取经济合理的胶凝材料用量：

$$m_{b0}=\frac{m_{w0}}{W/B} \tag{4-16}$$

式中，m_{wo}——计算配合比每立方米混凝土的用水量（kg/m^3）；m_{b0}——计算配合比每立方米混凝土中胶凝材料用量（kg/m^3）；W/B——混凝土水胶比。

（2）每立方米混凝土的矿物掺合料用量（m_{f0}）应按下式计算：

$$m_{f0} = m_{b0}\beta_f \tag{4-17}$$

式中，m_{f0}——计算配合比每立方米混凝土中矿物掺合料用量（kg/m^3）；β_f——矿物掺合料掺量（%），应经混凝土试验确定。若没有试验资料，可按表 4-22 确定。

（3）每立方米混凝土的水泥用量（m_{c0}）应按下式计算：

$$m_{c0} = m_{b0} - m_{f0} \tag{4-18}$$

式中，m_{c0}——计算配合比每立方米混凝土中水泥用量（kg/m^3）。

（4）复核耐久性。将计算出的每立方米混凝土的胶凝材料用量与表 4-29 规定的最小胶凝材料用量比较。如计算胶凝材料用量不低于最小胶凝材料用量，则混凝土耐久性合格；如计算胶凝材料用量低于最小胶凝材料用量，则混凝土耐久性不合格，此时应取表 4-29 规定的最小胶凝材料用量。

5. 确定砂率

当砂率（β_s）应根据骨料的技术指标、混凝土拌和物性能和施工要求，参考既有历史资料确定。

缺乏砂率的历史资料时，混凝土砂率的确定应符合下列规定：

（1）坍落度小于 10mm 的混凝土，其砂率应经试验确定。

（2）坍落度为 10～60mm 的混凝土，其砂率可根据粗骨料品种、最大公称粒径及水胶比按表 4-40 选取。

（3）坍落度大于 60mm 的混凝土，其砂率可经试验确定，也可在表 4-40 的基础上，按坍落度每增大 20mm，砂率增大 1%的幅度予以调整。

表 4-40 混凝土的砂率（%）

水胶比	卵石最大粒径/mm			碎石最大粒径/mm		
	10.0	20.0	40.0	16.0	20.0	40.0
0.40	26～32	25～31	24～30	30～35	29～34	27～32
0.50	30～35	29～34	28～33	33～38	32～37	30～35
0.60	33～38	32～37	31～36	36～41	35～40	33～38
0.70	36～41	35～40	34～39	39～44	38～43	36～41

注：1. 本表数值系中砂的选用砂率，对细砂或粗砂，可相应地减少或增大砂率；
2. 采用人工砂配制混凝土时，砂率可适当增大；
3. 只用一个单粒级粗骨料配制混凝土时，砂率应适当增大。

6. 粗、细骨料用量

粗、细骨料用量的计算有质量法与体积法两种。

（1）质量法。如果原材料情况比较稳定及相关技术指标符合标准要求，所配制的混凝土拌和物的表观密度将接近一个固定值，这样可以先假设一个 1m^3 混凝土拌和物的质量值。采用质量法计算混凝土配合比时，粗、细骨料用量应按式（4-19）计算；砂率应按式（4-20）计算：

$$m_{f0}+m_{c0}+m_{g0}+m_{s0}+m_{w0}=m_{cp} \tag{4-19}$$

$$\beta_s=\frac{m_{s0}}{m_{s0}+m_{g0}}\times 100\% \tag{4-20}$$

式中，m_{g0}——计算配合比每立方米混凝土的粗骨料用量（kg/m^3）；m_{s0}——计算配合比每立方米混凝土的细骨料用量（kg/m^3）；β_s——砂率（%）；m_{cp}——每立方米混凝土拌和物的假定质量（kg），可取 2350～2450kg/m^3。

（2）体积法。假定混凝土拌和物的体积等于各组成材料的绝对体积和拌和物中所含空气的体积之和。当采用体积法计算混凝土配合比时，砂率应按式（4-20），粗、细骨料用量应按式（4-21）计算：

$$\frac{m_{c0}}{\rho_c}+\frac{m_{f0}}{\rho_f}+\frac{m_{s0}}{\rho_s}+\frac{m_{g0}}{\rho_g}+\frac{m_{w0}}{\rho_w}+0.01\alpha=1 \tag{4-21}$$

式中，ρ_c——水泥密度（kg/m^3），可按现行国家标准《水泥密度测定方法》（GB/T 208—1994）测定，也可取 2900～3100kg/m^3；ρ_f——矿物掺和料密度（kg/m^3），可按现行国家标准《水泥密度测定方法》（GB/T 208—1994）测定；ρ_g——粗骨料的表观密度（kg/m^3），应按现行行业标准《普通混凝土用砂、石质量及检验方法标准》（JGJ 52—2006）测定；ρ_s——细骨料的表观密度（kg/m^3），应按现行行业标准《普通混凝土用砂、石质量及检验方法标准》（JGJ 52—2006）测定；ρ_w——水的密度（kg/m^3），可取 1000kg/m^3；α——混凝土的含气量百分数，在不使用引气剂或引气型外加剂时，α 可取 1。

以上混凝土配合比计算公式和表格，均以干燥状态骨料（系指含水率小于 0.5%的细骨料和含水率小于 0.2%的粗骨料）为基准。

（二）试拌配合比

混凝土的计算配合比是根据经验公式、图表等估算而得出，因此不一定能够完全符合工程实际情况，必须通过试验检验，进行配合比调整。配合比调整的目的有两个：一是使混凝土拌和物和易性满足施工需要；二是使水胶比满足混凝土强度及耐久性的要求。

《普通混凝土配合比设计规程》（JGJ 55—2011）规定：在计算配合比的基础上应进行试拌。计算水胶比宜保持不变，并应通过调整配合比其他参数使混凝土拌和物性能符合设计和施工要求，然后修正计算配合比，提出试拌配合比。

（1）按计算配合比，称取实际工程中使用的材料进行试拌。混凝土试配应采用强制式搅拌机进行搅拌，并应符合现行行业标准《混凝土试验用搅拌机》（JG 244）的规定，搅拌方法宜与施工采用的方法相同。

（2）每盘混凝土试配的最小搅拌量应符合表 4-41 的规定，并不应小于搅拌机公称容量的 1/4 且不应大于搅拌机公称容量。

表 4-41　混凝土试配的最小搅拌量

粗骨料最大公称粒径/mm	拌和物数量，L
≤31.5	20
40.0	25

（3）混凝土搅拌均匀后，检查拌和物的性能。当试拌出的拌和物坍落度或维勃稠度不能满足要求，或黏聚性和保水性不良时，应在保持水胶比不变的条件下，相应调整用水量或砂率，直到符合要求为止。调整可按以下原则进行：

- 当坍落度太小时，应保持水胶比不变，适当增加水与胶凝材料用量。一般用水量每增加2%～3%，坍落度增加 10mm。
- 当坍落度太大但黏聚性良好时，可保持砂率不变，增加砂、石骨料用量。
- 如出现含砂不足、黏聚性和保水性不良时，可适当增大砂率；如拌和物显得砂浆过多时，应适当降低砂率。

混凝土配合比是指每立方米混凝土中各种材料的用量。在配合比计算、混凝土试配和配合比调整过程中，每立方米混凝土的各种材料混成的混凝土可能不足或超过 $1m^3$，即通常所说的亏方或盈方，通过配合比校正，可使依据配合比计算的混凝土生产方量更为准确。

每次调整都要对各种材料的调整量进行记录，调整后要重新进行坍落度试验，调整至和易性符合要求后，测定混凝土拌和物的实际表观密度，并提出供混凝土强度试验用的“试拌配合比”。

试拌配合比的每立方米混凝土各种材料用量可按下式计算。

水泥用量：$$m_{ca}=\frac{m'_{c0}}{m'_{c0}+m'_{f0}+m'_{w0}+m'_{s0}+m'_{g0}}\times\rho_{0c,t} \tag{4-22}$$

矿物掺合料用量：$$m_{fa}=\frac{m'_{f0}}{m'_{c0}+m'_{f0}+m'_{w0}+m'_{s0}+m'_{g0}}\times\rho_{0c,t} \tag{4-23}$$

水的用量：$$m_{wa}=\frac{m'_{w0}}{m'_{c0}+m'_{f0}+m'_{w0}+m'_{s0}+m'_{g0}}\times\rho_{0c,t} \tag{4-24}$$

砂的用量：$$m_{sa}=\frac{m'_{s0}}{m'_{c0}+m'_{f0}+m'_{w0}+m'_{s0}+m'_{g0}}\times\rho_{0c,t} \tag{4-25}$$

石子的用量：$m_{ga}=\dfrac{m'_{g0}}{m'_{c0}+m'_{f0}+m'_{w0}+m'_{s0}+m'_{g0}}\times\rho_{0c,t}$ （4-26）

式中，m'_{c0}、m'_{f0}、m'_{w0}、m'_{s0}、m'_{g0}分别为调整后，试拌混凝土的水泥、矿物掺合料、水、砂、石子的用量（kg/m^3）；$\rho_{0c,t}$为调整后混凝土拌和物的实测表观密度（kg/m^3）。

（三）设计配合比

调整好混凝土拌和物的和易性并形成试拌配合比后，即开始混凝土的强度试验。无论是计算配合比还是试拌配合比，都不能保证混凝土配制强度是否满足要求，混凝土强度试验的目的是通过 3 个不同水胶比的配合比的比较，取得能够满足配制强度要求的、胶凝材料用量经济合理的配合比。

由于混凝土强度试验是在混凝土拌和物调整适宜后进行，所以强度试验采用 3 个不同水胶比的配合比的混凝土拌和物性能应维持不变，即维持用水量不变，增加和减少胶凝材料用量，并相应减小和增大砂率，外加剂掺量也做减少和增加的微调。通常采用的这 3 个配合比，其中一个应是试拌配合比，另外两个配合比的水胶比宜较试拌配合比分别增加和减少 0.05，用水量应与试拌配合比相同，砂率可分别增加和减小 1%。

每个配合比应至少制作一组试件，并应标准养护到 28d 或设计规定龄期时试压。在制作试件时，还需检验混凝土拌和物的和易性并测定混凝土拌和物的表观密度。对耐久性有设计要求的混凝土还应进行相关耐久性试验验证。

配合比调整应符合下列规定：

（1）由试验得出的各水胶比及其对应的混凝土强度关系，宜绘制强度和胶水比的线性关系图或插值法确定略大于配制强度对应的胶水比。

（2）在试拌配合比的基础上，用水量（m_w）和外加剂用量（m_a）应根据确定的水胶比做调整。

（3）胶凝材料用量（m_b）应以用水量乘以确定的胶水比计算得出。

（4）粗骨料和细骨料用量（m_g和m_s）应根据用水量和胶凝材料用量进行调整。

混凝土拌和物表观密度和配合比校正系数的计算应符合下列规定：

（1）配合比调整后的混凝土拌和物的表观密度应按下式计算

$$\rho_{c,c}=m_c+m_f+m_g+m_s+m_w \tag{4-27}$$

式中，$\rho_{c,c}$——混凝土拌和物的表观密度计算值（kg/m^3）；m_c——每立方米混凝土的水泥用量（kg/m^3）；m_f——每立方米混凝土的矿物掺合料用量（kg/m^3）；m_g——每立方米混凝土的粗骨料用量（kg/m^3）；m_s——每立方米混凝土的细骨料用量（kg/m^3）；m_w——每立方米混凝土的用水量（kg/m^3）。

（2）混凝土配合比校正系数应按下式计算：

$$\delta=\frac{\rho_{c,t}}{\rho_{c,c}} \tag{4-28}$$

式中，δ——混凝土配合比校正系数；$\rho_{c,t}$——混凝土拌和物的表观密度实测值（kg/m^3）。

当混凝土拌和物表观密度实测值与计算值之差的绝对值不超过计算值的 2%时，按前述调整的配合比可维持不变；当二者之差超过 2%时，应将配合比中每项材料用量均乘以校正系数（δ），即为确定的混凝土设计配合比。

在确定设计配合比前，应对设计规定的混凝土耐久性能进行试验验证，例如设计规定的抗水渗透、抗氯离子渗透、抗冻、抗碳化和抗硫酸盐侵蚀等耐久性能要求，以保证混凝土质量满足设计规定的性能要求。

（四）施工配合比

设计配合比中的砂、石子均以干燥状态下的用量为准。施工现场的骨料一般采用露天堆放，其含水率随气候的变化而变化，因此必须在设计配合比的基础上进行调整。

假定现场砂、石子的含水率分别为 $a\%$和 $b\%$，则施工配合比中 $1m^3$ 混凝土的各组成材料用量分别为

水泥：$m_c' = m_c$ （4-29）

矿物掺合料：$m_f' = m_f$ （4-30）

砂：$m_s' = m_s(1 + a\%)$ （4-31）

石：$m_g' = m_g(1 + b\%)$ （4-32）

水：$m_w' = m_w - m_s \times a\% - m_g \times b\%$ （4-33）

六、普通混凝土的配合比设计实例

某工程的钢筋混凝土梁（一般环境），混凝土设计强度等级为 C30 施工要求坍落度为 35～50mm（混凝土由机械搅拌，机械振捣），施工单位无混凝土强度历史统计资料。

材料：普通硅酸盐水泥，强度等级 42.5 级（实测 28d 强度 48.2MPa）密度 $\rho_c = 3100\,kg/m^3$；Ⅱ级粉煤灰，密度 $\rho_f = 2200\,kg/m^3$，掺量 20%；中砂，表观密度 $\rho_s = 3650\,kg/m^3$；碎石，表观密度 $\rho_g = 2700\,kg/m^3$，最大粒径 20mm；自来水。施工现场砂的含水率为 2%，碎石含水率 1%。

设计该混凝土的配合比，并换算为施工配合比。

1. 计算配合比

（1）确定配制强度。查表 4-34，当混凝土强度等级为 C30 时，取 $\sigma = 5.0$。

$$f_{cu,0} = f_{cu,k} + 1.645\sigma = 30 + 1.645 \times 0.5 = 38.2\,MPa$$

（2）确定水胶比。用碎石，$\alpha_a = 0.53$，$\alpha_b = 0.20$。

$$f_b = \gamma_f \gamma_s f_{ce} = 0.85 \times 48.2 = 40.97\,MPa \text{（查表 4-36 取 } \gamma_f = 0.85\text{）}$$

$$W/B = \frac{\alpha_a f_b}{f_{cu,0} + \alpha_a \alpha_b f_b} = \frac{0.53 \times 40.97}{38.2 + 0.53 \times 0.20 \times 40.97} = 0.51$$

查表 4-28，一类环境最大允许水胶比 0.60。所以取 W/B=0.51。

（3）确定单位用水量。查表 4-39，取 $m_{w0} = 195\,kg$。

（4）计算胶凝材料、水泥、粉煤灰用量。胶凝材料用量 $m_{b0} = \frac{m_{w0}}{W/B} = 195 \times \frac{1}{0.51} = 382\,kg$

查表 4-29，最小胶凝材料用量为 $320\,kg/m^3$，所以应取 $m_{b0} = 382\,kg$。

粉煤灰用量 $m_{f0} = m_{b0}\beta_f = 382 \times 20\% = 76\,kg$

水泥用量 $m_{c0} = m_{b0} - m_{f0} = 382 - 76 = 306\text{kg}$

（5）确定砂率。查表 4-40，按直线内插法求得 $\beta_s = 35\%$。

（6）计算砂石用量。

①质量法。假定混凝土表观密度 $m_{cp} = 2400\text{kg/m}^3$，

$$m_{f0} + m_{c0} + m_{g0} + m_{s0} + m_{w0} = m_{cp}$$

$$\beta_s = \frac{m_{s0}}{m_{s0} + m_{g0}} \times 100\%$$

$$m_{s0} + m_{g0} = 2400 - 195 - 76 - 306 = 1823\text{kg}$$

$$m_{s0} = 0.35 \times 1823 = 638\text{kg}$$

$$m_{g0} = 1823 - 638 = 1185\text{kg}$$

混凝土计算配合比为：

$$m_{c0} : m_{f0} : m_{w0} : m_{s0} : m_{g0} = 306 : 76 : 195 : 638 : 1185$$

②体积法。

$$\begin{cases} \dfrac{m_{s0}}{\rho_s} + \dfrac{m_{g0}}{\rho_g} = 1 - \dfrac{m_{c0}}{\rho_c} - \dfrac{m_{f0}}{\rho_f} - \dfrac{m_{w0}}{\rho_w} - 0.01\alpha \\ \beta_S = \dfrac{m_{s0}}{m_{s0} + m_{g0}} \times 100\% \end{cases}$$

取 $\alpha = 1$ 得 $\begin{cases} \dfrac{m_{s0}}{2650} + \dfrac{m_{g0}}{2700} = 1 - \dfrac{306}{3100} - \dfrac{76}{2200} - \dfrac{195}{1000} - 0.01 \times 1 \\ 35\% = \dfrac{m_{g0}}{m_{s0} + m_{g0}} \times 100\% \end{cases}$

解以上联立方程，得：$m_{s0} = 622\text{kg}$，$m_{g0} = 1155\text{kg}$

混凝土计算配合比为：

$$m_{c0} : m_{f0} : m_{w0} : m_{s0} : m_{g0} = 306 : 76 : 195 : 622 : 1155$$

2. 试配调整

（1）和易性调整。以体积法计算所得配合比为例。试拌 20L 混凝土，其材料用量如下。

水泥：$0.020 \times 306 = 6.12\text{kg}$

粉煤灰：$0.020 \times 76 = 1.52\text{kg}$

水：$0.020 \times 195 = 3.9\text{kg}$

砂：$0.020 \times 622 = 12.44\text{kg}$

石子：$0.020 \times 1155 = 23.1\text{kg}$

按上述用量称量并搅拌均匀，做坍落度为 20mm。保持水胶比不变，增加用水量及胶凝材料用量 5%，即用水量增加到 4.10kg，水泥用量增加到 6.43kg，粉煤灰用量增加到 1.60kg，实测混凝土拌和物的表观密度为 2330kg/m^3，混凝土的“试拌配合比”各种材料用量如下。

水泥用量：$m_{ca}=\dfrac{m'_{c0}}{m'_{c0}+m'_{f0}+m'_{w0}+m'_{s0}+m'_{g0}}\times\rho_{0c,t}$

$$=\frac{6.43}{6.43+1.60+4.10+12.44+23.1}\times 2330=314\text{kg}$$

粉煤灰用量：$m_{fa}=\dfrac{m'_{f0}}{m'_{c0}+m'_{f0}+m'_{w0}+m'_{s0}+m'_{g0}}\times\rho_{0c,t}$

$$=\frac{1.60}{47.67}\times 2330=78\text{kg}$$

用水量：$m_{wa}=\dfrac{m'_{w0}}{m'_{c0}+m'_{f0}+m'_{w0}+m'_{s0}+m'_{g0}}\times\rho_{0c,t}$

$$=\frac{4.10}{47.67}\times 2330=200\text{kg}$$

砂用量：$m_{sa}=\dfrac{m'_{s0}}{m'_{c0}+m'_{f0}+m'_{w0}+m'_{s0}+m'_{g0}}\times\rho_{0c,t}$

$$=\frac{12.44}{47.67}\times 2330=608\text{kg}$$

石子用量：$m_{ga}=\dfrac{m'_{g0}}{m'_{c0}+m'_{f0}+m'_{w0}+m'_{s0}+m'_{g0}}\times\rho_{0c,t}$

$$=\frac{23.1}{47.67}\times 2330=1129\text{kg}$$

（2）强度复核。采用 0.46、0.51、0.56 三个不同的水胶比，试拌测定坍落度均符合要求，标准养护 28d 后，测得的抗压强度见表 4-42。

表 4-42 不同水胶比的混凝土立方体抗压强度

水胶比	胶水比	混凝土立方体抗压强度/MPa
0.46	2.17	39.3
0.51	1.96	38.4
0.56	1.79	37.7

用图解法得，当立方体抗压强度为 38.2MPa 时，相应的胶水比 $B/W=1.91$，即水胶比 $W/B=0.52$。

（3）设计配合比的计算（表 4-43）。

表 4-43 混凝土的设计配合比

材料名称	水泥	粉煤灰	水	砂	石
每立方米混凝土材料用量/（kg/m^3）	308	77	200	616	1142

① 按强度检验结果修正配合比。

• 用水量 m_w。取试拌配合比中的用水量，即 m_w=200kg。

• 计算胶凝材料、水泥、粉煤灰用量。

胶凝材料用量 $m_b=\dfrac{m_w}{W/B}=200\times\dfrac{1}{0.52}=385\text{kg}$

粉煤灰用量 $m_f = m_b\beta_f = 385\times 20\% = 77\,kg$

水泥用量 $m_c = m_b - m_f = 385 - 77 = 308\,kg$

• 砂、石子用量 m_s，m_g。在基准配合比粗骨料用量的基础上，按选定的水胶比进行调整，即：

$$\begin{cases} \dfrac{m_s}{\rho_s} + \dfrac{m_g}{\rho_g} = 1 - \dfrac{m_c}{\rho_c} - \dfrac{m_f}{\rho_f} - \dfrac{m_w}{\rho_w} - 0.01\alpha \\ \beta_s = \dfrac{m_s}{m_s + m_g}\times 100\% \end{cases}$$

取 $\alpha = 1$ 得 $\begin{cases} \dfrac{m_s}{2650} + \dfrac{m_g}{2700} = 1 - \dfrac{309}{3100} - \dfrac{77}{2200} - \dfrac{200}{1000} - 0.01\times 1 \\ 35\% = \dfrac{m_s}{m_s + m_s}\times 100\% \end{cases}$

解以上联立方程，得：$m_s = 616kg$，$m_g = 1142\,kg$

② 按实测表观密度修正配合比。根据符合强度要求的配合比试拌混凝土，测得混凝土拌和物的实测表现密度为 $\rho_{c,t} = 2330\,kg/m^3$

混凝土拌和物表观密度的计算值为

$$\begin{aligned} \rho_{c,c} &= m_c + m_f + m_w + m_s + m_g \\ &= 308 + 77 + 200 + 616 + 1142 = 2343\,kg/m^3 \end{aligned}$$

由于混凝土拌和物表观密度的计算值与实测值之差的绝对值不超过计算值的 2%，故不必进行修正。

3. 确定施工配合比

水泥：$m_c' = 308\,kg$

粉煤灰：$m_f' = 77\,kg$

砂：$m_s' = 616 + 616\times 0.02 = 628\,kg$

石子：$m_g' = 1142 + 1142\times 0.01 = 1153\,kg$

水：$m_w' = 200 - 616\times 0.02 - 1142\times 0.01 = 176\,kg$

混凝土施工配合比见表 4-44。

表 4-44　混凝土的施工配合比

材料名称	水泥	粉煤灰	水	砂	石
每立方米混凝土材料用量/（kg/m^3）	308	77	176	628	1153

第六节　混凝土的质量控制与检验评定

混凝土质量是影响混凝土结构可靠性的一个重要因素。混凝土质量受多种因素的影响，其质量是不均匀的。为了保证混凝土结构的安全性，必须对混凝土的质量进行控制。混凝土的质量控制包括生产控制和合格性控制。生产控制是对混凝土各个施工环节进行质量检查和控制；合格性控制是利用数理统计方法，进行混凝土强度的检验评定。

一、混凝土的生产控制

1. 混凝土原材料的质量控制

水泥、砂子、石子、水等原材料必须通过质量检验，符合混凝土用原材料的要求和现行有关标准的规定后方可使用。各种原材料应逐批检查出厂合格证和检验报告，同时为了防止市场供应混乱而产生的混料及错批后由于时间效应引起质量变化，材料在使用前最好进行复检。

2. 混凝土配合比的控制

混凝土的配合比应根据设计的混凝土强度等级、耐久性、坍落度的要求，按《普通混凝土配合比设计规程》经过试配确定，不得使用经验配合比。试验室应结合原材料实际情况，确定一个既满足设计要求，又满足施工要求，同时经济合理的混凝土配合比。在每一个工作班内，当混凝土配合比由于外界混凝土原材料的变更影响混凝土强度时，需根据原材料的变化，及时调整混凝土的配合比。

3. 混凝土施工过程中的质量控制

（1）混凝土拌和时应准确控制原材料的称量，各组成材料的计量误差须满足《混凝土结构工程施工质量验收规范》（GB 50204—2015）规定，水泥、掺合料、外加剂和水的称量误差应控制在 2%以内，粗、细骨料的称量误差应控制在 3%以内，拌和时间通常控制在 1～2.5min。

（2）混凝土运输中为防止离析、泌水等不良现象，应尽量减少运转次数，缩短运输时间，采取正确装卸措施。

（3）浇筑时应采取适宜的入仓方法，限制卸料高度，对每层混凝土应按顺序振捣，严防漏振和过量振动。

（4）浇筑后必须在一定时间内进行养护，保持必要的温度和湿度，保证水泥正常凝结硬化，从而确保混凝土的强度和防止发生干缩裂缝。

二、混凝土的合格性控制

由于混凝土的质量波动将直接反映到其强度上，混凝土的抗压强度与其他性能有较好的相关性，因此，在混凝土生产质量管理中，常以抗压强度作为控制混凝土质量的主要指标。

混凝土的合格性控制主要指在正常连续生产的情况下，随机抽取试样进行混凝土抗压强度的测试，用数理统计方法来评定混凝土的质量。数理统计方法可用算术平均值、标准差、变异系数和强度保证率等参数来综合评定混凝土质量。

（一）混凝土强度的波动规律

混凝土材料在正常施工的情况下，许多影响因素都是随机的，因此混凝土强度也应是随机的。对某种混凝土经随机取样测定其强度，其数据经过整理绘成强度概率分布曲线，一般均接近正态分布曲线，见图 4-16。曲线高峰为混凝土平均强度的概率。以平均强度为对称轴，左右两边曲线是对称的。距对称轴越远，强度概率越小，并逐渐趋近于零。对称轴两侧曲线上各有一个拐点，拐点至对称轴的水平距离等于标准差（σ），曲线与横坐标之间的面积为概率的总和，等于 100%。曲线窄而高，说明强度测定值比较集中，波动较小，混凝土的均匀性好，施工水平较高。如果曲线宽而矮，则说明强度值离散程度大，混凝土的均匀性差，施工水平低。

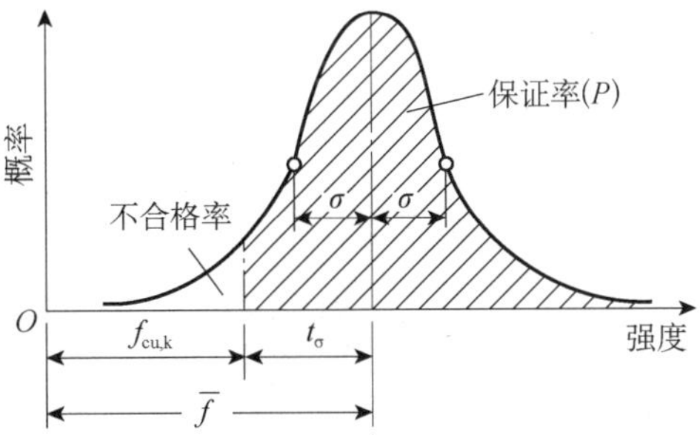

图 4-16　混凝土强度正态分布曲线及保证率

（二）混凝土强度评定所采用的数理统计方法

1. **强度平均值 $\overline{f}_{cu}$**

它代表混凝土强度总体的平均水平，其值按下式计算：

$$\overline{f}_{cu}=\frac{1}{n}\sum_{i=1}^{n}f_{cu,i} \tag{4-34}$$

式中，$\overline{f}_{cu}$——强度平均值，MPa；n——试件组数；$f_{cu,i}$——第 i 组混凝土试件的立方体抗压强度值，MPa。

平均强度反映混凝土总体强度的平均值，但并不反映混凝土强度的波动情况。

2. **强度标准差（σ）**

标准差也称均方差，是强度分布曲线上拐点到强度平均值之间的距离。σ 越大，说明混凝土强度的离散程度越大，混凝土质量越不稳定。σ 是评定混凝土质量均匀性重要指标，其值按下式计算：

$$\sigma=\sqrt{\frac{\sum_{i=1}^{n}f_{cu,i}-n\overline{f}_{cu}^{2}}{n-1}} \tag{4-35}$$

式中，σ——混凝土强度标准差，MPa；n——试件组数；$f_{cu,i}$——第 i 组混凝土试件的立方体抗压强度值，MPa；$\overline{f}_{cu}$——n 组混凝土立方体抗压强度的算术平均值，MPa。

3. **变异系数 C_v**

变异系数又称离散系数，也是说明混凝土质量均匀性的指标。对平均强度水平不同的混凝土之间质量稳定性的比较，可考虑相对波动的大小，用变异系数 C_v 来表示。C_v 值越小，说明该混凝土强度质量越稳定，可按下式计算：

$$C_v = \frac{\sigma}{\overline{f}_{cu}} \tag{4-36}$$

4. **强度保证率**

强度保证率是指混凝土强度总体分布中，大于设计要求的强度等级值的概率 P（%）。以正态分布曲线的阴影部分来表示，见图 4-16。强度正态分布曲线下的面积为概率的总和，等于 100%。强度保证率可按如下方法计算：

首先计算出概率度 t，即：

$$t = \frac{\overline{f}_{cu} - f_{cu,k}}{\sigma} \tag{4-37}$$

或

$$t = \frac{\overline{f}_{cu} - f_{cu,k}}{C_v \cdot \overline{f}_{cu}} \tag{4-38}$$

根据标准正态分布曲线方程，可得到概率度 t 与强度保证率 P（%）的关系，如表 4-45 所示。

表 4-45　不同 t 值得保证率 P

t	0.00	0.50	0.84	1.00	1.20	1.28	1.40	1.60	1.645	1.70	1.81	1.88	2.00	2.05	2.33	3.00
P（%）	50.0	69.2	80.0	84.1	88.5	90.9	91.9	94.5	95.0	95.5	96.5	97.0	97.7	99.0	99.4	99.87

工程中 P 值可根据统计周期内，混凝土试件强度不低于要求强度等级标准值的组数与试件总数之比求得，即：

$$P = \frac{N_0}{N} \times 100\% \tag{4-39}$$

式中，N_0——统计周期内，同批混凝土试件强度大于或等于规定强度等级标准值的组数；

N——统计周期内同批混凝土试件总组数，$N \geqslant 25$。

（三）混凝土强度的评定方法

混凝土强度应分批进行检验评定。一个验收批的混凝土应由强度等级相同，龄期相同、生产工艺条件和配合比基本相同的混凝土组成。对施工现场浇筑的混凝土，应按单位工程的验收项目划分验收批。

根据混凝土生产条件不同，混凝土强度评定可分为统计方法及非统计方法两种。

1. **统计方法评定**

当连续生产的混凝土，生产条件在较长时间内能保持一致，且同一品种、同一强度等级混凝土的强度变异性保持稳定时，应按标准差已知方案进行评定。其他情况按标准差未知方案进行评定。

（1）标准差已知的统计方法。一个检验批的样本容量应为连续的 3 组试件，其强度应同时符合下列规定。

$$m_{f_{cu}} \geqslant f_{cu,k} + 0.7\sigma_0 \tag{4-40}$$

$$f_{cu,min} \geqslant f_{cu,k} - 0.7\sigma_0 \tag{4-41}$$

检验批混凝土立方体抗压强度的标准差应按下式计算：

$$\sigma_0 = \sqrt{\frac{\sum_{i=1}^{n} f_{cu,i}^2 - nm_{f_{cu}}^2}{n-1}} \tag{4-42}$$

当混凝土强度等级不高于 C20 时，其强度的最小值尚应满足下式要求：

$$f_{cu,min} \geqslant 0.85 f_{cu,k} \tag{4-43}$$

当混凝土强度等级高于 C20 时，其强度的最小值尚应满足下式要求：

$$f_{cu,min} \geqslant 0.90 f_{cu,k} \tag{4-44}$$

式中，$m_{f_{cu}}$——同一检验批混凝土立方体抗压强度的平均值（N/mm^2），精确到 0.1（N/mm^2）；$f_{cu,k}$——混凝土立方体抗压强度标准值（N/mm^2），精确到 0.1（N/mm^2）；σ_0——检验批混凝土立方体抗压强度标准差（N/mm^2），精确到 0.01（N/mm^2）；当检验批混凝土标准差 σ_0 计算值小于 $2.5N/mm^2$ 时，应取 $2.5N/mm^2$；$f_{cu,i}$——前一检验期内同一品种、同一强度等级的第 i 组混凝土试件的立方体抗压强度代表值（N/mm^2），精确到 $0.1N/mm^2$；该检验期不应少于 60d，也不得大于 90d；n——前一检验期内的样容量，在该期间内样本容量不应小于 45；$f_{cu,min}$——同一检验批混凝土立方体抗压强度的最小值（N/mm^2），精确到 0.1（N/mm^2）。

（2）标准差未知的统计方法。当样本容量不小于 10 组时，其强度应同时满足下列要求。

$$m_{f_{cu}} \geqslant f_{cu,k} + \lambda_1 \cdot S_{f_{cu}} \tag{4-45}$$

$$f_{cu,min} \geqslant \lambda_2 \cdot f_{cu,k} \tag{4-46}$$

同一检验批混凝土立方体抗压强度的标准差应按下式计算：

$$S_{f_{cu}} = \sqrt{\frac{\sum_{i=1}^{n} f_{cu,i}^2 - nm_{f_{cu}}^2}{n-1}} \tag{4-47}$$

式中，$S_{f_{cu}}$——同一检验批混凝土立方体抗压强度的标准差（N/mm^2），精确到 0.01（N/mm^2）；当检验批混凝土强度标准差 $S_{f_{cu}}$ 计算值小于 $2.5N/mm^2$ 时，应取 $2.5N/mm^2$；λ_1，λ_2——合格评定系数，应该表 4-46 取用；n——本检验期内的样本容量。

表 4-46 混凝土强度的合格评定系数

试件组数	10～14	15～19	≥20
λ_1	1.15	1.05	0.95
λ_2	0.90	0.85	

2. **非统计方法评定**

当用于评定的样本容量小于10组时，应采用非统计方法评定混凝土强度。

按非统计方法评定混凝土强度时，其强度应同时符合下列规定：

$$m_{f_{cu}} \geqslant \lambda_3 f_{cu,k} \tag{4-48}$$

$$f_{cu,min} \geqslant \lambda_4 \cdot f_{cu,k} \tag{4-49}$$

式中，λ_3，λ_4——合格评定系数，应按表4-47取用。

表4-47　混凝土强度的非统计方法合格评定系数

混凝土强度等级	<C60	≥C60
λ_3	1.15	1.10
λ_4	0.95	

当检验结果满足统计方法或非统计方法评定的要求时，则该批混凝土强度应评定为合格；当不能满足统计方法或非统计方法评定的要求时，该批混凝土强度评定为不合格。对评定为不合格批的混凝土，可按国家现行的有关标准进行处理。

第七节　其他品种混凝土

一、高性能混凝土

（一）高性能混凝土的定义

高性能混凝土（High performance concrete，HPC）是一种新型高技术混凝土，是在大幅度提高普通混凝土性能的基础上采用现代混凝土技术制作的混凝土。

1950年5月美国国家标准与技术研究院（NIST）和美国混凝土协会（ACI）首次提出高性能混凝土的概念。但是到目前为止，各国对高性能混凝土提出的要求和含义完全不同。

美国的工程技术人员认为：高性能混凝土是一种易于浇注、捣实、不离析，能长期保持高强、韧性与体积稳定性，在严酷环境下使用寿命长的混凝土。美国混凝土协会认为：此种混凝土并不一定需要很高的混凝土抗压强度，但仍需达到55MPa以上，需要具有很高的抗化学腐蚀性或其他一些性能。

日本工程技术人员则认为：高性能混凝土是一种具有高填充能力的混凝土，在新拌阶段不需要振捣就能完善浇注；在水化、硬化的早期阶段很少产生由水化热或干缩等因素而形成的裂缝；在硬化后具有足够的强度和耐久性。

加拿大的工程技术人员认为：高性能混凝土是一种具有高弹性模量、高密度、低渗透性和高抗腐蚀能力的混凝土。

综合各国对高性能混凝土的要求，可以认为：高性能混凝土具有高抗渗性（高耐久性的关键性能）；高体积稳定性（低干缩、低徐变、低温度变形和高弹性模量）；适当的高抗压强度；良好的施工性（高流动性、高黏聚性、自密实性）。

中国在《高性能混凝土应用技术规程》(CECS207—2006)对高性能混凝土定义为：采用常规材料和工艺生产，具有混凝土结构所要求各项力学性能，具有高耐久性、高工作性和高体积稳定性的混凝土。

(二)高性能混凝土的技术路线

高性能混凝土是由高强混凝土发展而来的，但高性能混凝土对混凝土技术性能的要求比高强混凝土更多、更广泛，高性能混凝土的发展一般可分为三个阶段：

(1)振动加压成形的高强混凝土——工艺创新。在高效减水剂问世以前，为获得高强混凝土，一般采用降低 W/C(水胶比)，强力振动加压成形。即将机械压力加到混凝土上，挤出混凝土中的空气和剩余水分，减小孔隙率。但该工艺不适合现场施工，难以推广，只在混凝土预制板、预制桩的生产中广泛采用，并与蒸压养护共同使用。

(2)掺高效减水剂配置高效混凝土——第五组分创新。20 世纪 50 年代末期出现高效减水剂是高强混凝土进入一个新的发展阶段。代表性的有萘系、三聚氰胺系和改性木钙系高效减水剂，这三个系类均是普遍使用的高效减水剂。

采用普通工艺，掺加高效减水剂，降低水胶比，可获得高流动性，抗压强度为 60～100MPa 的高强混凝土，是高强混凝土获得广泛的发展和应用。但是，仅用高效减水剂配制的混凝土，具有坍落度损失较大的问题。

(3)采用矿物外加剂配制高性能混凝土——第六组分创新。20 世纪 80 年代矿物外加剂异军突起，发展成为高性能混凝土的第六组分，它与第五组分相得益彰，成为高性能混凝土不可缺少的部分。就现在而言，配制高性能混凝土的技术路线主要是在混凝土中同时掺入高效减水剂和矿物外加剂。

配制高性能混凝土的矿物外加剂，是具有高比表面积的微粉辅助胶凝材料。例如：硅灰、细磨矿渣微粉、超细粉煤灰等，它是利用微粉填隙作用形成细观的紧密体系，并且改善界面结构，提高界面粘结强度。

(三)高性能混凝土的特性

(1)自密实性。高性能混凝土的用水量较低，流动性好，抗离析性高，从而具有较优异的填充性。因此，配比恰当的大流动性高性能混凝土有较好的自密实性。

(2)体积稳定性。高性能混凝土的体积稳定性较高，表现为具有高弹性模量、低收缩与徐变、低温度变形。普通混凝土的弹性模量为 20～25GPa，采用适宜的材料与配合比的高性能混凝土，其弹性模可达 40～50GPa。采用高弹性模量、高强度的粗骨料并降低混凝土中水泥浆体的含量，选用合理的配合比配制的高性能混凝土，90 天龄期的干缩值低于 0.04%。

(3)强度。高性能混凝土的抗压强度已超过 200MPa。28d 平均强度介于 100～120MPa 的高性能混凝土，已在工程中应用。高性能混凝土抗拉强度与抗压强度值比较高强混凝土有明显增加，高性能混凝土的早期强度发展加快，而后期强度的增长率却低于普通强度混凝土。

(4)水化热。由于高性能混凝土的水胶比较低，会较早的终止水化反应，因此，水化热相应的降低。

(5)收缩和徐变。高性能混凝土的总收缩量与其强度成反比，强度越高总收缩量越小。

但高性能混凝土的早期收缩率，随着早期强度的提高而增大。相对湿度和环境温度，仍然是影响高性能混凝土收缩性能的两个主要因素。

高性能混凝土的徐变变形显著低于普通混凝土，高性能混凝土与普通强度混凝土相比较，高性能混凝土的徐变总量（基本徐变与干燥徐变之和）有显著减少。在徐变总量中，干燥徐变值的减小更为显著，基本徐变仅略有一些降低。而干燥徐变与基本徐变的比值，则随着混凝土强度的增加而降低。

（6）耐久性。高性能混凝土除通常的抗冻性、抗渗性明显高于普通混凝土之外，高性能混凝土的 Cl^- 渗透率，明显低于普通混凝土。高性能混凝土由于具有较高的密实性和抗渗性，因此，其抗化学腐蚀性能显著优于普通强度混凝土。

（7）耐火性。高性能混凝土在高温作用下，会产生爆裂、剥落。由于混凝土的高密实度使自由水不易很快地从毛细孔中排出，再受高温时其内部形成的蒸汽压力几乎可达到饱和蒸汽压力。在 300℃温度下，蒸汽压力可达 8MPa，而在 350℃温度下，蒸汽压力可达 17MPa，这样的内部压力可使混凝土中产生 5MPa 拉伸应力，使混凝土发生爆炸性剥蚀和脱落。因此高性能混凝土的耐高温性能是一个值得重视的问题。为克服这一性能缺陷，可在高性能和高强度混凝土中掺入有机纤维，在高温下混凝土中的纤维能熔解、挥发，形成许多连通的孔隙，使高温作用产生的蒸汽压力得以释放，从而改善高性能混凝土的耐高温性能。

概括起来说，高性能混凝土就是能更好地满足结构功能要求和施工工艺要求的混凝土，能最大限度地延长混凝土结构的使用年限，降低工程造价。

二、高强混凝土

一般把强度等级为 C60 及其以上的混凝土称为高强混凝土，C100 强度等级以上的混凝土称为超高强混凝土。CECS 104：99《高强混凝土结构技术规程》1.0.2 条明确规定：“高强混凝土为采用水泥、砂、石、高效减水剂等外加剂和粉煤灰、超细矿渣、硅灰等矿物掺合料以常规工艺配制的 C50～C80 级混凝土。”

高强混凝土作为一种新的建筑材料，以其抗压强度高、抗变形能力强、密度大、孔隙率低的优越性，在高层建筑结构、大跨度桥梁结构以及某些特种结构中得到广泛的应用。高强混凝土最大的特点是抗压强度高，一般为普通强度混凝土的 4～6 倍，故可减小构件的截面，因此最适宜用于高层建筑。试验表明，在一定的轴压比和合适的配箍率情况下，高强混凝土框架柱具有较好的抗震性能。而且柱截面尺寸减小，减轻自重，避免短柱，对结构抗震也有利，而且提高了经济效益。高强混凝土材料为预应力技术提供了有利条件，可采用高强度钢材和人为控制应力，从而大大地提高了受弯构件的抗弯刚度和抗裂度。因此世界范围内越来越多地采用施加预应力的高强混凝土结构，应用于大跨度房屋和桥梁中。此外，利用高强混凝土密度大的特点，可用作建造承受冲击和爆炸荷载的建（构）筑物，如原子能反应堆基础等。利用高强混凝土抗渗性能强和抗腐蚀性能强的特点，建造具有高抗渗和高抗腐要求的工业用水池等。

高强混凝土的组成材料应符合以下规定：

（1）应选用质量稳定、强度等级不低于 42.5MPa 的硅酸盐水泥或普通硅酸盐水泥。

（2）对强度等级为 C60 级的混凝土，其粗骨料最大粒径不应大于 31.5mm；对强度等级高于 C60 级的混凝土，其粗骨料最大粒径不应大于 25mm；粗骨料的针片状颗粒含量不宜大于 5.0%，含泥量不应大于 0.5%，泥块含量不宜大于 0.2%；其他质量指标应符合现行国家标准《建筑用卵石、碎石》（GB/T14685—2001）的规定。

（3）细骨料细度模数宜大于 2.6，含泥量不应大于 2.0%，泥块含量不应大于 0.5%。其他质量指标应符合现行国家标准《建筑用砂》（GB/T14684—2001）的规定。

（4）配制高强混凝土时应掺用高效型减水剂或缓凝高效减水剂。

（5）配制高强混凝土时应掺用活性较好的矿物掺合料，且宜复合使用矿物掺合料。

三、轻混凝土

轻混凝土是指干密度小于 2000kg/m^3 的混凝土，轻混凝土按其孔隙结构分为：轻骨料混凝土（即多孔骨料轻混凝土），多孔混凝土（主要包括加气混凝土和泡沫混凝土等）和大孔混凝土（即无砂混凝土或少砂混凝土）。轻混凝土与普通混凝土相比，其最大特点是容重轻、具有良好的保温性能。

（一）轻骨料混凝土

用轻粗骨料、轻细骨料（或普通砂）、水泥胶凝材料和水配制而成的混凝土，其干表观密度不大于 1900kg/m^3 者，称之为轻骨料混凝土。若粗、细骨料均是轻质材料，又称全轻混凝土。若粗骨料为轻质，细骨料全部或部分采用普通砂，则称砂轻混凝土。轻骨料混凝土一般用水泥作为胶凝材料，但有时也用石灰、石膏硫磺、沥青等作为胶凝材料。

轻骨料混凝土与普通混凝土的不同之处，在于骨料中存在着大量空隙，也正是如此，才赋予其许多优越的性能。轻骨料混凝土具有轻质、高强、保温和耐火等性能特点，并且变形性能良好，由于弹性模量较低，在一般情况下，其收缩和徐变也较大。

虽然多孔轻骨料的强度低于普通骨料，但是由于轻骨料的孔隙在拌和料搅拌时具有吸水作用，造成轻骨料颗粒表面的局部低水胶比，增加了骨料与水泥石的粘结力。这样，在骨料周围形成了坚强的水泥石外壳，约束了骨料的横向变形，使得骨料在混凝土中处于三向受力状态，从而提高了骨料的极限强度，使得轻骨料混凝土的强度与普通混凝土接近。

轻骨料混凝土按干表观密度一般为 800～1950kg/m^3，共分为 12 个等级。强度等级按立方体抗压强度标准值分为 CL5.0、CL7.5、CL10、CL15、CL20、CL25、CL30、CL35、CL40、CL45、CL50 等 11 个等级。

（二）多孔混凝土

多孔混凝土中无粗、细骨料，内部充满大量细小的封闭孔，孔隙率高达 60%以上。按气孔产生的方法不同，多孔混凝土分为加气混凝土和泡沫混凝土。

1. 加气混凝土

加气混凝土是以硅质材料（砂、粉煤灰及含硅尾矿等）和钙质材料（石灰、水泥）为主要原料，掺加发气剂（铝粉），通过磨细、配料、搅拌、浇注、预养、切割、蒸压、养护等工艺过程制成的轻质多孔硅酸盐制品。因其经发气后含有大量均匀而细小的气孔，故名加气混凝土。

加气混凝土的表观密度约为 300～1200kg/m^3，抗压强度约为 0.5～0.7MPa，导热系数约为 0.081～0.29W/（m・K）。加气混凝土除具有一定的强度外，其保温隔热、防火性较好，容易加工，施工方便，耗能少。但干缩较大，吸湿性强，吸水率大，耐久性较差。在我国，加气混凝土可制成条板，条板中配有经防腐处理过的钢筋或钢丝网，主要用于承重或非承重的内、外墙或保温屋面等，也可与普通混凝土制成复合墙板，还可做成各种保温制品。

2. 泡沫混凝土

泡沫混凝土是将水泥浆和泡沫剂拌和后，经硬化而成的一种多孔混凝土。其表观密度为 300～500kg/m^3，抗压强度为 0.5～0.7MPa，可以现场直接浇筑，主要用于屋面保温材料。泡沫混凝土在生产时，常采用蒸汽养护或压蒸养护，当采用自然条件养护时，水泥强度等级不宜低于 32.5，否则强度太低。

（三）大孔混凝土

大孔混凝土是以粒径相近的粗骨料、水泥、水，有时加入外加剂配制而成的混凝土（也称为无砂混凝土）。由于没有细骨料，在混凝土中形成许多大孔。按所用骨料的种类不同，分为普通大孔混凝土和轻骨料大孔混凝土。采用轻骨料配制时，表观密度一般为 500～1500kg/m^3，抗压强度为 2.5～7.5MPa；采用普通粗骨料配制时，表观密度一般为 1500～1900kg/m^3，抗压强度为 3.5～10MPa。

大孔混凝土的特点是水泥浆用量少，水泥浆只起包裹粗骨料的表面和粘结粗骨料的作用，而不是填充粗骨料的空隙。由于粗骨料是点接触粘结，抗压强度一般较低。通过提高水泥浆强度，如使用高效减水剂、硅灰等，目前可以配制最高强度 C40 或 C50 的大孔混凝土。此外，大孔混凝土的孔隙率或透水速率，也可以通过选择粗骨料级配来控制。

采用单一粒级的骨料（如 5～10mm，或 10～15mm 粒级等）配制成的大孔混凝土，其容重较轻、强度较低，但质量较均匀。采用混合粒级的骨料（如 5～15mm，或 5～20mm 等）时，容重稍大，但强度较高。大孔混凝土的热导率小，保温性能好；吸湿性较低，收缩也较小；抗冻标号可耐 100 次冻融循环以上。但大孔混凝土的抗拉强度较低。

大孔混凝土可用于制作墙体用小型空心砌块和各种板材，也可用于现浇墙体。普通大孔混凝土还可用以制作市政工程中的滤水管、滤水板等。

四、大体积混凝土

我国《大体积混凝土施工规范》（GB50496—2009）里规定：混凝土结构物实体最小几何尺寸不小于 1m 的大体量混凝土，或预计会因混凝土中胶凝材料水化引起的温度变化和收缩而导致有害裂缝产生的混凝土，称之为大体积混凝土。日本 ASS5 规定：结构断面积最小尺寸在 80cm 以上，水化热引起混凝土内的最高温度与外界气温之差预计超过 25℃的混凝土，称为大体积混凝土。而美国则定义为：任何现浇混凝土，只要有可能产生温度影响的混凝土均称为大体积混凝土。

大体积混凝土有如下特点：

（1）混凝土结构物体积较大，在一个块体中需要浇筑大量的混凝土。

（2）大体积混凝土常处于潮湿或与水接触的环境条件下。因此要求它除一定的强度外，必须具有良好的耐久性，有的要求具有抗冲击或震动作用等性能。

（3）大体积混凝土水泥水化热不容易很快散失，内部温升较高，在与外部环境温差较大时容易产生温度裂缝。对混凝土进行温度控制是大体积混凝土最突出的特点。

在工程实践中如大坝、大型基础、大型桥墩、深梁以及海洋平台等体积较大的混凝土均属大体积混凝土。

实践经验证明，现有大体积混凝土结构的裂缝，绝大多数是由温度裂缝引起的。为最大限度地降低温升，控制温度裂缝，在工程中常用的防止混凝土开裂的措施主要有：采用中、低热的水泥品种；对混凝土结构进行合理分缝分块；在满足强度和其他性能要求的前提下，尽量降低水泥用量；掺加适宜的外加剂；选择适宜的骨料；控制混凝土的出机温度和浇筑温度；预埋水管、通水冷却，降低混凝土的内部温升；采取表面保护、保温隔热措施，降低内外温差等措施来降低或推迟热峰从而控制混凝土的温升。

五、纤维混凝土

纤维混凝土是以普通混凝土为基体，外掺各种短切纤维材料组合而成的复合材料。普通混凝土是脆性材料，其抗拉强度和极限变形量较低。为了提高混凝土的韧性，在水泥混凝土中掺入乱向分布的短纤维，形成复合材料。掺加纤维后，虽然混凝土的强度可以适度提高，但纤维的主要作用是控制纤维混凝土的开裂，并在胶凝材料基体开裂后，通过纤维的桥接作用，为混凝土提供开裂后的延性，从而改善材料的性能。

所用纤维按其材料性质可分为：①金属纤维，如钢纤维、不锈钢纤维。②无机纤维，主要有天然矿物纤维（温石棉、青石棉、铁石棉等）和人造矿物纤维（抗碱玻璃纤维及抗碱矿棉等碳纤维）。③有机纤维，主要有合成纤维（聚乙烯、聚丙烯、聚乙烯醇、尼龙、芳族聚酰亚胺等）和植物纤维（西沙尔麻、龙舌兰等）。合成纤维混凝土不宜使用于高于 60℃的热环境中。目前，实际工程中使用的纤维混凝土有：钢纤维混凝土、玻璃纤维混凝土、聚丙烯纤维混凝土及石棉水泥制品等。

钢纤维：有研究表明，钢纤维混凝土易受氯盐腐蚀，因此应用受到一些限制。外露的钢纤维在养护阶段就容易发生锈蚀，影响耐久性和美观。使用过程中，由于混凝土磨耗导致锋利的钢纤维外露，影响使用的安全。钢纤维相对密度 7.8 左右，不利于减小结构自重。

玻璃纤维：普通玻璃纤维耐久性低，与水泥基的相容性差。并且玻璃纤维质脆易断，在搅拌过程易受到损坏。

碳纤维：碳纤维质轻、高强、弹性模量很高、化学性质稳定，与混凝土粘结良好，但由于生产成本较高，所以应用受到一定的限制。

合成纤维：部分合成纤维具有较高的抗拉强度、极限延伸率，较好的抗碱性，价格经济。但是较易老化，且合成纤维通常会使混凝土抗压强度下降。以聚丙烯为例，在极低的体积掺量（体积率小于 0.1%）下，能显著改善混凝土早期塑性收缩开裂。然而，在热、氧、紫外线等外界因素作用下易发生化学变化，丧失使用性能。

植物纤维：植物纤维来源广，成本低是一种可再生的资源，但是植物纤维吸水率大、耐碱性能差、柔软性较差，成纱不均匀，限制了产品的进一步开发与应用。

六、智能混凝土

智能材料，指的是“能感知环境条件，做出相应行动”的材料。它能模仿生命系统，同时具有感知和激励双重功能，能对外界环境变化因素产生感知，自动作出适时、灵敏和恰当的响应，并具有自我诊断、自我调节、自我修复和预报寿命等功能。

智能混凝土是在混凝土原有组分基础上复合智能型组分，使混凝土具有自感知和记忆，自适应，自修复特性的多功能材料。通常，仅复合一种单一的智能材料的混凝土只具备一种功能，要想具备多种功能，就需要复合多种智能材料。但是，依据现有的科技水平，制备完善的智能混凝土，还相当困难。

1. 自诊断混凝土

将某些物质掺入到混凝土中，使其具有自动感知内部应力、应变和损失程度的功能，混凝土本身成为传感器，实现对构件或结构变形、断裂的自动监测。

2. 自动愈合混凝土

将某些特殊材料掺到混凝土中，当混凝土结构在某些外界因素作用下出现开裂时，这些特殊材料会自动释放类似黏结剂的物质，起到自动愈合损伤的功能。

3. 形状记忆合金混凝土

将形状记忆合金埋入混凝土易产生裂缝的部位或构件，当该部位或构件由于荷载、温度变化等外部因素作用而产生较大裂缝时，会引起该处形状记忆合金产生塑性变形，通过一定装置对形状记忆合金加热到超过一定温度，可使形状记忆合金收缩。此时，受到限制的合金丝就会对裂缝施加压应力，迫使裂缝变小或合拢。同时，通过记忆合金形状的变化，使混凝土内部应力重分布并产生一定的预应力，从而提高混凝土结构的承载能力。

4. 其他智能混凝土

（1）自调节混凝土。有些建筑物对其室内的湿度有严格的要求，如各类展览馆、博物馆及美术馆等。为此，可在混凝土中掺入沸石粉，对室内湿度进行自动调节，它具有如下热点：①优先吸附水分；②水蒸气压低的地方，其吸湿容量大；③吸放湿与温度有关，温度上升时放湿，温度下降时吸湿。

（2）控制水化热的大体积混凝土。在浇筑大体积混凝土时，由于水泥水化产生的热量得不到完全释放，容易在混凝土内产生温度裂缝。为避免温度裂缝的产生，可在混凝土中掺入含有缓凝剂的蜡丸，对水泥的水化速度进行控制。当混凝土的温度升高到特定温度时，蜡丸即融化并泻出缓凝剂，使水泥的水化延缓或停滞，并使水化热不致超过规定的温度限值。

（3）防火灾烧裂高强混凝土。高强混凝土水胶比较低，遭受火灾时，内部水分即快速蒸发，压力随之增高，而蒸汽却无法泻出，结果引起混凝土爆裂。为防止爆裂，一种方案是在混凝土中掺入 1%（体积比）的聚丙烯短纤维，在遭受火灾时，聚丙烯短纤维随温度升高开始熔化，并在混凝土内形成相当多的空隙，蒸汽即向外泄出，避免了爆裂。

（4）防腐蚀智能混凝土。为防止钢筋混凝土遭受盐害和碳化作用发生恶化，在氯化物离子进入混凝土内时，首先由被覆的中空多孔纤维所探知，然后泄出预先封入纤维内的防锈剂。配置这种纤维的方法是将纤维均匀地分散在混凝土基体内，并聚集在钢筋附近，使钢筋处于被缠绕的状态。

七、聚合物混凝土

聚合物混凝土是由有机聚合物、无机胶凝材料和骨料结合而成的一种新型混凝土。聚合物混凝土体现了有机聚合物和无机胶凝材料的优点，克服了水泥混凝土的一些缺点。聚合物混凝土按其组合及制作工艺可分以下三种。

1. **聚合物浸渍混凝土**（PIC）

以已硬化的水泥混凝土为基材，将聚合物填充其孔隙而成的一种混凝土—聚合物复合材料，其中聚合物含量为复合体重量的 5%～15%。其工艺为先将基材作不同程度的干燥处理，然后在不同压力下浸泡在以苯乙烯或甲基丙烯酸甲酯等有机单体为主的浸渍液中，使之渗入基材孔隙，最后用加热、辐射或化学等方法，使浸渍液在其中聚合固化。在浸渍过程中，浸渍液深入基材内部并遍及全体者，称完全浸渍工艺。一般应用于工厂预制构件，各道工序在专门设备中进行。浸渍液仅渗入基材表面层者，称表面浸渍工艺，一般应用于路面、桥面等现场施工。

由于聚合物填充了水泥混凝土中的孔隙和微裂缝，可提高它的密实度，增强水泥石与骨料间的粘结力，并缓和裂缝尖端的应力集中，改变普通水泥混凝土的原有性能，使之具有高强度、抗渗、抗冻、抗冲、耐磨、耐化学腐蚀、抗射线等显著优点。可作为高效能结构材料应用于特种工程，例如腐蚀介质中的管、桩、柱、地面砖、海洋构筑物和路面、桥面板，以及水利工程中对抗冲、耐磨、抗冻要求高的部位，也可应用于现场修补构筑物的表面和缺陷，以提高其使用性能。

2. **聚合物水泥混凝土**（PCC）

以聚合物（或单体）和水泥共同作为胶凝材料的聚合物混凝土。其制作工艺与普通混凝土相似，在加水搅拌时掺入一定量的有机物及其辅助剂，经成形、养护后，其中的水泥与聚合物同时固化而成。

聚合物掺加量一般为水泥重量的 5%～20%。使用的聚合物一般为合成橡胶乳液，如氯丁胶乳（CR）、丁苯胶乳（SBR）、丁腈胶乳（NBR）；或热塑性树脂乳液，如聚丙烯酸酯类乳液（PAE）、聚乙酸乙烯乳液（PVAC）等。此外环氧树脂及不饱和聚酯一类树脂也可应用。

由于聚合物的引入，聚合物水泥混凝土改进了普通混凝土的抗拉强度、耐磨、耐蚀、抗渗、抗冲击等性能，并改善混凝土的和易性，可应用于现场灌筑构筑物、路面及桥面修补，混凝土储罐的耐蚀面层，新老混凝土的粘结以及其他特殊用途的预制品。

3. **聚合物胶结混凝土**（PC）

以聚合物（或单体）全部代替水泥，作为胶结材料的聚合物混凝土。常用一种或几种有机物及其固化剂、天然或人工骨料（石英粉、辉绿岩粉等）混合、成形、固化而成。常用的有机物有不饱和聚酯树脂、环氧树脂、呋喃树脂、酚醛树脂等，或用甲基丙烯酸甲酯、苯乙烯等单体。

聚合物在此种混凝土中的含量为重量的 8%～25%。与水泥混凝土相比，它具有快硬、高强和显著改善抗渗、耐蚀、耐磨、抗冻融以及粘结等性能，可现场应用于混凝土工程快速修补、地下管线工程快速修建、隧道衬里等，也可在工厂预制。

八、再生混凝土

再生混凝土又称再生骨料混凝土，是指将废弃的混凝土块经过破碎、清洗、分级后，按一定比例与级配混合，部分或全部代替砂石等天然骨料（主要是粗骨料），再加入水泥、水等配制而成的新混凝土。通过再生骨料混凝土技术可实现对废弃混凝土的再加工，使其恢复原有的性能，形成新的建材产品，从而既能使有限的资源得以再利用，又解决了部分环保问题。这是发展绿色混凝土，实现建筑资源环境可持续发展的主要措施之一。

再生混凝土按骨料的组合形式可以有以下几种情况：①骨料全部为再生骨料；②粗骨料为再生骨料、细骨料为天然砂；③粗骨料为天然碎石或卵石、细骨料为再生骨料；④再生骨料替代部分粗骨料或细骨料。

再生骨料成分不仅有少量脱离砂浆的石子、部分包裹砂浆的石子，还有少量独立成块的水泥砂浆。因为水泥砂浆的表面粗糙、棱角多并且在混凝土构建破坏和骨料生产过程中骨料内部出现大量微细裂缝，从而导致再生骨料孔隙率大，进而使得表观密度和堆积密度降低。研究认为，再生骨料的表观密度为天然骨料的85%以上，并且其离散性很大。

由于废旧混凝土在破碎过程中受到较大外力作用，在骨料内部会出现大量微细裂缝，使得再生骨料的吸水率和吸水速率都远高于天然骨料。研究认为，再生骨料的吸水率是天然骨料的6～8倍。一般认为，再生细骨料的吸水率超过10%，而再生粗骨料一般吸水率为5%左右。由于再生骨料的孔隙率较大，在短时间内再生骨料就可以吸水饱和。在再生混凝土配合比设计时需要考虑再生骨料的高吸水率问题。

与天然骨料相比，大部分再生骨料表面都包裹着砂浆，因此表面很粗糙、比表面积大，这对提高与水泥石的黏结有利，但对于新拌混凝土的流动性不利，还会增加水泥的用量。

本章小结

混凝土的知识是建筑材料课程的重点之一。本章以普通混凝土为学习重点，较为详尽地介绍了有关混凝土的品种，组成材料的技术要求，新拌混凝土的和易性，硬化混凝土的力学性能、变形性能及耐久性，混凝土的外加剂、掺合料，普通混凝土的配合比设计，混凝土的质量控制等内容。

在混凝土组成材料中，水泥作为胶凝材料是关键的、最重要的成分，应将已学过的水泥知识运用到混凝土中来。砂和石是同一性状而只是粒径不同的集料，但在混凝土中所起的作用基本相同，应掌握它们在配制混凝土时的技术要求。外加剂已成为改善混凝土性能的极其有效的措施之一，在现代混凝土技术中已得到广泛应用。应着重了解外加剂的类别、性质和使用条件，同时也应知道外加剂的作用机理。

对于混凝土配合比设计，要求掌握水胶比、砂率、单位用水量及其他一些因素对混凝土性能的影响。要求熟练掌握混凝土配合比计算及调整方法。应当明确，配合比设计正确与否必须通过试验的检验确定。

混凝土质量的波动性极大，受很多因素的影响。为保证混凝土工程质量，混凝土原材料进场、计量、搅拌、运输、浇筑成形、养护等方面都应符合混凝土生产控制的相关要求。另外，也应掌握混凝土强度检验评定方法。

混凝土除了常用的普通混凝土外，还有许多其他品种的混凝土。各种混凝土的特点、性能各不相同，分别适用于不同的工程和部位，在施工过程中应根据需要合理选用。

思考与练习

1. 普通混凝土由哪些材料组成？它们在混凝土凝结硬化前后各起什么作用？

2. 当使用相同配合比拌制混凝土时，卵石混凝土与碎石混凝土的性质有何不同？

3. 普通混凝土作为结构材料的主要优缺点是什么？

4. 什么是砂的粗细程度和颗粒级配？如何评定砂的粗细程度和颗粒级配？当两种砂的细度模数相同时，其颗粒级配是否相同？反之当两种砂的颗粒级配相同时，细度模数是否相同？

5. 现有某干砂500g，经筛分试验各号筛的筛余量如下表：

筛孔公称直径/mm	5.0	2.5	1.25	0.63	0.315	0.15
筛余量/g	25	50	100	125	100	75
分计筛余率%						
累计筛余率%						

问：（1）计算各筛的分计筛余百分率和累计筛余百分率。

（2）此砂的细度模数是多少？判断砂的粗细程度。

（3）判断此砂的级配是否合格。

6. 为什么要限制石子的最大粒径？怎样确定混凝土中所用石子的最大粒径？

7. 现浇钢筋混凝土板式楼梯，混凝土强度等级为 C25，楼梯截面最小尺寸为 120mm，钢筋间最小净距为 40mm。现提供有普通硅酸盐水泥 42.5 和 52.5，备有粒级为 5～20mm，卵石。

问：（1）选用哪一强度等级水泥最好？

（2）卵石粒级是否合适？

（3）取卵石烘干，称取5kg，经筛分得筛余量如下表所示，试判断卵石级配是否合格？

筛孔尺寸/mm	2.36	4.75	9.50	16.0	19.0	26.5
筛余量/g	0.20	1.90	1.70	0.90	0.30	0
分计筛余率%						
累计筛余率%						

8. 什么是混凝土的和易性？包括哪几个方面的含义？如何评定混凝土的和易性？

9. 影响混凝土和易性的因素有哪些?

10. 改善混凝土拌和物和易性的主要措施有哪些?

11. 如何确定混凝土的强度等级?混凝土强度等级如何表示?普通混凝土划分为几个强度等级?

12. 影响混凝土强度的主要因素有哪些?采用哪些措施可提高混凝土强度?

13. 配制混凝土时为什么要选用合理砂率?砂率太大和太小有什么不好?选择砂率的原则是什么?

14. 现场浇筑混凝土时,禁止施工人员随意向混凝土拌和物中加水,试从理论上分析加水对混凝土质量的危害,它与成形后的洒水养护有无矛盾?为什么?

15. 什么是混凝土的耐久性?一般包括哪些性质?提高混凝土耐久性的措施有哪些?

16. 什么是碳化?碳化对混凝土性能有什么影响?

17. 何谓碱骨料反应?混凝土发生碱骨料反应的必要条件是什么?防止措施怎样?

18. 混凝土配合比设计时的三个基本参数是什么?怎样确定?

19. 什么叫减水剂?其减水机理是什么?在混凝土中掺入减水剂有何技术经济效果?

20. 某教学楼的钢筋混凝土柱(一般环境),混凝土设计强度等级为 C30,施工要求塌落度为 35~50mm。采用普通硅酸盐水泥,强度等级 42.5 级(实测 28d 强度 48.2MPa)密度 $\rho_c = 3100\,kg/m^3$;碎石,表观密度 $\rho_g = 2700\,kg/m^3$,最大粒径 30mm;中砂,表观密度 $\rho_s = 2650\,kg/m^3$。混凝土由机械搅拌,机械振捣。施工单位无混凝土强度历史统计资料。

(1)根据以上条件,求混凝土的初步配合比;

(2)假如用计算出的初步配合比拌和混凝土,经检验后混凝土的和易性、强度和耐久性均满足设计要求。又已知现场砂的含水率为 2%,石含水率 1%。求该混凝土的施工配合比。

21. 某混凝土配合比为 1∶2.43∶4.71,W/B=0.62,设混凝土表观密度为 2400kg/m^3,求 1m^3 混凝土各材料用量。

22. 某混凝土配合比为 1∶2.45∶4.68,W/B=0.60,水泥用量为 280kg/m^3,若砂含水 2%,石子含水 1%,求此混凝土施工时搅拌一盘(400L)各材料用量?

第五章　建筑砂浆

章前导读

通过本章学习，要求了解建筑砂浆的组成及技术性质；掌握建筑砂浆在工程中的应用。

学习目标

1. 了解建筑砂浆的定义、用途和分类。

2. 掌握砌筑砂浆各组成材料的要求及主要技术性质；了解砌筑砂浆的配合比设计方法。

3. 了解抹面砂浆主要品种的性能要求及其配制方法；

4. 了解其他种类的建筑砂浆。

建筑砂浆是由胶凝材料、细集料、掺合料和水按适当比例配合、拌制并经硬化而成的建筑工程材料。

建筑砂浆常用于砌筑砌体（如砖、石、砌块）结构，建筑物内外表面（如墙面、地面、顶棚）的抹面，大型墙板、砖石墙的勾缝，以及装饰材料的黏结等，因此，在建筑工程中建筑砂浆起黏结、衬垫和传递应力的作用。

建筑砂浆按胶凝材料不同，可分为水泥砂浆、水泥混合砂浆、石灰砂浆等；按用途不同，可分为砌筑砂浆、抹面砂浆、特种砂浆等；按拌制形式不同，可分为施工现场配制的砂浆、专业生产厂生产的商品砂浆，其中商品砂浆可分为湿拌砂浆、干混砂浆。

第一节　砌筑砂浆

一、砌筑砂浆的组成材料及要求

将砖、石、砌块等块材经砌筑成为砌体，起黏结、衬垫和传力作用的砂浆称为砌筑砂浆。现场配制的砂浆由胶凝材料、细集料、水、掺合料和外加剂等组成，主要品种有水泥砂浆、水泥混合砂浆。

（一）胶凝材料

（1）砌筑砂浆常用的胶凝材料有水泥、石灰、石膏等无机胶凝材料，在选用时应根据使用环境、用途等合理选择。在干燥条件下使用的砂浆既可选用气硬性胶凝材料（石灰、石膏），也可选用水硬性胶凝材料（水泥）；在潮湿环境或水中使用的砂浆，则必须选用水泥作为胶凝材料。

（2）水泥是主要胶凝材料，砌筑砂浆的水泥品种可根据设计要求、砌筑部位及所处的环境条件进行选择，常用的水泥品种有普通水泥、矿渣水泥、火山灰水泥、粉煤灰水泥和复合水泥等；砌筑砂浆的水泥强度等级也应根据设计要求进行选择，由于砌筑砂浆的强度等级一般比较低，所以水泥的强度等级不宜过高，选择中低强度的水泥即能满足要求。通常 M15 及以下强度等级的砌筑砂浆宜采用 32.5 级的通用硅酸盐水泥；M15 以上强度等级的砌筑砂浆宜采用 42.5 级的通用硅酸盐水泥。如果水泥强度等级过高，则可加些混合材料。对于一些特殊用途，如配置构件的接头、接缝或用于结构加固、修补裂缝，应采用膨胀水泥。

（3）需要注意的是，砌筑砂浆用水泥除了应符合相应产品标准以外，水泥供应商还应该明示在生产过程中曾经使用过的助磨剂以及外加剂，避免与砂浆中的其他外加剂互相干扰。水泥进场使用前，应分批对其强度、安定性进行复验。检验批应以同一生产厂家、统一编号为一批。使用中对水泥质量有怀疑，或水泥出厂日期超过 3 个月（快硬硅酸盐水泥超过 1 个月）时，应复查试验，并应按试验结果使用。不同品种的水泥不得混合使用。

（二）细集料

（1）砌筑砂浆的细集料主要是天然砂，其用砂的技术要求与混凝土用砂的技术要求相似。由于砂浆层较薄，砂的最大粒径应有所限制，理论上不应超过砂浆层厚度的 1/4～1/5，砖砌体用砂浆宜选用为中砂，中砂既可满足和易性要求，又可节约水泥，砂的最大粒径不大于 2.5mm；毛石砌体宜选用粗砂，砂的最大粒径不大于 5.0mm；光滑的抹面及勾缝的砂浆宜采用细砂，其最大粒径不大于 1.2mm。

（2）需要注意的是，为了保证砂浆质量，尤其是配制高强度砂浆，应选用洁净的砂，因此对砂的含泥量应予以限制，含泥量过大，不但会增加砂浆的水泥用量，还可能使砂浆的收缩值增大、耐水性降低。一般情况下，对水泥砂浆和强度等级不小于 M5 的水泥混合砂浆，砂的含泥量不应超过 5%；对强度等级小于 M5 的水泥混合砂浆，砂的含泥量不应超过 10%；人工砂、山砂及特细砂，应经试配，能够满足砌筑砂浆技术条件的要求。

（三）水

拌制砂浆用水宜采用饮用水。当采用其他来源水时，水质应符合现行行业标准《混凝土用水标准》的规定。

（四）掺合料

为提高砂浆的和易性，除水泥以外，还要掺入各种掺合料（如石灰、黏土和粉煤灰等）

作为结合料，配制成各种混合砂浆，以达到提高质量、降低成本的目的。

（1）石灰膏。为了保证砂浆质量，需要将生石灰熟化成石灰膏后才可使用。生石灰熟化成石灰膏时，应用孔径不大于 3mm×3mm 的网过滤，熟化时间不得少于 7d；磨细生石灰粉的熟化时间不得小于 2d。沉淀池中储存的石灰膏，应采取防止干燥、冻结和污染的措施，严禁使用脱水硬化的石灰膏。另外，消石灰粉是未充分熟化的石灰，颗粒太粗，起不到改善砂浆和易性的作用。因此，消石灰粉不得直接用于砌筑砂浆中。

（2）黏土膏。采用黏土或粉质黏土制备黏土膏时，宜通过孔径不大于 3mm×3mm 的网过筛，使黏土膏达到所需的细度，并用搅拌机加水搅拌，黏土中的有机物含量用比色法鉴定时应浅于标准色。值得注意的是，砂子所含有的泥不能代替黏土膏。

（3）电石膏。电石膏是电石消解后，经过滤后的产物，属于无机物，主要成分为二碳化钙。制作电石膏的电石渣（电石水解获取乙炔气后的以氢氧化钙为主要成分的废渣）应用孔径不大于 3mm×3mm 的网过滤，检验时应加热至 70℃并保持 20min，没有乙炔气味后，方可使用。

（4）粉煤灰。粉煤灰的品质指标应符合国家标准《用于水泥和混凝土中的粉煤灰》的要求。

（五）外加剂

1. 砂浆外加剂的基本知识

砂浆外加剂添加在水泥及砂子中，用以改善水泥砂浆性能，可克服空鼓、开裂等状况。在建筑工程中，常用的外加剂种类有保塑剂、木钙粉、微沫剂、岩砂精、砂浆王、砂浆宝、水泥添加剂等。砂浆中掺入的砂浆外加剂，应具有法定检测机构出具的该产品砌体强度形式检验报告，并经砂浆性能试验合格后，方可使用。砂浆中所掺早强剂、缓凝剂、防冻剂等，其掺量应通过试配确定，并应符合产品施工要求。

2. 砂浆外加剂的性能功效

（1）显著改善砂浆和易性。加入砂浆外加剂后，砂浆蓬松、柔软、黏结力强、减少落地灰并降低成本，砂浆饱满度高。抹灰时，对墙体湿润程度要求低，砂浆收缩小，克服了墙面易出现裂纹、空鼓、脱落、起泡等通病，解决了砂浆和易性问题。

（2）防渗抗裂。乳化型表面活性剂的加入，使砂浆内部产生密闭不连通的通道，阻塞水的渗入，提高抗渗能力；高分子聚合物的加入，使砂浆收缩减到最小，有利于抗裂，提高耐久性。

（3）节能、高效、环保。使用砂浆外加剂可替代混合砂浆中的全部石灰，有效地减少石灰在使用过程中对环境的污染；在配合比不变的情况下，砂浆体积可增加 10%左右，并减小拌和物用水量 20%左右；砂浆在灰槽中不离析，存放 2～4h 不沉淀，保水性好；不必反复搅拌，加快施工速度，提高劳动效率 10%以上，并具有保温、隔热等功效。

二、砌筑砂浆的技术性质

砌筑砂浆的性质包括新拌砂浆的性质和硬化后砂浆的性质。新拌砂浆的性质要求具有良好的和易性；硬化后砂浆的性质则要求具有所需要的强度、黏结力及较小的变形。

（一）新拌砂浆的性质

新拌砂浆的性质要求具有良好的和易性。砂浆的和易性是指砂浆是否容易在砖石等表面铺成均匀、连续的薄层，且与基层紧密黏结的性质，包括流动性和保水性两方面。

1. 流动性

砂浆的流动性指砂浆在自重或外力作用下流动的性能，也称为稠度。新拌砂浆应具有适宜的稠度。若流动性过大，砂浆易分层、析水；若流动性过小，则不便施工操作，灰缝不易填充。

砂浆的流动性用“沉入度”表示。沉入度值越大，砂浆的流动性越大。

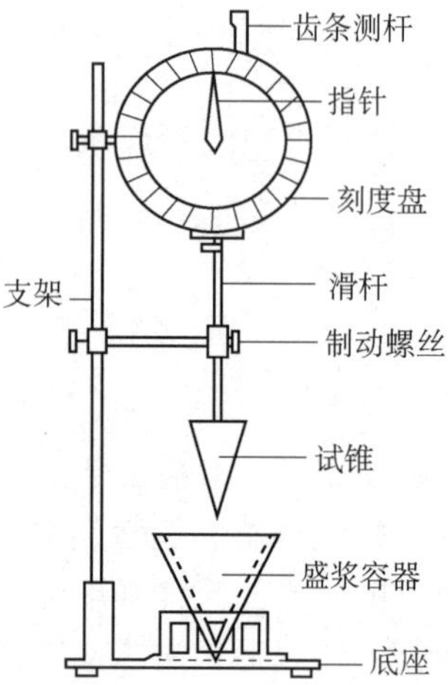

图 5-1　砂浆稠度测定仪

砂浆的稠度是用一定几何形状和质量标准的圆锥体，以其自身的质量自由地沉入砂浆混合物中的深度“沉入度”表示（单位为 mm），圆锥沉入深度越大，则砂浆的流动性越大；圆锥沉入深度越小，则砂浆的流动性越小。其测定仪如图 5-1 所示。

影响砂浆流动性的因素主要有胶凝材料的种类、用量、用水量，以及细集料的种类、颗粒形状、粗细程度与级配、搅拌时间，除此之外，也与掺入的混合材料及外加剂的品种、用量有关。

通常情况下，基底为多孔吸水性材料，或在干热条件下施工时，应选择流动性大的砂浆。相反，基底吸水少或湿冷条件下施工，应选流动性小的砂浆。砂浆稠度可按表 5-1 规定选择。

表 5-1　砌筑砂浆的施工稠度（mm）

砌体种类	施工稠度
烧结普通砖砌体、粉煤灰砖砌体	70～90
混凝土砖砌体、普通混凝土小型空心砌块砌体、灰砂砖砌体	50～70
烧结多孔砖砌体、烧结空心砖砌体、轻集料混凝土小型空心砌块砌体、蒸压加气混凝土砌块砌体	60～80
石砌体	30～50

2. 保水性

砂浆的保水性是指砂浆内部保持水分，不易产生泌水、流浆和分层离析的能力。保水性不良的砂浆，使用过程中会出现泌水、流浆，使砂浆与基底黏结不牢，且由于失水影响砂浆正常的黏结硬化，使砂浆的强度降低。

砂浆的保水性用“保水率”表示。保水率越大，砂浆的保水性越好。

砌筑砂浆的保水率可按表 5-2 规定选择。

改善砂浆保水性的方法有：

（1）保持一定数量的胶凝材料和掺合料。1m^{3}水泥砂浆中水泥用量不宜小于 200kg；水泥混合砂浆中水泥和掺合料总量应在 300～350kg 之间。

（2）采用较细砂并加大掺量。

（3）掺入引气剂。影响砂浆保水性的主要因素是胶凝材料的种类和用量，砂的品种、细度和用水量。在砂浆中掺入石灰膏、粉煤灰等粉状混合材料，可提高砂浆的保水性。

表 5-2 砌筑砂浆的保水率（%）

砂浆种类	保水率
水泥砂浆	≥80
水泥混合砂浆	≥84
预拌砌筑砂浆	≥88

（二）硬化后砂浆的性质

硬化后砂浆的性质要求具有所需要的强度、黏结力及较小的变形。

1. 硬化后砂浆的强度

砂浆的强度通常指立方体抗压强度，是将砂浆制成边长为 70.7mm 的立方体试块，在(20±3)℃温度、相对湿度（水泥砂浆大于 90%，水泥混合砂浆 60%～80%）的条件下养护至 28d 的抗压强度值（单位为 MPa）确定。砌筑砂浆按抗压强度划分为 M5、M7.5、M10、M15、M20、M25、M30 等共七个强度等级。

砂浆的强度除与砂浆本身的组成材料和配合比有关外，还与基层材料的吸水性有关。对于普通水泥配置的砂浆可参考以下两种方法计算其强度。

（1）不吸水基层（如致密石材）。当基层为不吸水材料时，影响砂浆强度的因素与普通混凝土类似，主要为水泥强度等级和水灰比。砂浆强度可采用式（5-1）计算。

$$f_{\mathrm{m,o}} = Af_{\mathrm{ce}}(\frac{C}{W} - B) \tag{5-1}$$

式中 $f_{\mathrm{m,o}}$——砂浆 28 天抗压强度，MPa；f_{ce}——水泥的实际强度，确定方法与混凝土中相同，MPa；C/W——灰水比（水泥与水的质量比）；A、B——回归系数，其中，A=0.29，B=0.4。

（2）吸水基层（如砖或其他多孔材料）。当基层为吸水材料时，砂浆中多余的水分被基层吸收。砂浆中水分的多少取决于砂浆的保水性，与砂浆初始水灰比关系不大。因此砂浆的强度主要与水泥用量和水泥强度等级有关，与水灰比关系不大。砂浆强度可采用式（5-2）计算。

强度计算公式如下：

$$f_{\mathrm{m,o}} = \frac{\alpha \cdot f_{\mathrm{ce}} \cdot Q_{\mathrm{c}}}{1000} + \beta \tag{5-2}$$

式中 Q_{c}——每立方米砂浆的水泥用量，kg/m^3；$f_{\mathrm{m,o}}$——砂浆的配制强度，MPa；f_{ce}——水泥的实测强度，MPa；α，β——砂浆的特征系数，当为水泥混合砂浆时，α=3.03，β=–15.09。

2. 砂浆的黏结力

砂浆的黏结力主要是指砂浆与基体的黏结强度的大小。砂浆的黏结力对砌体抗剪强度、耐久性和稳定性，乃至建筑物抗震能力和抗裂性都有较大影响。

影响砂浆黏结力的因素有如下几个。

（1）砂浆的抗压强度。砌筑砂浆的黏结力随其强度的增大而提高，抗压强度越高，与砖石的黏结力也就越大。

（2）砖石的表面状态、清洁程度、湿润状况及施工养护条件等有关。所以，砌筑前砖要浇水湿润，其含水率控制在 10%～15%，清扫表面，使表面不沾泥土，适当添加保水剂（如纤维素、酰胺等），以提高砂浆与砖之间的黏结力，保证砌筑质量。

实际上，针对砌体这个整体来说，砂浆的黏结力较砂浆的抗压强度更为重要，但是，考虑到我国的实际情况及抗压强度相对来说容易测定，相关标准将砂浆抗压强度作为必检项目和配合比设计的依据。

3. 砂浆的变形性

砌筑砂浆在承受荷载或温度变化时，会产生变形。如果变形过大或不均匀，容易使砌体的整体性下降，产生沉陷或裂缝，影响到整个砌体的质量；抹面砂浆在空气中也容易产生收缩等变形，变形过大也会使面层产生裂纹或剥离等质量问题。因此，要求砂浆具有较小的变形性。

砂浆变形性的影响因素很多，如胶凝材料的种类和用量、用水量、细集料的种类、级配和质量，以及外部环境条件等。

三、砌筑砂浆的拌制及使用

（1）砌筑砂浆应采用砂浆搅拌机进行拌制。砂浆搅拌机可选用活门卸料式、倾翻卸料式或立式，其出料容量常用 200L。

搅拌时间从投料完成算起，应符合下列规定。

① 水泥砂浆和水泥混合砂浆，不得小于 2min。

② 水泥粉煤灰砂浆和掺用外加剂的砂浆，不得小于 3min。

③ 掺用有机塑化剂的砂浆，应为 3～5min。

（2）拌制水泥砂浆，应先将砂与水泥干拌均匀，再加水拌和均匀。拌制水泥混合砂浆，应先将砂与水泥干拌均匀，再加掺合料（石灰膏、黏土膏）和水拌和均匀。掺用外加剂时，应先将外加剂按规定浓度溶于水中，在拌和水投入时投入外加剂溶液，外加剂不得直接投入拌制的砂浆中。砂浆拌成后和使用时，均应盛入储灰器中。如果灰浆出现泌水现象，应在砌筑前再次拌合。

（3）砂浆应随拌随用。水泥砂浆和水泥混合砂浆必须分别在拌成后 3h 和 4h 内使用完毕；当施工期间最高气温超过 30℃时，必须分别在拌成后 2h 和 3h 内使用完毕。对掺用缓凝剂的砂浆，其使用时间可根据具体情况延长。

四、砌筑砂浆的配合比设计

（一）砌筑砂浆的技术条件

砌筑砂浆起着黏结砖、石及砌块构成砌体，传递荷载，并使应力的分布较为均匀，协调变形的作用，它是砌体的重要组成部分。按国家行业标准《砌筑砂浆配合比设计规程》（JGJ/T98—2010）规定，砌筑砂浆需符合以下技术条件。

（1）砌筑砂浆的强度等级宜采用 M30、M25、M20、M15、M10、M7.5、M5。

（2）水泥砂浆拌和物的密度不宜小于 1900kg/m^3；水泥混合砂浆拌和物的密度不宜小于 1800kg/m^3。

（3）砌筑砂浆流动性、保水性、试配抗压强度必须同时符合要求。砌筑砂浆的稠度应按表 5-1 规定选用，保水率按表 5-2 规定选用。

（4）水泥砂浆中水泥用量不应小于 200kg/m^3；水泥混合砂浆中水泥和掺合料总量宜为 300～350kg/m^3。

（5）具有冻融循环次数要求的砌筑砂浆，经冻融试验后，质量损失率不得大于 5%，抗压强度损失率不得大于 25%。

（二）砌筑砂浆配合比设计步骤

砌筑砂浆要根据工程类型及砌筑部位的设计要求来选择砂浆的强度等级，再按要求的强度等级确定其配合比。石灰砂浆一般根据保水性来确定石灰和砂的比例，配合比一般取石灰膏：砂=1：（2～5）（体积比）。对于砌筑砖、砌块等吸水材料的水泥砂浆和水泥混合砂浆，应按照《砌筑砂浆配合比设计规程》（JGJ/T98—2010）的要求，按以下步骤设计配合比。

1. 水泥混合砂浆配合比计算

为了保证砂浆具有 85%的强度保证率，砂浆的试配强度应高于设计强度。试配强度按式（5-3）计算。

（1）计算砂浆试配强度 $f_{\mathrm{m,o}}$（MPa）。砂浆的试配强度应按下式计算：

$$f_{\mathrm{m,0}} = f_2 + 0.645\sigma \tag{5-3}$$

式中 $f_{\mathrm{m,o}}$——砂浆的试配强度，精确至 0.1MPa；f_2——砂浆抗压强度平均值（强度等级），精确至 0.1MPa；σ——砂浆现场强度标准差，精确至 0.01MPa。

砌筑砂浆现场强度标准σ可按下式计算：

$$\sigma = \sqrt{\frac{\sum_{i=1}^{n} f_{\mathrm{m},i}^2 - n\mu_{\mathrm{fm}}^2}{n-1}} \tag{5-4}$$

式中 $f_{\mathrm{m},i}$——统计周期内同一品种砂浆第 i 组试件的强度，MPa；$\mu_{f_{\mathrm{m}}}$——统计周期内同一品种砂浆 n 组试件强度的平均值，MPa；n——统计周期内同一品种砂浆试件的总组数，$n \geqslant 25$。

当不具有近期统计资料时，其砂浆现场强度标准差σ可按表 5-3 取用。

表 5-3 砂浆强度标准差 σ（MPa）

施工水平 \ 砂浆强度等级	M5	M7.5	M10	M15	M20	M25	M30
优良	1.00	1.50	2.00	3.00	4.00	5.00	6.00
一般	1.25	1.88	2.50	3.75	5.00	6.25	7.50
较差	1.50	2.25	3.00	4.50	6.00	7.50	9.00

（2）计算每立方米砂浆中的水泥用量Q_c（kg）。对于吸水基层的砂浆来说，水泥强度和用量成为影响砂浆强度的主要因素。因此，每立方米砂浆的水泥用量，可按下式计算：

$$Q_c = \frac{1000(f_{m,0} - \beta)}{\alpha \cdot f_{ce}} \tag{5-5}$$

式中　Q_c——每立方米砂浆的水泥用量，精确至 1kg；$f_{m,o}$——砂浆的试配强度，精确至 0.1MPa；f_{ce}——水泥的实测强度，精确至 0.1MPa；α，β——砂浆的特征系数，当为水泥混合砂浆时，α =3.03，β=−15.09。

注：各地区也可用本地区试验资料确定α、β值，统计用的试验组数不得少于 30 组。

在无法取得水泥的实测强度值时，可按下式计算f_{ce}：

$$f_{ce} = \gamma_c \cdot f_{ce,k} \tag{5-6}$$

式中，$f_{ce,k}$——水泥强度等级对应的强度值；γ_c——水泥强度等级值的富余系数，该值应按实际统计资料确定，无统计资料时γ_c可取 1.0。

（3）计算每立方米砂浆掺加料用量Q_D（kg）。根据大量实践，每立方米砂浆胶结料与掺加料的总量达 300～350kg，基本上可满足砂浆的塑性要求。因而，掺加料用量的确定可按下式计算：

$$Q_D = Q_A - Q_C \tag{5-7}$$

式中　Q_D——每立方米砂浆的掺加料用量，精确至 1kg；石灰膏、粘土膏使用时的稠度为 120±5mm；石灰膏稠度换算如表 5-4 所示；Q_C——每立方米砂浆的水泥用量，精确至 1kg；Q_A——每立方米砂浆中胶结料和掺加料的总量，精确至 1kg，一般应在 300～500kg/m^{3}之间。

表 5-4　石灰膏稠度换算表

石灰膏稠度/mm	120	110	100	90	80	70	60	50	40	30
换算系数	1.00	0.99	0.97	0.95	0.93	0.92	0.90	0.88	0.87	0.86

（4）确定每立方米砂浆中砂的用量Q_s（kg）。砂浆中的水、胶结料和掺加料是用来填充砂子的空隙的，1m^3 砂子就构成了 1m^3 砂浆。因此，每立方米砂浆中的砂子用量，应按干燥状态（含水率小于 0.5%）砂的堆积密度值作为计算值。

$$Q_s = \rho_0'(1 + a) \tag{5-8}$$

式中　Q_s——每立方米砂浆中的砂用量，kg；ρ_0'——干燥状态砂的堆积密度，kg/m^3；a——砂的含水率，%。

（5）每立方米砂浆用水量Q_w（kg）。

砂浆中用水量多少，应根据砂浆稠度要求来选用，由于用水量多少对其强度影响不大，因此一般可根据经验以满足施工所需稠度即可。通常情况水泥混合砂浆用水量要小于水泥砂浆用水量。每立方米砂浆中的用水量，根据砂浆稠度等要求可选用 240～310kg。混合砂浆用水量选取时应注意以下问题：①混合砂浆中的用水量，不包括石灰膏或黏土膏中的水；②当采用细砂或粗砂时，用水量分别取上限和下限；③稠度小于 70mm 时，用水量可小于下限；④施工现场气候炎热或干燥季节，可酌量增加用水量。

（6）配合比试配、调整与确定。按计算或查表所得配合比进行试样时，应测定其拌和物的稠度和保水率，当不能满足要求时，应调整材料用量，直到符合要求为止。然后确定为试配时的砂浆基准配合比。

为了使砂浆强度能在计算范围内，试配时采用三个不同的配合比。其中一个为基准配合比，其他配合比的水泥应按基准配合比分别增加及减少 10%。在保证稠度、保水率合格的条件下，可将用水量或掺合料用量作相应调整。

对三个不同的配合比进行调整后，按 JGJ70—2009《建筑砂浆基本性能试验方法标准》的规定成形试件，测定砂浆强度，并选定符合试配强度要求的且水泥用量最低的配合比作为砂浆配合比。

2. 水泥砂浆配合比选用

（1）水泥砂浆配合比选用。水泥砂浆如按水泥混合砂浆同样计算水泥用量，则水泥用量普遍偏少。《砌筑砂浆配合比设计规程》（JGJ/T98—2010）规定，水泥砂浆中各材料用量可按表 5-5 选用。避免由于计算带来的不合理情况，表 5-5 中每立方米砂浆的用量范围提供参考，不必加以限制，仍以达到稠度要求为根据。

表 5-5　每立方米水泥砂浆用量

强度等级	每立方米水泥用量	每立方米砂子用量/kg	每立方米砂浆用水量/kg
M2.5～M1.0	200～230	$1m^3$ 砂子的堆积密度值	270～330
M7.5～M10	220～260		
M15	290～330		
M20	340～400		

注：1. 此表水泥强度等级为 32.5 级，大于 32.5 级水泥用量宜取下限。
2. 根据施工水平合理选择水泥用量。
3. 当采用细砂或粗砂时，用水量可小于下限。
4. 稠度小于 70mm 时用水量可小于下限。
5. 施工现场气候炎热或干燥季节，可酌量增加水量。
6. 适配强度的确定与水泥混合砂浆相同。

砌筑砂浆配合比设计实例

【例 5-1】某工程砌筑砖墙所用强度等级为 M10 的水泥石灰混合砂浆。所采用原材料为强度等级为 32.5 的普通硅酸盐水泥；中砂，含水率为 3%，干燥堆积密度为 $1450kg/m^3$；石灰膏的稠度为 100mm。此工程施工水平一般，试计算此砂浆的配合比。

解：1. 计算砂浆试配强度 $f_{m,o}$

$$f_{m,o} = f_2 + 0.645\sigma = 10 + 0.645\times 2.5 = 11.6(MPa)$$

2. 计算每立方米砂浆中的水泥用量 Q_c

α 由于无水泥实测强度，故 $f_{ce} = \gamma_c \cdot f_{ce,k} = 1.0\times 32.5 = 32.5(MPa)$

则每立方米砂浆中的水泥用量为：

$$Q_c = \frac{1000(f_{m,o} - \beta)}{\alpha \cdot f_{ce}} = 1000\times(11.6 + 15.09)/(3.03\times 32.5) = 271(kg)$$

3. 计算每立方米砂浆掺加料用量 Q_D

取每立方米砂浆中水泥和掺加料的总量 Q_A=320kg，则每立方米砂浆的石灰膏用量为：

$$Q_D = Q_A - Q_C = 320 - 271 = 49(\text{kg})$$

查表 5-4 得，稠度为 100mm 的石灰膏用量应乘以换算系数 0.97，则应参加石灰膏的用量为 $49 \times 0.97 = 47.5(\text{kg})$

4. 确定每立方米砂浆中砂的用量 Q_s

$$Q_s = \rho_0(1 + a) = 1450 \times (1 + 3\%) = 1493.5(\text{kg})$$

5. 每立方米砂浆用水量 Q_w

由于使用的是中砂，用水量应在 240～310kg 范围内，选取用水量 Q_w =280kg

故此砂浆的设计配合比为：

水泥∶石灰膏∶砂：水=271∶47.5∶1493.5∶280=1∶0.18∶5.51∶1.03

第二节　抹面砂浆

凡涂抹在建筑物和构件表面以及基底材料的表面，兼有保护基层和满足使用要求作用的砂浆，可统称为抹面砂浆，也称抹灰砂浆。与砌筑砂浆相比，抹面砂浆具有以下特点。

（1）抹面砂浆不承受荷载。

（2）抹面砂浆层与基底层要有足够的黏结强度，使其在施工中或长期自重和环境作用下不脱落、不开裂。

（3）抹面砂浆层多为薄层并分层涂抹，面层要求平整、光洁、细致、美观。

（4）抹面砂浆多用于干燥环境，大面积暴露在空气中。

根据其功能不同，抹面砂浆一般可分为普通抹面砂浆和特殊用途砂浆（具有防水、耐酸、绝热、吸声及装饰等用途的砂浆）。

一、普通抹面砂浆

1. 普通抹面砂浆种类

常用的普通抹面砂浆有水泥砂浆、石灰砂浆、水泥混合砂浆、麻刀石灰砂浆（简称麻刀灰）、纸筋石灰砂浆（纸筋灰）等。

2. 普通抹面砂浆性能

抹面砂浆应与基层牢固地黏结，因此要求砂浆应有良好的和易性及较高的黏结力。

3. 普通抹面砂浆作用与施工

抹面砂浆常分两层或三层进行施工，具体要求如下。

（1）底层砂浆的作用是使砂浆与基层能牢固地黏结，应有良好的保水性。施工时在基层表面刷掺水量 10%的 107 胶水泥浆一道（水灰比为 0.4～0.5），紧跟着抹 1∶3 水泥砂浆，每遍厚度为 5～7mm，应分层与所充筋抹平，并用大杠刮平、找直，木抹子搓毛。

（2）中层主要是为了找平，又称找平层，有时可省去不做。砂浆层的厚度以表面抹平为宜。

（3）面层主要是为了获得平整、光洁的表面效果。底层砂浆抹好后，第二天即可抹面层砂浆，首先将墙面洒湿，按图纸尺寸弹线分格，粘分格条、滴水槽，抹面层砂浆。面层砂浆配合比为 1∶2.5 水泥砂浆或 1∶0.5∶3.5 水泥混合砂浆，厚度为 5～8mm。先用水湿润，抹时先薄薄地刮一层素水泥膏，使其与底灰粘牢，紧跟着抹罩面灰，与分格条抹平，并用杠横竖刮平，木抹子搓毛，铁抹子溜光、压实。待其表面无明水时，用软毛刷蘸水垂直于地面的同一方向轻刷一遍，以保证面层灰的颜色一致，避免和减小收缩裂缝。随后，将分格条起出，待灰层干后，用素水泥膏将缝子勾好。对于难起的分格条，不应硬起，防止棱角损坏，应待灰层干透后补起。同时，应补勾缝。

普通抹灰的要求为表面光滑、洁净，接槎平整，线角顺直，分隔线应清晰（毛面纹路均匀一致）。

高级抹灰的要求为表面光滑、洁净，颜色均匀，无抹纹，线角和灰线平直、方正、清晰美观。

4. 普通抹面砂浆的材料选择

各层抹面的作用和要求不同，每层所选用的砂浆也不一样。同时，基底材料的特性和工程部位不同，对砂浆技术性能要求不同，这也是选择砂浆种类的主要依据。水泥砂浆宜用于潮湿或强度要求较高的部位；混合砂浆多用于室内底层、中层或面层抹灰；石灰砂浆、麻刀灰、纸筋灰多用于室内中层或面层抹灰。对混凝土基面多用水泥混合砂浆。对于木板条基底及面层，多用纤维材料增加其抗拉强度，以防止开裂。所用材料的品种、质量必须符合设计要求，各抹灰层之间，抹灰层与基体之间必须黏结牢固，无脱层、空鼓，面层无爆灰和裂缝（风裂除外）等缺陷。

普通抹面砂浆的组成材料及配合比，可根据使用部位及基底材料的特性确定，一般情况下参考有关资料和手册选用。抹面砂浆的配合比除了指明质量比外，还指干松状态下材料的体积比（水泥、砂、石渣）；对于石灰膏等膏状掺合料，是指规定稠度（120±5）mm 时的体积。普通抹面砂浆的配合比，可参照表 5-6 选用。

表 5-6　普通抹面砂浆参考配合比

材料	体积配合比	材料	体积配合比
水泥∶砂	1∶2～1∶3	水泥∶石灰∶砂	1∶1∶6～1∶2∶9
石灰∶砂	1∶2～1∶4	石灰∶黏土∶砂	1∶1∶4～1∶2∶8

二、防水砂浆

防水砂浆是一种刚性防水材料，通过提高砂浆的密实性及改进抗裂性以达到防水抗渗的目的。其主要用于不会因结构沉降，温度、湿度变化以及受振动等产生有害裂缝的防水工程。

用作防水工程防水层的防水砂浆有三种：①刚性多层抹面的水泥砂浆；②掺防水剂的防水砂浆；③聚合物水泥防水砂浆。对于变形较大或可能发生不均匀沉陷的建筑物，都不宜采用刚性防水层。

（一）刚性多层抹面的水泥砂浆

由水泥加水配制的水泥素浆和由水泥、砂、水配制的水泥砂浆，将其分层交替抹压密实，以使每层毛细孔通道大部分被切断，残留的少量毛细孔也无法形成贯通的渗水孔网。硬化后的防水层具有较高的防水和抗渗性能。

（二）掺防水剂的防水砂浆

在水泥砂浆中可掺入各类防水剂以提高砂浆的防水性能。常用的掺防水剂的防水砂浆有氯化物金属类防水砂浆、氯化铁防水砂浆、金属皂类防水砂浆和超早强剂防水砂浆等。

（1）氯化物金属类防水砂浆。它是由氯化钙、氯化铝等金属盐和水按一定比例混合配制的一种淡黄色液体，加入水泥砂浆中与水泥和水起作用。在砂浆凝结硬化过程中生成含水氯硅酸钙、氯铝酸钙等化合物，填塞在砂浆的空隙中以提高砂浆的致密性和防水性。

（2）氯化铁防水砂浆。用氧化铁皮、盐酸、硫酸铝为主要原料制成的氯化铁防水剂，呈深棕色，主要成分为氯化铁、氯化亚铁及硫酸铝。该防水剂先用水稀释后再加入水泥、砂中搅拌，形成一种防水性能良好的防水砂浆。砂浆中氯化铁与水泥水化时析出的氢氧化钙发生作用生成氯化钙及氢氧化铁胶体，氯化钙能激发水泥的活性，提高砂浆的强度，而氢氧化铁胶体能降低砂浆的析水性，提高密实性。

（3）金属皂类防水砂浆。它是用碳酸钠或氢氧化钾等碱金属化合物、氨水、硬脂酸和水按一定比例混合加热皂化成乳白色浆液，加入到水泥砂浆中配制而成的防水砂浆，具有塑化效应，可降低水灰比，并使水泥质点和浆料间形成憎水化吸附层和生成不溶性物质，以堵塞硬化砂浆的毛细孔，切断和减少渗水孔道，增加砂浆密实性，使砂浆具有防水特性。

（4）超早强剂防水砂浆。它是在硅酸盐水泥或普通水泥中掺入一定量的低钙铝酸盐型的超早强外加剂配制而成的砂浆，使用时可根据工程缓急，适当增减掺量，凝结时间的调节幅度可为 1～45min。超早强剂防水砂浆的早期强度高，后期强度稳定，并具有微膨胀性，可提高砂浆的抗开裂性及抗渗性。

（三）聚合物水泥防水砂浆

它是用水泥、聚合物分散体作为胶凝材料与砂配制而成的砂浆。聚合物水泥砂浆硬化后，砂浆中的聚合物可有效地封闭连通的孔隙，增加砂浆的密实性及抗裂性，从而可以改善砂浆的抗渗性及抗冲击性。聚合物分散体是在水中掺入一定量的聚合物胶乳（如合成橡胶、合成树脂、天然橡胶等）及辅助外加剂（如乳化剂、稳定剂、消泡剂、固化剂等），经搅拌而使聚合物微粒均匀分散在水中的液态材料。常用的聚合物品种有有机硅、阳离子氯丁胶乳、乙烯-聚醋酸乙烯共聚乳液、丁苯橡胶胶乳、氯乙烯-偏氯化烯共聚乳液等。

三、装饰砂浆

涂抹在建筑物内外墙表面，且具有美观装饰效果的抹灰砂浆通称为装饰砂浆。装饰砂浆在抹面的同时，经各种加工处理而获得特殊的饰面形式，可以满足审美的需要。

（一）装饰砂浆组成材料

（1）胶凝材料。装饰砂浆所用胶凝材料与普通抹面砂浆基本相同，只是灰浆类饰面更多地采用白色水泥或彩色水泥。

（2）集料。装饰砂浆所用集料除普通天然砂外，石渣类饰面使用石英砂、彩釉砂、着色砂、彩色石碴等。

（3）颜料。装饰砂浆中的颜料应采用耐碱和耐光晒的矿物颜料。

（二）装饰砂浆主要饰面方式

装饰砂浆饰面方式可分为灰浆类饰面和石碴类饰面两大类。

（1）灰浆类饰面：主要通过水泥砂浆的着色或水泥砂浆表面形态的艺术加工，获得一定色彩、线条、纹理质感的表面装饰。其主要优点是材料来源广泛，施工操作简便，造价比较低廉，而且通过不同的工艺加工，可以创造不同的装饰效果。常用的灰浆类饰面有以下几种。

① 拉毛灰。拉毛灰是用铁抹子或木蟹，将罩面灰浆轻压后顺势拉起，形成一种凹凸质感很强的饰面层。拉细毛时用棕刷蘸着灰浆拉成细的凹凸花纹。

② 甩毛灰。甩毛灰是用竹丝刷等工具将罩面灰浆甩涂在基面上，形成大小不一而又有规律的云朵状毛面饰面层。

③ 仿面砖。仿面砖是在采用掺入氧化铁系颜料（红、黄）的水泥砂浆抹面上，用特制的铁钩和靠尺，按设计要求的尺寸进行分格划块，沟纹清晰，表面平整，酷似贴面砖饰面。

④ 拉条。拉条是在面层砂浆抹好后，用一凹凸状轴辊作为模具，在砂浆表面上滚压出立体感强、线条挺拔的条纹。条纹分半圆形、波纹形、梯形等。

⑤ 喷涂。喷涂是用挤压砂浆泵或喷斗，将掺入聚合物的水泥砂浆喷涂在基面上，形成波浪、颗粒或花点质感的饰面层。最后在表面再喷一层甲基硅醇钠或甲基硅树脂疏水剂，以提高饰面层的耐久性和耐污染性。

⑥ 弹涂。弹涂是用电动弹力器，将掺入 107 胶的 2 或 3 种水泥色浆，分别弹涂到基面上，形成 1～3mm 圆状色点，获得不同色点相互交错、相互衬托、色彩协调的饰面层。最后刷一道树脂罩面层，起防护作用。

（2）石碴类饰面：石碴类饰面是在水泥砂浆（水泥常采用普通水泥、白水泥或彩色水泥）中掺入各种彩色石碴作为集料，配制成水泥石碴浆抹于墙体基层表面，然后用水洗、斧剁、水磨等手段除去表面水泥浆皮，使石碴呈现不同的外露形式以及水泥浆与石碴的色泽对比，呈现出石碴颜色及其质感的饰面，构成不同的装饰效果。

石碴是天然的大理石、花岗石以及其他天然石材经破碎而成的，俗称米石，常用的规格有大八厘（粒径为 8mm）、中八厘（粒径为 6mm）、小八厘（粒径为 4mm）。石碴类饰面比灰浆类饰面色泽较明亮，质感相对丰富，不易退色，耐光性和耐污染性也较好。常用的石碴类饰面有以下几种。

① 水刷石。将水泥石碴浆涂抹在基面上，将水泥浆初凝后，以毛刷蘸水刷洗或用喷枪以一定水压冲刷表面水泥浆皮，使石碴半露出来，达到装饰效果。

② 干粘石。干粘石又称甩石子，是在水泥浆或掺入 107 胶的水泥砂浆黏结层上，把石碴、彩色石子等粘在其上，再拍平压实而成的饰面。石粒的 2/3 应压入黏结层内，要求石子

粘牢，不掉粒并且不露浆。

③ 斩假石。斩假石又称剁假石，是以水泥石碴（掺 30%石屑）浆作为面层抹灰，待具有一定强度时，用钝斧或凿子等工具在面层上剁斩出纹理，而获得类似天然石材经雕琢后的纹理质感。

④ 水磨石。水磨石是由水泥、彩色石碴或白色大理石碎粒及水按一定比例配制，需要掺入适量颜料，经搅拌均匀，浇筑捣实、养护，待硬化后将表面磨光而成的饰面。常常将磨光表面用草酸冲洗、干燥后上蜡。

水刷石、干粘石、斩假石和水磨石等装饰效果各具特色：在质感方面，水刷石最为粗犷，干粘石粗中带细，斩假石典雅庄重，水磨石润滑细腻；在颜色花纹方面，水磨石色泽华丽、花纹美观，斩假石的颜色与斩凿的灰色花岗石相似，水刷石的颜色有青灰色、奶黄色等，干粘石的色彩取决于石碴的颜色。

第三节　其他种类砂浆

1. 绝热砂浆

采用水泥、石灰、石膏等胶凝材料与膨胀珍珠岩、膨胀蛭石或陶粒砂等轻质多孔集料，按一定比例配置的砂浆称为绝热砂浆。绝热砂浆具有质轻和良好的绝热性能，其导热系数为 0.07～0.10W/（m·K），可用于屋面绝热层、绝热墙壁及供热管道绝热层等处。

2. 吸声砂浆

一般绝热砂浆是由轻质多孔集料制成的，同时具有吸声性能，还可以用水泥、石膏、砂、锯末（其体积比为 1∶1∶3∶5）等配成吸声砂浆，或在石灰、石膏砂浆中掺入玻璃纤维、矿物棉等松软纤维材料。吸声砂浆用于室内墙壁和平顶的吸声。

3. 耐腐蚀砂浆

（1）水玻璃类耐酸砂浆：一般采用水玻璃作为胶凝材料拌制而成，常掺入氟硅酸钠作为促硬剂。耐酸砂浆主要作为衬砌材料、耐酸地面或内壁防护层等。

（2）耐碱砂浆：使用 42.5 强度等级以上的普通硅酸盐水泥（水泥熟料中铝酸三钙含量应小于 9%），细集料可采用耐碱、密实的石灰岩类（石灰岩、白云岩、大理岩等）、火成岩类（辉绿岩、花岗岩等）制成的砂和粉料，也可采用石英质的普通砂。耐碱砂浆可耐一定温度和浓度下的氢氧化钠和铝酸钠溶液的腐蚀，以及任何浓度氨水、碳酸钠、碱性气体和粉尘等的腐蚀。

（3）硫黄砂浆：以硫黄为胶凝材料，加入填料、增韧剂，经加热熬制而成的砂浆。其采用石英粉、辉绿岩粉、安山岩粉作为耐酸粉料和细集料。硫黄砂浆具有良好的耐腐蚀性能，几乎能耐大部分有机酸、无机酸，中性和酸性盐的腐蚀，对乳酸也有很强的耐蚀能力。

4. 防辐射砂浆

防辐射砂浆可采用重水泥（钡水泥、锶水泥）或重质集料（黄铁矿、重晶石、硼砂等）

拌制而成，可防止各类辐射，主要用于射线防护工程。

5. 聚合物砂浆

聚合物砂浆是在水泥砂浆中加入有机聚合物乳液配制而成的，具有黏结力强、干缩率小、脆性低、耐蚀性好的特性，用于修补和防护工程。常用的聚合物砂浆乳液有氯丁胶乳液、丁苯橡胶乳液、丙烯酸树脂乳液等。

本章小结

砂浆是在建筑工程中用量大、用途广泛的一种建筑材料。砂浆可把散粒状材料、块状材料、片状材料等胶结成整体结构，也可以装饰、保护主体材料。本章主要介绍砌筑砂浆的组成材料及要求；砌筑砂浆的技术性质；砌筑砂浆的配合比设计方法以及抹面砂浆和其他种类砂浆。

思考与练习

1. 什么是砂浆？砂浆的用途有哪些？
2. 砂浆的和易性包括哪些含义？各用什么来表示？
3. 砌筑砂浆的组成材料及要求有哪些？
4. 配制砌筑砂浆时，为什么除水泥外常常还要加入一定量的其他胶凝材料？
5. 砌筑砂浆的技术性质有哪些？
6. 对于吸水性不同的基层砌筑砂浆，其强度的影响因素有何不同？
7. 简述防水砂浆的技术要求和用途。

第六章　墙体材料

章前导读

本章主要介绍砌墙砖、墙用砌块、墙用板材的技术性质及应用。通过学习，要求掌握这三类材料的技术性质、等级划分和品种规格等内容，了解我国进行新型墙体材料改革的目的及意义。

学习目标

1. 掌握烧结普通砖和烧结多孔砖的规格尺寸、技术要求及应用。
2. 掌握加气混凝土砌块和普通混凝土小型空心砌块的技术要求及应用。
3. 了解墙用板材的种类及特征。

墙体材料是指用来砌筑墙体结构的块状材料。在一般房屋建筑中，墙体材料主要起着承重、围护和分隔空间等作用。

随着我国新材料研究的不断推陈出新，新型墙体材料正在向轻质、高强、绿色环保等方向发展，以满足机械化施工和节能环保的要求。因此，在建筑工程中，要合理选用墙体材料，不仅应考虑建筑物的功能、安全及造价等因素，还应关注其是否能够废物利用、是否能够节能环保等要求。

目前，我国墙体材料的品种较多，总体归纳起来可以分为砌墙砖、砌块和板材三大类。

第一节　砌砖墙

一、烧结普通砖

凡是以黏土、页岩、煤矸石、粉煤灰为主要原料，经焙烧而成的实心或孔洞率小于 15%

的砖，称为烧结普通砖。

（一）烧结普通砖的品种

（1）按使用原料不同，烧结普通砖可以分为烧结普通黏土砖（N）、烧结粉煤灰砖（F）、烧结页岩砖（Y）、和烧结煤矸石砖（M）。它们的原料来源及生产工艺略有不同，但各产品的性质和应用几乎完全相同。

（2）按砖在焙烧时窑内温度分布的均匀性，烧结普通砖可以分为正火砖、欠火转和过火砖。

焙烧温度、时间适中，形成正火砖；温度过低或时间过短形成欠火转；温度过高或时间过长，形成过火砖。正火砖为合格产品；欠火砖孔隙率大，颜色较浅，敲击时声音发哑、吸水率大、强度低、耐久性差；过火砖颜色深、敲击时声音清脆，吸水率小、密度大，强度较高，表面有翘曲变形。欠火砖和过火砖均属于不合格产品。

（3）按砖坯在窑内焙烧气氛及黏土中铁的氧化物变化情况，烧结普通砖可分为红砖和青砖。当焙烧窑中为氧化气氛时，会生成高价氧化铁（Fe^{3+}），烧成的砖为红色（红砖）；当焙烧窑中为还原气氛时，高价氧化铁会被还原成低价氧化亚铁（Fe^{2+}），烧成的砖为青灰色（青砖）。青砖比红砖的强度高，耐久性好，但成本较高。

（二）烧结普通砖的技术要求

1. 外形尺寸

烧结普通砖的外形为直角六面体，标准尺寸是 240mm×115mm×53mm。通常，240mm×115mm 面称为大面，240mm×53mm 面称为条面，115mm×53mm 面称为顶面。烧结普通砖的平面名称及尺寸如图 6-1 所示。

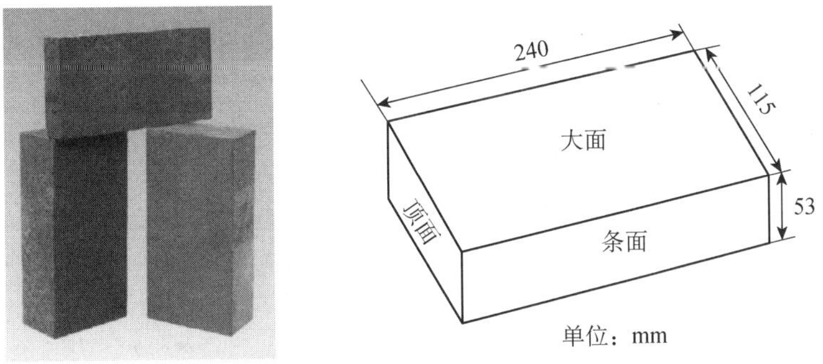

图 6-1　烧结普通砖

2. 表观密度

烧结普通砖的表观密度因原料和生产方式不同而异，一般为 1600～1800kg/m^3。

3. 吸水率

砖的吸水率与孔隙率的大小、空隙特征及砖的焙烧程度有关，砖的吸水率一般为 8%～16%，欠火砖吸水率过大，过火砖吸水率较小。

4. **强度等级**

烧结普通砖是通过取 10 块砖样进行抗压强度试验，根据抗压强度平均值和标准值（变异系数 $\delta \leqslant 0.21$）或抗压强度平均值和最小值（变异系数 $\delta > 0.21$）来评定砖的强度等级。各等级应满足的强度指标见表 6-1。

表 6-1　烧结普通砖的强度等级

强度等级	抗压强度平均值 $\bar{f} \geqslant$	变异系数 $\delta \leqslant 0.21$	变异系数 $\delta > 0.21$
		强度标准值 $f_k \geqslant$	单块最小抗压强度值 $f_{min} \geqslant$
MU30	30.0	22.0	25.0
MU25	25.0	18.0	22.0
MU20	20.0	14.0	16.0
MU15	15.0	10.0	12.0
MU10	10.0	6.5	7.5

烧结普通砖的各项指标按下式计算：

$$f_k = \bar{f} - 1.8s \tag{6-1}$$

$$s = \sqrt{\frac{1}{9}\sum_{i=1}^{10}(f_i - \bar{f})^2} \tag{6-2}$$

$$\delta = \frac{s}{f} \tag{6-3}$$

式中，f_k——烧结普通砖的抗压强度标准值（MPa）；$\bar{f}$——10 块试样的抗压强度平均值（MPa）；f_i——单块试样的抗压强度测定值（MPa）；s——10 块试样的抗压强度标准值（MPa）；δ——变异系数。

5. **抗风化性能**

在干湿变化、温度变化、冻融变化等物理因素作用下，材料不破坏并长期保持原有性能的能力，称为砖的抗风化性能。抗风化性能是评定砖耐久性的一项重要指标。砖的抗风化性能越好，表明砖的耐久性越好。砖的抗风化性能除与其本身性质有关外，还与其所处环境的风化指数有关。地域不同，风化作用程度也不同。我国按风化指数分为：严重风化区（风化指数≥12700），如我国的东北、华北、西北地区；非严重风化区（风化指数＜12700），如我国的华东、华南、华中、西南等地区及西藏自治区和台湾等。

砖的抗风化性能通常用砖的吸水率、饱和系数、抗冻性等指标评定。严重风化地区的黑龙江省、吉林省、辽宁省、内蒙古自治区、新疆维吾尔自治区使用的砖，其抗冻性试验必须合格，抗风化性能指标要满足表 6-2 的要求；其他省区和非严重风化地区的烧结普通砖，若各项性能指标符合表 6-2 的要求，可评定为抗风化性能合格，不再进行冻融试验。

表 6-2 烧结普通砖的抗风化性能指标

<table>
<tr><th rowspan="3">砖的种类</th><th colspan="4">严重风化区</th><th colspan="4">非严重风化区</th></tr>
<tr><th colspan="2">5h 沸煮吸水率（%）≤</th><th colspan="2">饱和系数≤</th><th colspan="2">5h 沸煮吸水率（%）≤</th><th colspan="2">饱和系数≤</th></tr>
<tr><th>平均值</th><th>单块最大值</th><th>平均值</th><th>单块最大值</th><th>平均值</th><th>单块最大值</th><th>平均值</th><th>单块最大值</th></tr>
<tr><td>黏土砖</td><td>18</td><td>20</td><td rowspan="2">0.85</td><td rowspan="2">0.87</td><td>19</td><td>20</td><td rowspan="2">0.88</td><td rowspan="2">0.90</td></tr>
<tr><td>粉煤灰砖</td><td>21</td><td>23</td><td>23</td><td>25</td></tr>
<tr><td>页岩砖</td><td rowspan="2">16</td><td rowspan="2">18</td><td rowspan="2">0.74</td><td rowspan="2">0.77</td><td rowspan="2">18</td><td rowspan="2">20</td><td rowspan="2">0.78</td><td rowspan="2">0.80</td></tr>
<tr><td>煤矸石砖</td></tr>
</table>

注：1. 粉煤灰掺入量小于 30%（体积比）时，抗风化性能指标按黏土砖规定评定。
2. 饱和系数为常温 24h 吸水量与沸煮 5h 吸水量比。

6. 泛霜（起霜、盐析、盐霜等）

泛霜是指黏土原料中的可溶性盐类（如硫酸钠等盐类），随着砖内水分蒸发而在砖或砌块表面产生的盐析现象，一般呈白色粉末、絮团或絮片状。这些结晶的粉状物不仅有损于建筑物的外观，而且结晶膨胀也会引起砖表层的酥松，甚至剥落，破坏砖与砂浆的粘结，严重的还会降低墙体的承载力。轻微泛霜会对清水墙建筑外观产生较大影响；中等泛霜的砖用于潮湿部位时，7～8 年后因盐析结晶膨胀将使砖体表面产生粉化剥落，在干燥环境中使用 10 年后也会脱落；严重泛霜对建筑结构的破坏性更大。

7. 石灰爆裂

石灰爆裂是指烧结砖的砂质黏土原料中掺杂有石灰石，焙烧时被烧成生石灰留在砖内，在使用过程中石灰石会吸水形成消石灰而导致体积膨胀破坏，严重时甚至使砖砌体强度降低，直至破坏的现象。石灰爆裂对墙体的危害很大，轻者影响外观，缩短使用寿命；严重者会造成强度下降，危及建筑物的安全。

8. 质量等级

强度、抗风化性能和放射性物质合格的砖，根据尺寸偏差、外观质量、泛霜和石灰爆裂等指标分为优等品（A）、一等品（B）、合格品（C）三个质量等级。优等品适用于清水墙和装饰墙，一等品、合格品可用于混水墙。烧结普通砖的质量等级标准见表 6-3 及表 6-4。

表 6-3 烧结普通砖尺寸允许偏差　　单位：mm

公称尺寸	优等品		一等品		合格品	
	样本平均偏差	样本极差≤	样本平均偏差	样本极差≤	样本平均偏差	样本极差≤
240	±2.0	6	±2.5	7	±3.0	8
115	±1.5	5	±2.0	6	±2.5	7
53	±1.5	4	±1.6	5	±2.0	6

表 6-4 烧结普通砖外观质量要求　　单位：mm

项目	优等品	一等品	合格品
两条面高度差≤	2	3	4
弯曲≤	2	3	4

（续表）

项目		优等品	一等品	合格品
杂质凸出高度≤		2	3	4
缺棱掉角的三个破坏尺寸不得同时大于		5	20	30
裂纹长度≤	a.大面上宽度方向及其延伸至条面的长度≤	30	60	80
	b.大面上长度方向及其延伸至顶面或条面上水平裂纹的长度≤	50	80	100
完整面不得少于		二条面和二顶面	一条面和一顶面	—
颜色		基本一致	—	—
泛霜		无泛霜	不允许出现中等泛霜	不允许出现严重泛霜
石灰爆裂		不允许出现最大破坏尺寸>2mm 的爆裂区域	（1）最大破坏尺寸>2mm 且≤10mm 的爆裂区域，每组样砖不得多于 15 处； （2）不允许出现最大破坏尺寸>10mm 的爆裂区域	（1）最大破坏尺寸>2mm 且≤15mm 的爆裂区域，每组样砖不得多于 15 处，其中>10mm 的不得多于 7 处； （2）不允许出现最大破坏尺寸>15mm 的爆裂区域

注：1. 为装饰而施加的色差、凹凸纹、拉毛、压花等不算作缺陷。

2. 凡有下列缺陷之一者，不得称为完整面：

- 缺面在条面或顶面上造成的破坏面尺寸同时大于 10mm×10mm；
- 条面或顶面上裂纹宽度大于 1mm，其长度超过 30mm；
- 压陷、粘底、焦花在条面或顶面上的凹陷或凸出超过 2mm，区域尺寸同时大于 10mm×10mm。

（三）烧结普通砖的应用

烧结普通砖具有一定的强度和保温隔热性能，耐久性较好，生产工艺简单，价格低廉，可用于砌筑承重或非承重的内外墙、柱、拱、沟道及基础等。优等品砖可用于砌筑清水墙，一等品、合格品砖可用于砌筑混水墙，中等泛霜的砖不能用于潮湿部位。由于烧结普通黏土砖（N）对环境资源的破坏较为严重，目前已被禁止在工程当中使用。

二、烧结多孔砖和烧结空心砖

（一）烧结多孔砖

以煤矸石、粉煤灰、页岩或黏土为主要原料，经焙烧而成的孔洞率≥25%，孔的尺寸小而数量多的烧结砖，称为烧结多孔砖。烧结多孔砖常用于建筑物的承重部位。

图 6-2　烧结多孔砖

1. 烧结多孔砖的技术要求

（1）外形尺寸：烧结多孔砖为直角六面体，其尺寸有 190mm×190mm×90mm（M 型）和 240mm×115mm×90mm（P 型）两种规格。

砖的尺寸允许偏差应符合表 6-5 的要求。

表 6-5 烧结多孔砖的尺寸允许偏差 单位：mm

尺寸	样本平均偏差	样本极差≤
＞400	±3.0	10.0
300～400	±2.5	9.0
200～300	±2.5	8.0
100～200	±2.0	7.0
＜100	±1.5	6.0

（2）强度等级：烧结多孔砖的孔洞多与承压面垂直，单孔尺寸小，孔洞分布均匀，强度较高。多孔砖的强度等级同烧结普通砖一样分成 MU30、MU25、MU20、MU15、MU10 五个等级。

（3）外观质量：烧结多孔砖的外观质量应符合表 6-6 的要求。

表 6-6 烧结多孔砖的外观质量 单位：mm

项目		指标
1. 完整面 不得少于		一条面和一顶面
2. 缺棱掉角的三个破坏尺寸 不得同时大于		30
3. 裂纹长度	大面（有孔面）上深入孔壁 15mm 以上宽度方向及其延伸至条面的长度 不大于	80
	大面（有孔面）上深入孔壁 15mm 以上宽度方向及其延伸至顶面的长度 不大于	100
	条面上的水平裂纹 不大于	100
4. 杂质在砖面上造成的凸出高度 不大于		5

注：凡有下列缺陷之一者，不得称为完整面：

- 缺面在条面或顶面上造成的破坏面尺寸同时大于 20mm×30mm；
- 条面或顶面上裂纹宽度大于 1mm，其长度超过 70mm；
- 压陷、粘底、焦花在条面或顶面上的凹陷或凸出超过 2mm，区域尺寸同时大于 20mm×30mm。

（4）烧结多孔砖的泛霜、石灰爆裂等技术要求。

泛霜：不允许出现严重泛霜。

石灰爆裂：①最大破坏尺寸＞2mm 且≤15mm 的爆裂区域，每组样砖不得多于 15 处，其中＞10mm 的不得多于 7 处；②不允许出现最大破坏尺寸＞15mm 的爆裂区域。

2. 烧结多孔砖的应用

在建筑工程中，用烧结多孔砖取代烧结黏土砖，不仅可以减小建筑物自重 30%左右，节省黏土 20%～30%，节省燃料 10%～20%，生产效率还可以提高 40%左右，并能改善墙体的保温隔热、隔音性能，有利于实现建筑节能。在砖混结构中可使用烧结多孔砖砌筑六层以下的承重墙，其优等品可用于墙体装饰和清水墙砌筑，一等品和合格品可用于混水墙砌筑，中等泛霜的砖不得用于潮湿部位。

（二）烧结空心砖

图 6-3　烧结空心砖

以黏土、页岩、煤矸石为主要原料，经焙烧而成的孔洞率≥35%的砖，称为烧结空心砖。其外形为直角六面体，在与砂浆的结合面上应设有增加结合力的深度为 1mm 以上的凹线槽，壁厚应大于 10mm，肋厚应大于 7mm，孔洞采用矩形或其他孔形，且平行于大面和条面。烧结空心砖的外形如图 6-3 所示。

1. **烧结空心砖的技术要求**

（1）外形尺寸：烧结空心砖为直角六面体，其尺寸有 290mm×190mm×90mm 和 240mm×180mm×115mm 两种，尺寸允许偏差要求应符合表 6-7 的规定。

表 6-7　烧结空心砖尺寸允许偏差　　单位：mm

公称尺寸	优等品		一等品		合格品	
	样本平均偏差	样本极差≤	样本平均偏差	样本极差≤	样本平均偏差	样本极差≤
＞300	±2.5	6	±3.0	7	±3.5	8
200～300	±2.0	5	±2.5	6	±3.0	7
100～200	±1.5	4	±2.0	5	±2.5	6

（2）强度等级：烧结空心砖主要用于填充墙和隔断墙，只承受自身重量，所以大面和条面的抗压强度要比实心砖和多孔砖低得多。各强度等级的强度值应符合表 6-8 的规定。

表 6-8　烧结空心砖的强度等级

强度等级	抗压强度平均值$\bar{f}$≥	变异系数 δ ≤0.21	变异系数 δ >0.21
		强度标准值 f_k≥	单块最小抗压强度值 f_{min}≥
MU10.0	10.0	7.0	8.0
MU7.5	7.5	5.0	5.8
MU5.0	5.0	3.5	4.0
MU3.5	3.5	2.5	2.8
MU2.5	2.5	1.6	1.8

（3）外观质量：烧结空心砖的外观质量应符合表 6-9 的规定。

表 6-9　烧结空心砖外观质量要求　　单位：mm

项目	优等品	一等品	合格品
弯曲≤	3	4	5
缺棱掉角的三个破坏尺寸　不得同时大于	15	30	40

（续表）

项目		优等品	一等品	合格品
未贯穿裂纹长度≤	a. 大面上宽度方向及其延伸至条面的长度≤	不允许	100	120
	b. 大面上长度方向及其延伸至顶面或条面上水平裂纹的长度≤	不允许	120	140
贯穿裂纹长度≤	a. 大面上宽度方向及其延伸至条面的长度≤	不允许	40	60
	b. 壁、肋沿长度方向、宽度方向及其水平方向的长度≤	不允许	40	60
壁、肋内残缺长度		不允许	40	60
完整面 不得少于		一条面和一大面	一条面或一大面	—
垂直度差不得大于		3	4	5

（4）烧结空心砖的泛霜、石灰爆裂等技术要求与烧结普通砖基本相同。其抗风化性能的各项指标符合表 6-10 的要求，可评定为抗风化性能合格，不再进行冻融试验。

表 6-10 烧结空心砖的抗风化性能指标

砖的种类	饱和系数≤			
	严重风化区		非严重风化区	
	平均值	单块最大值	平均值	单块最大值
黏土砖 粉煤灰砖	0.85	0.87	0.88	0.90
页岩砖 煤矸石砖	0.74	0.77	0.78	0.80

2. 烧结空心砖的应用

烧结空心砖自重较轻，强度较低，具有良好的保温隔热性能，主要用做建筑物非承重砌体结构，如多层建筑内隔墙或框架结构的填充墙等。

三、蒸压砖

不经焙烧而制成的砖均称为非烧结砖，如碳化砖、免烧免蒸砖、蒸养（压）砖等。目前应用较为广泛的是蒸养（压）砖。这类砖以含钙材料（石灰、电石渣等）、含硅材料（砂、粉煤灰、煤矸石、灰渣、炉渣等）与水拌和，经压制成形，在自然或人工水热合成条件（蒸养或蒸压）下反应，生成以水化硅酸钙、水化铝酸钙为主要胶凝材料的硅酸盐建筑制品。其主要品种有灰砂砖、粉煤灰砖等。

（一）蒸压灰砂砖

图 6-4　蒸压灰砂砖

以石灰、砂为主要原料（也可加入着色剂或掺和料），经配料、拌和、压制成形和蒸压养护（温度为 175～191℃，压力为 0.8～1.2MPa）而制成的实心砖或空心砖，称为蒸压灰砂砖。

蒸压灰砂砖的尺寸规格与烧结普通砖相同，为 240mm×115mm×53mm，其表观密度为 1800～1900kg/m^3，热导率为 0.61W/（m·K）。根据产品的尺寸允许偏差和外观质量分为优等品（A）、一等品（B）、合格品（C）三个质量等级。

蒸压灰砂砖按浸水 24h 后的抗压强度和抗折强度分为 MU25、MU20、MU15、MU10 四个强度等级。各等级的抗折强度、抗压强度值及抗冻性指标应符合表 6-11 的规定。

表 6-11　蒸压灰砂砖强度等级和抗冻性

强度等级	强度指标				抗冻性指标	
	抗压强度/MPa		抗折强度/MPa		冻后抗压强度平均值/MPa 不小于	单块砖干质量损（%）不大于
	平均值不小于	单块值不小于	平均值不小于	单块值不小于		
MU25	25.0	20.0	5.0	4.0	20.0	2.0
MU20	20.0	16.0	4.0	3.2	16.0	2.0
MU15	15.0	12.0	3.3	2.6	12.0	2.0
MU10	20.0	8.0	2.5	2.0	8.0	2.0

注：优等品的强度等级不得小于 MU15。

同其他砖相比，蒸压灰砂砖具有较高的蓄热能力、隔音性能较好、不宜燃等特点，可用于内、外墙的承重或非承重结构。蒸压灰砂砖中的 MU25、MU20、MU15 可用于基础及其他建筑；MU10 可用于防潮层以上的建筑，但不得用于长期受热（200℃以上）、受急冷急热和有酸性侵蚀的建筑部位，也不适用于有流水冲刷的部位。

（二）蒸压（养）粉煤灰砖

以电厂废料粉煤灰为主要原料，掺入适量的石灰或石膏或再加入部分炉渣等，经配料、拌和、压制成形、常压或高压蒸汽养护而成的实心粉煤灰砖，称为蒸压（养）粉煤灰砖。

多孔砖 规格：240×115×90mm³　　标准砖 规格：240×115×53mm³　　小砖 规格：200×95×53mm³

图 6-5 蒸压（养）粉煤灰砖

其外形尺寸与烧结普通砖相同如图 6-5 所示，即 240mm×115mm×53mm，呈深灰色，表观密度约为 1500kg/m³。

蒸压粉煤灰砖按抗压强度和抗折强度划分为 MU30、MU25、MU20、MU15、MU10 五个强度等级。按外观质量、尺寸偏差、强度和干燥收缩值分为优等品（A）、一等品（B）、合格品（C）三个质量等级，优等品应不低于 MU15。蒸压（养）粉煤灰砖的强度等级指标及抗冻性指标应符合表 6-12 的规定。

表 6-12 蒸压（养）粉煤灰砖的强度等级及抗冻性

强度等级	强度指标				抗冻性指标	
	抗压强度/MPa		抗折强度/MPa		冻后抗压强度平均值/MPa 不小于	单块砖干质量损（%）不大于
	平均值不小于	单块值不小于	平均值不小于	单块值不小于		
MU30	30.0	24.0	6.2	5.0	24.0	2.0
MU25	25.0	20.0	5.0	4.0	20.0	2.0
MU20	20.0	16.0	4.0	3.2	16.0	2.0
MU15	15.0	12.0	3.3	2.6	12.0	2.0
MU10	20.0	8.0	2.5	2.0	8.0	2.0

蒸压（养）粉煤灰砖可用于工业与民用建筑的墙体和基础，但用于基础或易受冻融和干湿交替作用的建筑部位时，必须使用一等品和优等品（MU15 及以上强度等级）。蒸压（养）粉煤灰砖不得用于长期受热（200℃以上）、受急冷急热和有酸性侵蚀的建筑部位。为避免或减少收缩裂缝的产生，用蒸压（养）粉煤灰砖砌筑的建筑物，应适当增设圈梁及伸缩缝。

第二节 墙用砌块

砖与砌块通常是按其块体的高度尺寸来划分的，块体高度＜180mm 称为砖，≥180mm

则称为砌块，即用于砌筑的、体积大于砌墙砖的人造块材。砌块是一种新型墙体材料，它不仅可以充分利用地方资源和工业废渣，还可以节省黏土资源和改善环境。砌块具有生产工艺简单、原料来源广、生产周期短、适应性强、制作及使用方便、工作效率高等特点，是目前国家大力推广的墙体材料之一。

砌块按规格尺寸可分为大型砌块（高度＞900mm）、中型砌块（高度为 360～900mm）和小型砌块（高度为 180～360mm）。按用途可分为承重砌块和非承重砌块；按孔洞率可分为实心砌块和空心砌块；按材质又可分为硅酸盐砌块、轻集料混凝土砌块、加气混凝土砌块等，下面主要介绍几种常用砌块。

一、蒸压加气混凝土砌块

以钙质材料（水泥、石灰等）、硅质材料（砂、矿渣、粉煤灰）和加气剂（铝粉）等为原料，经配料、搅拌、浇筑、发气（由化学反应形成孔隙）、预制切割、蒸汽养护等工艺制成的多孔轻质块体硅酸盐材料，称为蒸压加气混凝土砌块，如图 6-6 所示。

图 6-6　蒸压加气混凝土砌块

（一）加气混凝土砌块的技术要求

（1）砌块的尺寸规格：砌块公称尺寸的长度（*L*）为 600mm；宽度（*B*）为 100mm、120mm、125mm、150mm、180mm、200mm 及 240mm、250mm、300mm；高度（*H*）为 200mm、250mm、300mm 等多种规格。

（2）砌块的强度等级：按抗压强度砌块可以划分为 A1.0、A2.0、A2.5、A3.5、A5.0、A7.5、A10.0 七个级别。各强度等级的立方体抗压强度值不得小于表 6-13 的规定。

表 6-13　蒸压加气混凝土砌块的抗压强度

强度级别		A1.0	A2.0	A2.5	A3.5	A5.0	A7.5	A10.0
立方体抗压强度/MPa	平均值≥	1.0	2.0	2.5	3.5	5.0	7.5	10.0
	单块最小值≥	0.8	1.6	2.0	2.8	4.0	6.0	8.0

（3）砌块的质量等级：按尺寸偏差、外观质量、干密度及抗压强度分为优等品（A）和合格品（B）。砌块的干密度级别见表 6-14；强度级别、干缩值、抗冻性、热导率见表 6-

15。

表 6-14 蒸压加气混凝土砌块的干密度级别指标

<table>
<tr><td colspan="2">表观密度级别</td><td>B03</td><td>B04</td><td>B05</td><td>B06</td><td>B07</td><td>B08</td></tr>
<tr><td rowspan="2">干密度
/（kg.m^{-3}）</td><td>优等品（A）≤</td><td>300</td><td>400</td><td>500</td><td>600</td><td>700</td><td>800</td></tr>
<tr><td>一等品（B）≤</td><td>325</td><td>425</td><td>525</td><td>625</td><td>725</td><td>825</td></tr>
</table>

表 6-15 蒸压加气混凝土砌块的强度等级、干缩值、抗冻性、热导率指标

<table>
<tr><td colspan="3">干密度级别</td><td>B03</td><td>B04</td><td>B05</td><td>B06</td><td>B07</td><td>B08</td></tr>
<tr><td rowspan="2">强度级别</td><td colspan="2">优等品</td><td rowspan="2">A1.0</td><td rowspan="2">A2.0</td><td>A3.5</td><td>A5.0</td><td>A7.5</td><td>A10.0</td></tr>
<tr><td colspan="2">合格品</td><td>A2.5</td><td>A3.5</td><td>A5.0</td><td>A7.5</td></tr>
<tr><td rowspan="2">干缩值/
（mm.m^{-1}）</td><td colspan="2">标准法</td><td colspan="6">0.50</td></tr>
<tr><td colspan="2">快测法</td><td colspan="6">0.80</td></tr>
<tr><td rowspan="3">抗冻性</td><td colspan="2">质量损失%≤</td><td colspan="6">5.0</td></tr>
<tr><td rowspan="2">冻后强度
/MPa</td><td>优等品</td><td rowspan="2">0.8</td><td rowspan="2">1.6</td><td>2.8</td><td>4.0</td><td>6.0</td><td>8.0</td></tr>
<tr><td>一等品</td><td>2.0</td><td>2.8</td><td>4.0</td><td>6.0</td></tr>
<tr><td colspan="3">导热系数（干态）/［W/（m.k)］≤</td><td>0.10</td><td>0.12</td><td>0.14</td><td>0.16</td><td>0.18</td><td>0.20</td></tr>
</table>

（二）加气混凝土砌块的特征及应用

加气混凝土砌块是应用较多的一种轻型墙体材料，具有质量轻、抗冻性强、保温、隔热、隔音性能好、传热慢及耐久性好、易于加工、施工方便等优点。常用于低层建筑的承重墙、多层建筑中的隔墙和高层框架结构的填充墙，也可用于一般工业建筑的围护墙。其中砌块的缺点是易于干缩开裂，必须做好饰面层，其耐水、耐腐蚀性能较差，在无可靠的防护措施时，不能用于水中、高温和有侵蚀介质的环境中，也不得用于建筑物基础和温度长期高于80℃的建筑部位。

二、蒸养粉煤灰砌块

以粉煤灰、石灰、石膏和集料（煤渣、矿渣）等为原料，经配料、加水搅拌、振动成形、蒸汽养护而制成的密实砌块称为蒸养粉煤灰砌块。其主要规格尺寸有 880mm×380mm×240mm 和 880mm×420mm×240mm 两种。

这种砌块属硅酸盐类制品，其干缩值比水泥混凝土大，弹性模量低于同等级强度的水泥混凝土制品。以煤渣为集料的粉煤灰砌块，其表观密度为 1300～1500kg/m^3，热导率为 0.465～0.582W/（m·K）。粉煤灰砌块适用于一般工业与民用建筑的墙体和基础，但不宜用于长期受高温（如炼钢车间）和经常受潮湿的承重墙，也不宜用于有酸性介质侵蚀的建筑部位。

三、混凝土空心砌块

（一）普通混凝土小型空心砌块

以水泥为胶凝材料，砂、碎石或卵石、煤矸石、煤渣为集料，经加水搅拌，振动加压或冲压成形、养护而制成的空心率不小于 25%的制品，称为普通混凝土小型空心砌块，各部位的名称如图 6-7 所示。

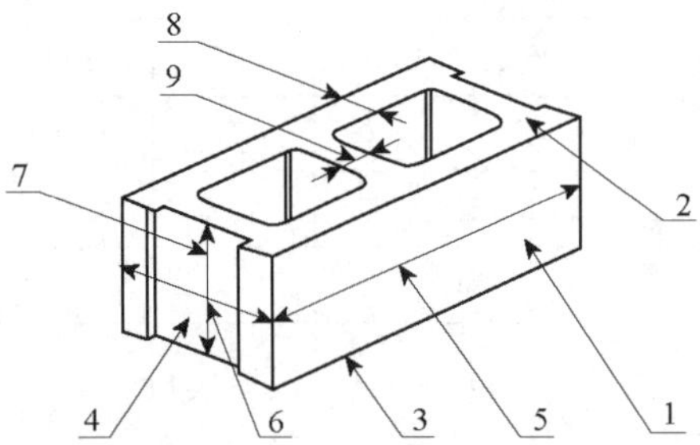

1—条面；2—坐浆面（肋厚较小的面）；3—铺浆面（肋厚较大的面）；4—顶面；5—长度；6—宽度；7—高度；8—壁；9—肋

图 6-7 混凝土小型空心砌块各部位名称

（1）普通混凝土小型空心砌块的技术要求：根据外观质量和尺寸偏差，其分为优等品（A）、一等品（B）合格品（C）三个质量等级。强度等级分为 MU3.5、MU5.0、MU7.5、MU10.0、MU15.0、MU20.0 六个强度等级。砌块的主要规格尺寸为 390mm×190mm×190mm，配以三至四种辅助规格，即可组成墙用砌块的基本系列。其他规格尺寸可由供需双方协商。砌块的最小外壁厚度应不小于 30mm，最小肋厚应不小于 25mm。

（2）普通混凝土小型空心砌块的应用：这种小型砌块适用于地震设计烈度为 8 度和 8 度以下地区的工业与民用建筑的墙体结构，有承重砌块和非承重砌块两种。

（二）混凝土中型空心砌块

图 6-8 混凝土中型空心砌块各部位名称

以水泥或无熟料水泥，配以一定比例的集料，制成空心率不小于 25%的制品，称为混凝土中型空心砌块，各部位的名称如图 6-8 所示。

混凝土中型空心砌块尺寸规格为：长度 500mm、600mm、800mm、1000mm；宽度 200mm、240mm；高度 400mm、450mm、800mm、900mm。

用无熟料水泥或少熟料水泥配制的砌块属硅酸盐类制品，生产中应通过蒸汽养护或相关的技术措施来提高产品质量。要求这类砌块的干缩值≤0.8mm/m；经 15 次冻融循环后，其强度损失不超过 15%，外观无明显疏松、剥落和裂纹；自然碳化系数（1.15×人工碳化系数）≥0.85。这类砌块的抗压强度应满足表 6-16 的要求。

表 6-16 水泥混凝土中型空心砌块抗压强度等级值

强度等级	MU3.5	MU5.0	MU7.5	MU10.0	MU15.0
抗压强度/MPa≥	3.5	5.0	7.5	10.0	15.0

中型空心砌块具有强度较高、生产简单、施工方便等特点，适用于工业与民用建筑的墙体结构。

第三节　墙用板材

随着建筑结构体系的改革和大开间多功能框架结构的发展，轻质复合墙用板材也随之兴起。墙用板材具有轻质、高强、多功能、节能降耗、施工方便效率高等特点，具有广阔的发展前景。

我国目前可用于墙体的板材品种很多，它们各具特色，有承重用的预制混凝土大板、质量较轻的石膏加气硅酸盐板、各种植物纤维板及轻质多功能复合板材等，下面主要介绍几种有代表性的板材。

一、水泥类墙板

水泥类墙用板材的优点是具有较好的力学性能，耐久性较好，生产技术成熟，产品质量可靠，适用于承重墙、外墙和复合墙体的外层面，缺点是表观密度较大，抗拉强度低（大板在起吊过程中容易受损）。生产中可采用空心化方式以减轻自重和改善隔音、隔热性能，也可掺加纤维材料制成增强薄型板材，还可以在水泥类墙板上制作成具有装饰效果的表面层（如花纹线条装饰、露集料装饰、着色装饰等）。

（一）GRC 轻质多孔墙板

以低碱水泥为胶凝材料、抗碱玻璃纤维网格布为增强材料、膨胀珍珠岩为集料（也可用煤渣、粉煤灰等），并加入起泡剂和防水剂等，经配料、搅拌、浇筑、振动成形、脱水、养护而制成的水泥类板材，称为 GRC 轻质多孔墙板如图 6-9 所示。

GRC 轻质多孔墙板也称为 GRC 轻质空心条板，其规格尺寸如下：厚度为 60mm、90mm、120mm 三种；长度为 2500～3500mm；宽度为 600mm。

GRC 轻质多孔墙板的特点是：密度小、韧性好、耐水、耐火、隔热、隔音强度较高、易于加工等。其适用于工业与民用建筑的隔墙、非承重墙和复合墙体的外墙面等。

图 6-9　GRC 轻质多孔墙板

（二）预应力混凝土空心墙板

以高强度低松弛预应力钢绞线、52.5 级早强水泥及砂石为原料，经张拉、搅拌、挤压、养护、放张、切割而制成的水泥类墙用板材，称为预应力混凝土空心墙板。预应力混凝土空心墙板也称为预应力空心墙板，使用时可按要求配以保温层、外饰面层和防水层等，如图 6-10 所示。

图 6-10 预应力混凝土空心墙板

预应力混凝土空心墙板的规格尺寸如下：长度为 1000～1900mm，宽度为 600～1200mm，总厚度为 200～480mm。其外饰面层可做成彩色水刷石、剁斧石、喷砂、釉面砖等多种式样。其适用于承重或非承重外墙板、内墙板、楼板、屋面板和阳台板等。

（三）纤维增强水泥平板（TK）

该板是以低碱水泥、耐碱玻璃纤维为主要原料，经制浆、成坯、养护等工序制成的薄型平板如图 6-11 所示。按使用的纤维品种分为石棉水泥板、混合纤维水泥板、无石棉纤维水泥板三类；按产品使用的水泥品种分为普通水泥板和低碱水泥板；按密度分为高密度板（加压板）、中密度板（非加压板）和轻质板（板中含有轻集料）。

TK 板的规格尺寸如下：长度为 1200～3000mm，宽度为 800～1200mm，厚度为 4mm、5mm、6mm 和 8mm。TK 板的表观密度约为 1750kg/m^3，抗折强度可达 15MPa，抗冲击强度≥1.5kJ/m^2。

图 6-11 纤维增强水泥平板

TK 板的特点是：轻质、高强、防潮、防火、不易变形、易于加工（锯、钻、钉及表面装饰等)。其适用于各类建筑物的复合外墙和内隔墙，特别是高层建筑有防火、防潮要求的隔墙。

二、石膏类墙板

石膏类墙板以其表面平整、光滑细腻、装饰性好、具有特殊的呼吸功能、原材料丰富、制作简单等特点，得到广泛应用。石膏类墙板在轻质墙体材料中占有很大比例，主要有纸面石膏板、无面纸的石膏纤维板、石膏空心板和石膏刨花板等。

(一)纸面石膏板

以熟石膏为胶凝材料，并掺入适量添加剂和纤维作为芯材，以特制的护面纸作为面层而制成的墙用板材，称为纸面石膏板，如图 6-12 所示。

图 6-12 纸面石膏板

纸面石膏板分为普通型（P）、耐水型（S）和耐火型（H）三种。以建筑石膏及适量纤维类增强材料和外加剂为芯材，与具有一定强度的护面纸制成的石膏板为普通纸面石膏板；若在芯材配料中加入防水、防潮外加剂，并用耐水护面纸，即可制成耐水纸面石膏板；若在配料中加入无机耐火纤维和阻燃剂等，改善高温下的粘结力，即可制成耐火纸面石膏板。

纸面石膏板常用规格尺寸如下。

① 长度：1800～3600mm，间隔 300mm。

② 宽度：900mm 和 1200mm。

③ 厚度：普通纸面石膏板为 9mm、12mm、15mm 和 18mm。

耐水纸面石膏板为 9mm、12mm 和 15mm；耐火纸面石膏板为 9mm、12mm、15mm、18mm、21mm 和 25mm。

普通纸面石膏板适用于干燥环境的室内隔墙板、墙体复合面板、天花板等，但不适用于厨房、卫生间及空气相对湿度经常大于 70%的环境。耐水纸面石膏板可用于相对湿度较大（≥75%）的环境，如厕所、盥洗室等。耐火纸面石膏板主要用于对防火要求较高的房屋建筑中。

(二)石膏纤维板

以纤维增强石膏为基材的纸面石膏板称为石膏纤维板。该板用无机纤维或有机纤维与建筑石膏、缓凝剂等经打浆、铺装、脱水、成形、烘干而制成。石膏纤维板的特点是：轻质高强、耐火隔音、韧性高、可加工性好等，其尺寸规格和用途与纸面石膏板相同。

(三)石膏空心板

以熟石膏为胶凝材料，适量掺入各种无机轻质集料（如膨胀珍珠岩、膨胀蛭石等）、无机纤维材料，经搅拌、振动成形、抽芯、干燥而制成的空心条板，称为石膏空心板。

石膏空心板的规格尺寸如下：长度为 2500～3000mm，宽度为 500～600mm，厚度为 60～90mm。孔与孔、孔与面板之间的最小壁厚不小于 10mm。该板生产时不用纸、不用胶，安装墙体时不用龙骨，设备简单，较易投产。

石膏空心板的表观密度为 600～900kg/m^3，抗折强度为 2～3MPa，热导率约为 0.22W/(m·K)，隔声指数大于 30dB，耐火极限为 1～2.25h。

石膏空心板的特点是：加工性能好、轻质、强度高、隔热、隔音、防火、表明平整光滑、安装方便等。其适用于各类建筑的非承重内隔墙，但若用于相对湿度大于 75%的环境中，板材表面要进行防水等相应处理。

（四）石膏刨花板

石膏刨花板是熟石膏为胶凝材料，木质刨花为增强材料，添加所需的辅助材料，经配料、搅拌、铺装、压制而成的板材，称为石膏刨花板。

其具有上述其他石膏板材的优点，适用于非承重内隔墙和作为装饰板材的基材板。

三、复合墙板

用单一材料制成的板材，常因材料本身不能满足墙体的多功能要求，而使其应用受到限制，如质量较轻和隔热、隔音效果好的石膏板、加气混凝土板等，因其耐水性差或强度较低，通常只能用于非承重内隔墙。而水泥混凝土类板材虽然强度较高，耐久性较好，但其自重较大，隔音保温性能较差。为克服上述缺点，现代建筑常用两种或两种以上不同材料组合成多功能的复合墙体以减轻自重，并取得了良好的效果。

复合墙板主要由承受或传递外力的结构层（多为普通混凝土或金属板）、保温层（矿棉、泡沫塑料、加气混凝土等）及面层（各类具有可装饰性的轻质薄板）组成，其优点是承重材料和轻质保温材料的功能都能得到合理利用。

（一）玻璃纤维增强水泥（GRC）外墙内保温板

以玻璃纤维增强水泥砂浆或玻璃纤维增强水泥膨胀珍珠岩砂浆为面板，阻燃型聚苯乙烯泡沫塑料或其他绝热材料为芯材复合而成的外墙内保温板，称为玻璃纤维增强水泥（GRC）外墙内保温板。按板的类型，其分为普通板（PB）、门口板（MB）、窗口板（CB）。普通板为条板，其技术性能指标如下。

①主要规格尺寸：长度为 2500～3000mm，宽度为 600mm，厚度为 60mm、70mm、80mm、90mm。

②尺寸允许偏差：长度±5mm，宽度±2mm，厚度±1.5mm，板面平整度≤2mm，对角线差≤10mm。

③外观质量要求：板面不允许有贯通裂纹，不允许外露纤维，板面裂纹长度不得超过 30mm，且不得多于 2 处；蜂窝气孔的长径尺寸不得超过 5mm，深度不得超过 2mm，且不得多于 10 处；缺棱掉角的深度不得超过 10mm，宽度不得超过 20mm，长度不得超过 30mm，

且不得多于 2 处。

（二）外墙外保温板

常用的外墙外保温板有：BT 型外保温板、水泥聚苯乙烯外保温板、GRC 外保温板。

采用墙体外保温措施，可消除或降低热桥，使墙体蓄热能力增强，提高室内的热稳定性和舒适感，同时还能减少墙体内表面的结露，延长墙的使用寿命等。

（1）BT 型外保温板。以普通水泥砂浆为基材，镀锌钢丝网和钢筋为增强材料，制作时与聚苯乙烯泡沫塑料板复合成为单面型的保温板材，称为 BT 型外保温板。

（2）钢丝网架水泥夹心板。钢丝网架水泥夹心板是由镀锌钢丝木行条与钢丝网形成骨架，中间填以阻燃型聚苯乙烯泡沫塑料、聚氨酯泡沫塑料等轻质保温隔热材料组成的复合墙体材料。

常用品种有：舒乐舍板、3D 板、泰柏板、UBS 板、英派克板。虽然板的名称不同，但板的基本结构相似。板的综合性能与钢丝直径、网格尺寸、焊接强度、横穿钢丝的焊点数量、夹心板密度和厚度、水泥砂浆的厚度等均有密切关系。

这类板材的特点如下：轻质高强、保温隔热、防水、防潮、防震、耐久性好、安装方便等，适用于房屋建筑的内隔墙、外围护墙、3m 内的跨板等。

本章小结

墙体在房屋建筑中，具有承重、维护和分隔等作用，墙体材料可分为砌墙砖、墙用砌块和墙用板材三大类。本章主要介绍这三类墙体材料的特性、技术要求和应用。通过本章的学习，要求掌握烧结普通砖、烧结多空装砖的规格尺寸、技术要求；了解墙体板材的种类。

烧结砖主要有烧结普通砖、烧结多孔砖和烧结空心砖。烧结砖的质量等级根据尺寸偏差、强度等级、抗风化性能、外观质量、泛霜和石灰爆裂等多项指标来评定等。

墙用砌块主要有蒸压加气混凝土砌块、混凝土空心砌块等。

墙用板材主要有水泥类墙板、石膏类墙板和复合墙板等。

思考与练习

1. 烧结普通砖的技术要求有哪些？如何识别欠火砖和过火砖？
2. 何谓烧结普通砖的泛霜和石灰爆裂？它们对建筑物有何影响？
3. 什么叫砌块？砌块与墙用砖相比，有何优缺点？
4. 某工地对一批烧结普通砖做抽样试验，10 块砖样的抗压强度值分别为：14.3MPa、22.3MPa、10.5MPa、23MPa、14.1MPa、17.5MPa、18.6MPa、18.1MPa、18.4MPa、19.8MPa，试确定该砖的抗压强度等级。

第七章　木材

章前导读

本章主要讲述木材的技术性质、防火、防腐方法及常见木质装饰材料的应用。

学习目标

1. 掌握木材的技术性质。
2. 掌握木材的防腐与防火方法。
3. 了解木材的分类及构造。
4. 了解木质装饰材料的性质和分类。

木材具有轻质高强、良好的弹性和韧性，能承受冲击和振动荷载，良好的绝热性、装饰性、易于加工等优点，是最古老的建筑材料之一。但木材本身也存在一些缺陷，如构造不均匀、各向异性、含水率变化时会引起的显著变形、易腐烂、易燃烧等。但经过一定的加工和处理，这些缺点可以得到一定程度的减轻。因此，合理节约和综合利用木材具有十分重要的意义。

第一节　概述

一、木材分类

木材属于天然建筑材料，是由树木加工而成的。树木按照树种可分为针叶树和阔叶树两大类，其特点、应用及代表树种见表 7-1。

表 7-1 针叶树和阔叶树木材的主要特点及应用

分类	主要特点	树木种类	主要应用
针叶树木材（软木材）	树叶如针状或鳞片状，树干通直高大，枝杈较小，易得大材，其纹理顺直，材质均匀。大多数针叶树木材的木质较软而易于加工。针叶树木材强度较高，胀缩变形较小，耐腐蚀性强	松树、杉树、柏树等	多用于承重构件、门窗等
阔叶树木材（硬木材）	树叶多数宽大，叶脉呈网状，多为落叶树。树干通直部分一般较短，枝杈较大，数量较少。相当数量阔叶树的材质重、硬而较难加工，故又称硬木材。阔叶树材质强度高，胀缩变形大，易于翘曲开裂。阔叶木材板面通常较美观，具有良好的装饰作用	水曲柳、榆树、桦树等	用于尺寸较小的构件、室内装修、家具及胶合板等

二、木材构造

（一）木材的宏观构造

木材的宏观构造是指用肉眼和放大镜能观察到的组织如图 7-1 所示。木材的三个切面即横切面、径切面和弦切面。从横切面可以看出：木材是由树皮、髓心和木质部组成的，木质部是建筑材料使用的主要部分，在木质部中靠近中心颜色较深的部分称为心材；靠近树皮颜色较浅的部分称为边材，一般心材比边材利用价值大一些。

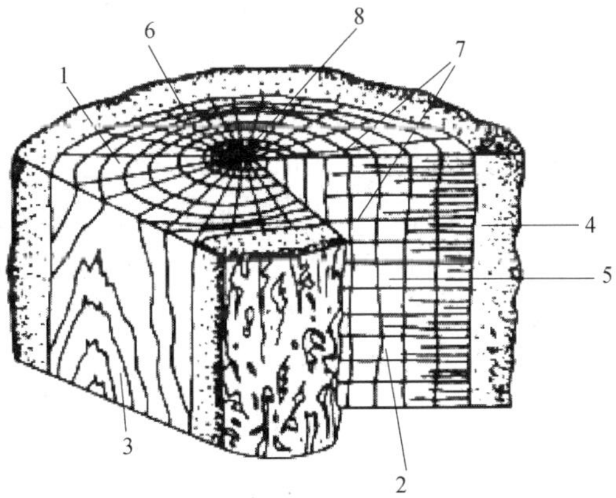

1—横切面；2—径切面；3—弦切面；4—树皮；5—木质部；6—年轮；7—髓线；8—髓心

图 7-1 木材的宏观构造

从横切面上看到的深浅相同的同心圆环即年轮，在同一年轮内，较紧密且颜色较深的部分是夏天生长的，称为夏材（晚材）；较疏松且颜色较浅的部分是春天生长的，称为春材（早材）。夏材部分越多，年轮越密切均匀，木材质量越好。树干的中心称为髓心，其质松软、强度低，易于腐朽和受虫害。从髓心向外的射线称为髓线，干燥时木材易沿此开裂。

（二）木材的微观构造

微观构造是指借助显微镜才能看到的组织。针叶树和阔叶树在微观构造上是有差别的，但它们具有许多共同特征。木材是由无数管状细胞组成的，且绝大部分是纵向排列的。每个细胞都由细胞壁和细胞腔组成，细胞壁由若干层纤维组成，决定了木材的力学性质；纤维之间纵向连接比横向连接牢固，所以木材具有各向异性；细胞腔、细胞间存下这大量的空隙，决定了木材具有明显的吸湿性。

细胞中存在的水，可分为自由水和吸附水。自由水是存在于细胞腔、细胞间隙的水分，对木材的性能影响较小。吸附水是存在与细胞壁内被纤维吸附的水分，对木材的性能影响较大。木材内无自由水，而细胞壁内饱和，即仅含有吸附水的最大含水量称为纤维饱和点，其数值因树种而已，一般质量百分比在 25%～35%之间，纤维饱和点是水分对木材性能影响的转折点。

木材中除纤维、水以外，尚有树脂、色素、糖分、淀粉等有机物，这些组分决定了木材的耐腐蚀虫害的性能。

三、木材的性质

（一）吸湿性

由于木材中存在大量的空隙，潮湿的木材在干燥的空气中能失去水分，干燥的木材能从周围的环境中吸收水分，这种性能称为木材的吸湿性，用含水率表示。当木材在某种介质中放置一段时间后，木材的含水率基本稳定，即从介质中吸收的水分和放出的水分相等，木材的含水率与周围介质的湿度达到平衡状态，此时的含水率称为木材的平衡含水率。

木材的纤维饱和点以内的含水率变化对变形、强度等物理力学性能有明显影响，因此木材在加工、使用之前其干燥至使用条件下的平衡含水率是十分必要的。

吸附水含量的变化将导致纤维之间的距离改变，使细胞壁的厚度及细胞体积发生改变，在宏观上表现为木材具有显著的干燥收缩、吸湿膨胀，即干缩湿胀的变形性能。由此可见，木材的干湿变形仅在纤维饱和点以内的含水率变化时发生，若含水率超过纤维饱和点，多余的水分将存在于细胞腔和细胞间隙中，含水率的变化对变形就没有影响了，只会使木材的体积密度及燃烧性能发生改变。

木材的干湿变形随树种、构造等因素而异，一般体积密度大、夏材含量多，变形就大。不同含水率在不同方向有不同的变形。可见，顺纹方向变形最小，径向居中，弦向最大。因此，潮湿木材干燥后，其界面尺寸和形状会发生明显变化。

木材的变形对其使用有严重影响，能使木材产生裂痕、翘曲和扭曲等，以致引起木结构的松弛和凸起，装饰部分的破坏等，在工程中使用潮湿木材应尤为注意。

（二）强度

木材构造决定了木材的各种强度都具有明显的方向性，木材的拉、压、弯、剪强度都有顺纹和横纹的区别，各种强度的对比见表 7-2。

表 7-2 木材各项强度值的比较（以顺纹抗拉强度为 1）

抗压		抗拉		抗弯	抗剪	
顺纹	横纹	顺纹	横纹		顺纹	横纹
1	$\frac{1}{10}$～$\frac{1}{3}$	2～3	$\frac{1}{20}$～$\frac{1}{3}$	$\frac{3}{2}$～2	$\frac{1}{7}$～$\frac{1}{3}$	$\frac{1}{2}$～1

木材的强度主要取决于受力方向、树种、缺陷、含水率，还与持荷时间、温度等因素有关。

树种不同，纤维之间的结合力及空隙率不同，所以强度也不同，一般阔叶树木材强度高于针叶树木材。

木材的缺陷如木结、裂纹、腐朽、虫害、斜纹等对木材的强度有明显影响，不同的缺陷对不同强度的影响也不同，如木结可显著降低木材的顺纹抗拉强度，但对顺纹抗压强度影响较小；斜纹可使木材的顺纹抗压强度降低，对顺纹抗拉、抗弯强度的影响更为严重。一般来讲，缺陷越多，木材的强度就越低。

木材的含水率低于纤维饱和点时，由于吸附水能软化细胞壁，所以强度随含水率的增加而降低；含水率超过纤维饱和点时，自由水存在于细胞腔及间隙中，含水率的变化对强度几乎没有影响。含水率在纤维饱和点以内变化时，对不同方向的不同强度影响也不同，其中影响最大的是顺纹抗压强度，其次是抗弯强度，对顺纹抗剪强度的影响较小，而对顺纹抗拉强度几乎没有影响。

木材在长期荷载作用下不致引起破坏的最大强度称为持久强度。木材的持久强度为短时极限强度的 50%～60%，这是由于木材在荷载长期作用下，产生了等速徐变的结果。

木材受热时，纤维的胶结物会组件软化，因而强度降低。木材受冻后，其水分结冰，木材缓慢密实，其强度有所增长，但木质变得硬脆，一旦解冻，其各种强度都将降低。

（三）燃烧

木材在温度高于 100℃时，木质分解产生一氧化碳、氢气等可燃气体，这些气体可以闪火的温度称为火点，木材的闪火点为 250～300℃；当继续加热至 440～470℃，木材会自燃起火，这时的温度称为燃点。

木材属易燃物质，在有火灾危险的地方，要做好木材的防火处理。通常将防火涂料涂刷与木材表面，也可把木材放入防火涂料内浸渍。根据胶结物的不同，防火涂料可分为油质涂料、氯乙烯防火涂料、硅酸盐防火涂料和可赛银防火涂料。前两种防火涂料能抗水，可用于露天结构，后两种涂料的抗水性差，用于不直接受潮湿作用的木构件上。

第二节 木材防护

一、木材防腐

中国木工有句名言：“干千年，湿千年，干干湿湿两三年”。这句话充分表明了木材防腐的重要性，在工程中一定要给予高度重视。

木材由于木腐菌的侵入，逐渐改变其颜色和结构，使细胞壁受到破坏，物理力学性质随之发生改变，最后变得松软易碎，呈筛孔状或粉末状等形态，即腐朽。

木腐菌生存必须同时具备以下四个条件。

① 水分：木材的含水率在18%以上即能生存，含水率在30%～60%之间更为有利。

② 温度：在2～35℃即能生存，最适宜的温度是15～25℃，超过60℃则无法生存。

③ 氧气：有5%的空气即足够存活使用。

④ 营养：以木质素、储藏的淀粉、糖类及分解纤维素葡萄糖为营养。表7-3是按树脂及特殊气味制定出木材的自然防腐等级。

表7-3 木材的自然防腐等级

级别	树种类别	用途
第一级（最耐腐）	侧柏、梓、桑、红豆杉、杉等	可做室外用材
第二级（耐腐）	槐、青岗、栗、银杏、樟等	可做室外用材，最好做保护处理
第三级（尚可）	合欢、黄榆、核桃木、梧桐、枫杨等	使用保护处理或防腐处理的室外、室内用
第四级（最差）	柳、杨木、榔榆、枫香等	非经防腐处理不适于室外

防止木材腐朽的方法有两种：一种是创造使用条件使木材不适于真菌寄生和繁殖，具体办法是将木材干燥至含水率在20%以下，在存储和使用时，注意通风排湿，在木材构件表面刷油漆，要保证木结构经常处于干燥状态；另一种方法是将木材变为有毒物质，使其不适于做真菌的养料，具体办法是用化学防腐剂对木材进行处理，可以涂刷表面、表面喷涂、浸渍、冷热槽浸透、压力渗透等。常用的防腐剂有水溶性和油质两种。水溶性防腐剂有氯化锌、氟化钠、氟硅酸钠、硼铬合剂等；油质防腐剂有煤焦油、林丹五氯酸合剂等。

二、木材防火

木材是易燃材料，燃烧时温度可高达800～1300℃。由于其广泛应用于各类建筑的装饰之中，因此木材的防火问题就显得尤为重要。

所谓防火，就是对木材进行阻燃处理，使之成为难燃材料，以达到遇小火能自行熄灭、遇大火能延缓或阻滞蔓延的效果。目前木材的防火处理方法主要有以下两种。

1. 加入或浸注阻燃剂

常用的阻燃剂有磷—氮系列阻燃剂、硼化物系列阻燃剂、卤素系列阻燃剂、金属氧化物阻燃剂和氢氧化物阻燃剂等。阻燃剂的机理在于：一是抑制木材在高温下的热分解，如磷化物可以减低木材的稳定性，使其在较低温度即发生分解，从而减少可燃气体的生成；二是阻滞热传递，如含水的硼化物、含水的氧化铝等，遇热则吸收热量释放水蒸气，从而减少了热传递。

2. 表面涂覆防火涂料

其作用原理是阻滞热传递或抑制木在高温下的分解，从而起到防火作用。一般防火涂料具有阻燃性能外，还同时具有防水、防腐、装饰等作用。

第三节　木材的应用

一、木材产品

木材具有的天然纹理使其装饰效果具有典雅、亲切、吻合、自然的特点，很好地促进了人与空间的融合和情感交流，从而创造出良好的室内氛围。常用的木质装饰制品有实木地板、木质人造板材、木装饰线条、木花格、木龙骨等。

（一）实木地板

实木地板是木材直接经机械加工而成的地板，常用的有拼花地板和条木地板。

1. **拼花地板**

用阔叶树种的硬木材，经干燥处理并加工成一定几何尺寸的木块，再拼成一定图案而成的地板材料。拼花木地板通过小木板条不同方向的组合，可拼造出多种美观大方的团。拼花地板坚硬而富有弹性、耐磨、耐腐蚀、质感和光泽好、纹理美观等特点，一般经过远红外线干燥，含水率恒定，因而外形平整稳定，不易变形。拼花地板适用于宾馆、饭店、别墅、会议室、展览室、体育馆、影剧院及住宅等地面装饰，如图 7-2 所示。

图 7-2　拼花木地板

2. **条木地板**

该地板是我国的传统木地板，它一般采用径级大、缺陷少的优良树种经干燥处理和机械加工而成。材质要求采用不易腐蚀、不易变形开裂的木板。条木地板的铺设方式有空铺和实铺两种。空铺法由龙骨、水平撑和地板三部分构成；实铺法是直接将木地板粘贴在找平后的混凝土基层上。条木地板具有整体感强、自重轻、弹性好等特点，尤其是经过表面涂饰处理后，既能显现出优美自然的纹理，又能保持亮丽的木材本色，给人以清新雅致、自然淳朴的感觉。条木地板适用于办公室、会议室、宾馆酒店、舞台、住宅等地面装饰如图 7-3 所示。

图 7-3　条木地板

（二）复合木地板

随着木材加工技术和高分子材料应用的快速发展，复合木地板作为一种新型地面装饰材料也得到了广泛的应用。在我国，木材资源尤其是珍贵木材资源相对缺乏的情况下，采用复合木地板代替实木地板不失为一种好办法。复合地板分为复合实木地板和强化复合地板两种。

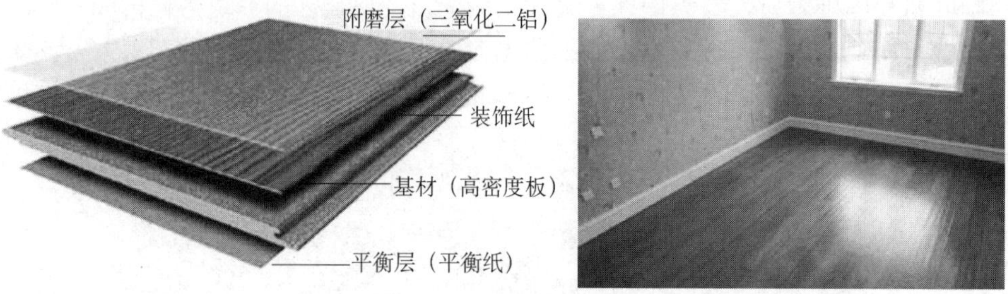

图 7-4　实木复合地板

1. 实木复合地板

该地板一般是由三层实木地板相互垂直层压、胶合而成的，如图 7-4 所示。实木复合地板由于各层木材纹理相互垂直交接，在一定程度上克服了木材各向异性的缺点，其变形小、不易开裂，具有良好的稳定性。实木复合地板多采用高级 UV 亚光漆处理，表面耐磨性非常好，一般家庭使用使不必打蜡处理。

2. 强化复合地板

强化复合地板建成强化木地板或浸渍纸层压木质地板，由耐磨层、装饰层、芯层、防潮层等通过合成树脂热压胶合而成。由于强化地板的装饰层为木纹图案印刷纸，所以花色品种较多，色彩丰富、造型别致。

值得注意的是，复合地板所用的胶粘剂中含有一定量的甲醛。人体如果长期处于甲醛浓度较高的环境中，会引起眼睛、鼻腔以及呼吸道的不适，并具有致癌的危险。

二、人造板材

（一）胶合板

胶合板是由一层单板按相邻层的木纹方向相互垂直组坯，经热压胶合而成的板材，层数通常为奇数，有 3～13 层，常见的有三合板、五合板和七合板等。胶合板多数为平板，也可经一次或几次弯曲处理制成曲形胶合板。胶合板的分类、性能及应用环境见表 7-4。

表 7-4 胶合板的分类、性能及应用环境

分类	名称	性能	应用环境
Ⅰ类	耐气候胶合板	耐久、耐煮沸或蒸汽处理、抗菌	室外
Ⅱ类	耐水胶合板	能在冷水中浸渍，能经受短时间热水浸渍，抗菌	室内
Ⅲ类	耐潮胶合板	耐短期冷水浸渍	室内常态
Ⅳ类	不耐潮胶合板	具有一定的胶合强度	室内常态

胶合板克服了木材天然缺陷和局限，大大提高了木材的利用率，其主要特点是①消除了木材的天然疵点、变形、开裂等缺点，各向异性小，材质均匀，强度较高；②纹理美观的油质材做面板，普通材做芯板，增加了装饰木材的出产率；③厚度小、幅面宽，产品规格化，使用方便。胶合板常用做门面、隔断、吊顶、墙裙等室内高档装修。

（二）纤维板

纤维板是木材废料（也可用植物秸秆），经切片、浸泡、磨浆、掺胶、成形、干燥及热压等工序制成。为了提高纤维板的耐燃性和耐腐蚀性，可在料浆里掺入或再湿板坯表面喷涂耐火剂和防腐剂。纤维板按密度大小分为硬质纤维板、中密度纤维板和软质纤维板三种。由于纤维板材质均匀，完全避免了木结、腐朽、虫眼等缺陷，板面各个方向的力学性能比较均匀，吸水性及吸湿率较低，因此胀缩性小、不翘曲、不开裂。故硬质纤维板可用做壁板、门板、地板、家具和室内装修等；中密度纤维板用于家具制造和室内装修；软质纤维板因表观密度小、吸声绝热性能好，可作为吸声材料或绝热材料。

（三）刨花板、木丝板和木屑板

刨花板、木丝板和木屑板是利用刨花碎片、短小废料刨制的木丝和木屑，经干燥筛选后拌和胶粘剂及辅料，加压成形而制成的板材。所用胶凝材料有动物胶、合成树脂、水泥、石膏和菱苦土等。若使用无机胶凝材料，可大大提高板材的耐火性。刨花板的特点是板面平整、幅面较大，具有较好的物理力学性能和可加工性。表观密度小、强度低的板材主要作为绝热和吸声材料；表观密度大、强度较高的板材可用于装饰单板或与胶合板配合做饰面材料。

（四）细木工板

细木工板是一种特殊的胶合板，其板芯是用木板条拼接而成的，两个表面胶贴木质单板，经热压黏合制成。为了使细木工板获得最大强度和比较稳定的形状，细木工板两面的单板厚度和层数都应相同，芯板厚度与单板厚度的比率一般为 3∶1。细木工板集实木板与胶合板之优点于一身，可作为装饰构造材料，用于门板、壁板等。

本章小结

本章主要介绍木材的构造和性质，通过本章的学习，要求了解木材产品和人造板材，侧重理解木材的防腐和防火；重点要求掌握木材的构造性质及应用，要求了解常见的木材产品及选用要求。

思考与练习

1. 木材含水率变化时对其性能有什么影响？
2. 木材的主要技术性质有哪些？
3. 防止木材腐朽的措施有哪些？
4. 如何做好木材的防火工作？
5. 常用的木质装饰材料有哪些？

第八章　建筑钢材

章前导读

通过本章学习，要求了解钢材的成分结构和加工冶炼方法对其技术性能的影响，掌握各品种钢材的牌号、技术要求、特性及工程应用。

学习目标

1. 掌握建筑钢材的主要技术性质。
2. 掌握各钢种的牌号、技术要求、特性及应用。
3. 了解建筑钢材的种类。
4. 了解钢材的锈蚀及防止方法。

建筑钢材是指用于建筑工程结构中的钢结构和钢筋混凝土用钢，主要包括各种型钢、钢板、钢管和钢筋、钢丝、钢绞线等。钢材是建筑工程中的主要建筑材料之一，适用于重型工业厂房、大跨度结构、可装配移动的结构、高耸结构和高层建筑。

钢材的优点：①材质均匀、性能可靠、强度高而结构自重较轻；②有良好的塑性、韧性；③能承受较大的冲击荷载和振动荷载；④便于装配，易于拆卸；⑤可焊性较好；能切割、焊接、铆接。

钢材的缺点：易锈蚀，维护费用较高，耐火性差。

第一节 钢材的冶炼和分类

一、钢材的冶炼

（一）钢材的冶炼原理

钢是由生铁冶炼而成的。生铁是铁矿石、熔剂（石灰石）、燃料（焦炭）在高炉中经过还原反应和造渣反应而得到的一种铁碳合金，其中碳的含量为 2.06%～6.67%，磷、硫等杂质的含量也较高。生铁既硬又脆，没有塑性和韧性，不能进行焊接、锻造、轧制等加工，在建筑中很少应用。

钢的冶炼是将熔融的生铁进行氧化，使碳的含量降低到一定的限度，同时除去其他有害杂质（如硫、磷等），使其含量也降低到允许范围内的过程。所以，凡含碳量在 2%以下，含有害杂质较少的铁碳合金可称为钢。钢的密度为 7.84～7.86g/cm^3。

（二）钢材的冶炼方法

目前，大规模炼钢方法主要有转炉炼钢法（顶吹氧气和侧吹空气炼钢法）、平炉炼钢法和电炉炼钢法三种。

平炉炼钢特点为：产量大、除渣干净、材质均匀，但冶炼时间较长，成本高等，常用来生产质量要求较高的钢板、型钢及重轨等。

顶吹氧气转炉炼钢特点为：生产速度快、成本较低、品种多且质量好，是目前较为先进、发展较快的一种炼钢方法，可制出优质碳素钢和合金钢。

侧吹空气转炉炼钢特点为：设备简单、投资小、出钢快且冶炼时间短，但材质较差，一般只用于生产小型角钢或钢筋。

电炉炼钢特点为：质量最好，但成本最高。

二、钢材的分类

钢材的品种繁多，为了便于选用，常将钢材按不同角度进行分类。

（一）按脱氧程度分类

因为在炼钢过程中不可避免地产生部分氧化状态的铁，并残留在钢水中，降低了钢的质量，所以，在铸锭过程中要加入适量的还原剂，进行脱氧处理，使氧化状态的铁还原为单质铁，把这个过程称为脱氧。

按脱氧程度不同浇铸的钢锭可分为沸腾钢、镇静钢和特殊镇静钢。

（1）沸腾钢，是仅用弱脱氧剂（锰铁）进行脱氧，因而脱氧不够完全，钢水中残存的 FeO 与 C 反应产生大量 CO 气体逸出，引起钢水沸腾，故称沸腾钢。沸腾钢组织不够致密，气泡含量较多，化学偏析较大，成分不均匀，质量较差，但成本较低。

（2）镇静钢，是用必要数量的硅、锰和铝等脱氧剂进行彻底脱氧，脱氧充分，铸锭时钢水不致产生气泡，在锭模内平静地凝固，故称镇静钢。镇静钢组织致密，化学成分均匀，机械性能好，是质量较好的钢种。缺点是成本较高。

（3）特殊镇静钢，是一种脱氧程度比镇静钢更充分的钢，其性能与质量比镇静钢更好。

（二）按化学成分分类

按化学成分分为碳素钢和合金钢两种。

（1）碳素钢。按含碳量的多少分为低碳钢（含碳量＜0.25%）、中碳钢（含碳量 0.25%～0.60%）和高碳钢（含碳量＞0.60%）。

（2）合金钢。按合金元素总量分为低合金钢（合金元素总量＜5%）、中合金钢（合金元素总量 5%～10%）和高合金钢（合金元素总量＞10%）。

（三）按杂质含量分类

按杂质含量的不同，分为

（1）普通碳素钢（含硫量≤0.055%～0.065%；含磷量≤0.045%～0.085%）。

（2）优质碳素钢（含硫量≤0.03%～0.045%；含磷量≤0.035%～0.04%）

（3）高级优质钢（含硫量≤0.02%～0.03%；含磷量≤0.027%～0.035%）。

（四）按用途分类

按用途分为结构钢（建筑工程结构用钢和机械制造结构用钢）、工具钢（用于制作刀具、量具、模具等）和特殊钢（不锈钢、耐酸钢、耐热钢、耐磨钢、磁钢等）。

第二节　钢材的主要技术性能

钢材的主要技术性能包括力学性能、工艺性能和化学性能等。

一、力学性能

（一）抗拉性能

拉伸是建筑钢材的主要受力形式，所以抗拉性能是表示钢材性能和选用钢材的重要技术指标。将低碳钢（软钢）制成一定规格的试件，放在材料试验机上进行拉伸试验，可以绘出如图 8-1 所示的应力—应变关系曲线。从图 8-1 可以看出，低碳钢从受拉至拉断，全过程可划分为四个阶段：弹性阶段（*OA*）、屈服阶段（*AB*）、强化阶段（*BC*）和颈缩阶段（*CD*）。

1. 弹性阶段（*OA*）

曲线中 *OA* 段是一条直线，应力与应变成正比，若卸去外力，试件能恢复原来的形状，这种性质称为弹性，这个阶段称为弹性阶段。

与 *A* 点对应的应力称为弹性极限，以 σ_p 表示。在弹性受力范围内，应力 σ 与应变 ε 的比值为一常数，即弹性模量 $E=\sigma/\varepsilon$，E 的单位为 MPa，弹性模量反映钢材的刚度，即产生单位弹性应变时所需应力的大小，是钢材在受力条件下计算结构变形的重要指标。

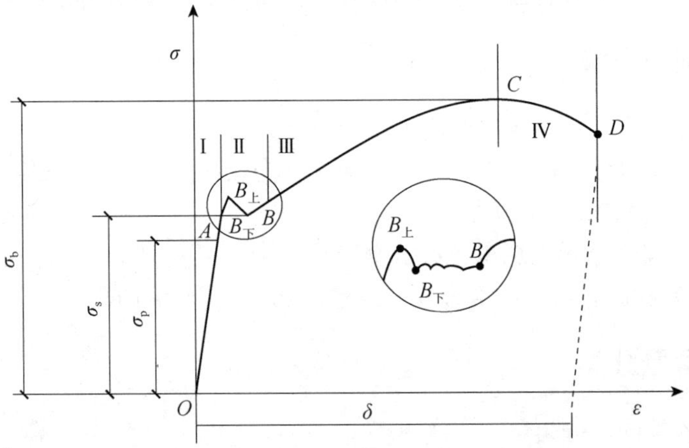

图 8-1　低碳钢拉伸的应力一应变关系曲线

2. **屈服阶段**（AB）

当应力超过弹性极限后，应力和应变不再成正比关系，即应力的增长滞后于应变的增长，当应力达 B 上点后（上屈服点），瞬时下降至 B 下点（下屈服点），变形迅速增加，而此时外力则大致在恒定的位置上波动，直到 B 点，这个现象称为屈服，这个阶段称为屈服阶段。

在屈服阶段内，若卸去外力，则试件变形不能完全恢复，即产生了塑性变形。$B_{上}$ 点所对应的应力称为屈服上限，$B_{下}$ 点所对应的应力称为屈服下限。由于 $B_{下}$ 点比较稳定且容易测定，故常用屈服下限作为钢材的屈服强度，用 σ_s 表示。

钢材受力达到屈服强度后，尽管尚未断裂，但由于变形的迅速增长，已不能满足使用要求，因此设计中一般以屈服强度作为钢材强度取值的依据，是工程结构计算中非常重要的一个参数。

对于在外力作用下屈服现象不明显，难以测定屈服点的钢材，如中碳钢和高碳钢（硬钢），其应力一应变曲线不同于低碳钢，因此，规定产生残余变形为原标距长度的 0.20%时所对应的应力为中、高碳钢的屈服强度，也称条件屈服点，用 $\sigma_{0.2}$ 表示，如图 8-2 所示。

3. **强化阶段**（BC）

当应力超过屈服点后，钢材抵抗外力的能力又重新提高，这是因为钢材内部组织中的晶格发生了畸变，阻止了晶格进一步滑移，钢材得到了强化，所以钢材抵抗塑性变形的能力又重新提高，表现在应力—应变图上曲线从 $B_{下}$ 点开始上升直至最高点 C，这个阶段称为强化阶段。

对应于最高点 C 的应力值称为极限抗拉强度，简称抗拉强度，用 σ_b 表示。σ_b 是钢材受拉时所能承受的最大应力值。

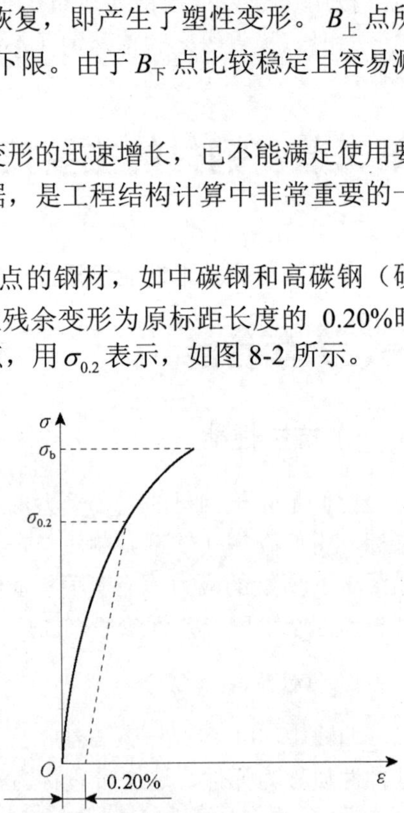

图 8-2　硬钢的应力一应变关系曲线

抗拉强度在结构设计中虽然不能直接作为计算的依据，但屈服强度和抗拉强度之比（即屈强比=σ_s/σ_b）在工程上却有很大意义，屈强比能反映钢材的利用率和结构安全可靠程度，是评价钢材受力特征的一个参数，计算中屈强比取值越小，说明钢材受力超过屈服点工作时的可靠性越大，安全性越高；但若屈强比过小，又说明钢材强度的利用率偏低，造成钢材浪费，因此，选择合理的屈强比才能使结构既安全又节省钢材，建筑结构钢材合理的屈强比一般为 0.60～0.75。

4. 颈缩阶段（*CD*）

当试件受力达到最高点（*C* 点）后，其抵抗变形的能力明显降低，变形迅速发展，应力逐渐下降，试件被拉长，在有杂质或缺陷处，断面急剧缩小，直至断裂，这个阶段称为颈缩阶段。

建筑钢材要具有很好的塑性，钢材的塑性通常用断后伸长率和断面收缩率表示。将拉断后的试件拼合起来，测定出标距范围内的长度 L_1，L_1 与试件原标距 L_0 之差为塑性变形值，塑性变形值与 L_0 之比称为伸长率（δ），如图 8-3 所示。

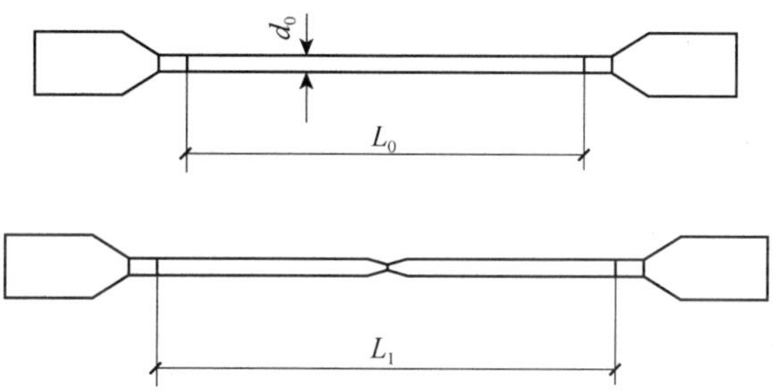

图 8-3 钢材的拉伸试件

伸长率的计算式如下：

$$\delta = \frac{L_1 - L_0}{L_0} \times 100\% \qquad (8\text{-}1)$$

伸长率 δ 是衡量钢材塑性的一个重要指标，δ 越大，说明钢材的塑性越好，具有一定的塑性变形能力，可保证应力重新分布，避免应力集中，从而使钢材用于结构的安全性更大。

塑性变形在试件标距内的分布是不均匀的，颈缩处的变形最大，离颈缩部位越远其变形越小。所以，原标距与直径之比越小，则颈缩处伸长值在整个伸长值中的比重越大，计算出来的 δ 值就大，通常以 δ_5 和 δ_{10} 分别表示 $L_0 = 5d_0$ 和 $L_0 = 10d_0$ 时的断后伸长率。对于同一种钢材，$\delta_5 > \delta_{10}$。

（二）冲击韧性

钢材抵抗冲击荷载而不破坏的能力称为冲击韧性。冲击韧性大小是通过冲击试验确定的，以试件冲断时单位面积上消耗的冲击功，作为钢材的冲击韧性指标，用 α_k（J/cm^2）来表示。如图 8-4 所示。α_k 越大，表示冲断试件消耗的能量越大，即钢材抵抗冲击荷载的能力越强，冲击韧性就越好。

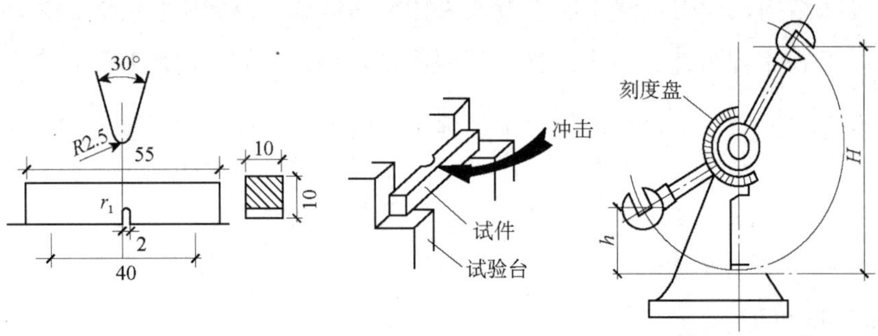

（a）试件尺寸　　（b）试验装置　　（c）试验机

图 8-4　冲击韧性试验图（单位：mm）

H—摆锤扬起的高度；*h*—摆锤向后摆动的高度

影响钢材冲击韧性的主要因素如下。

1. 钢的化学成分

当钢材内硫、磷的含量较高，同时又存在偏析、非金属夹杂物、脱氧不完全等因素时，钢材的冲击韧性也会降低。

2. 钢的焊接质量

钢材焊接时形成的微裂纹也会降低钢材的冲击韧性。

3. 温度

试验表明，常温下，随温度的下降，冲击韧性的降低较缓，但当温度降低到一定范围时，冲击韧性突然发生明显下降，钢材开始呈现脆性断裂，这种性质称为冷脆性。此时的温度（范围）称为脆性临界温度（范围）。脆性临界温度（范围）越低，钢材的冲击韧性越好。因此，在严寒地区选用钢材时，要对钢材的冷脆性进行评定。

4. 时间

钢材随时间的延长表现出强度提高，塑性及冲击韧性降低的现象称为时效。因时效作用，冲击韧性还将随时间的延长而下降。通常，完成时效的过程可达数十年，但钢材如经冷加工或在使用中经受振动和反复荷载的影响，时效可迅速发展。因时效导致钢材性能改变的程度称时效敏感性。时效敏感性越大的钢材，经过时效后冲击韧性的降低就越显著。为了保证安全，对于承受动荷载的重要结构，应当选用时效敏感性小的钢材。

总之，对于直接承受动荷载而且可能在负温下工作的重要结构，必须按照有关规范要求进行钢材的冲击韧性检验。

（三）疲劳强度

钢材在交变荷载多次反复作用下，可在最大应力远低于极限抗拉强度的情况下突然发生脆性断裂破坏的现象，称为疲劳破坏。钢材的疲劳破坏指标用疲劳强度（或称疲劳极限）来表示，它是指试件在交变应力的作用下，不发生疲劳破坏的最大应力值。一般认为钢材的疲劳破坏是由拉应力引起的，抗拉强度高，其疲劳极限也较高；交变应力值越大，则断裂时所需的循环次数越少。

在设计承受反复荷载且须进行疲劳验算的结构时，应当了解所用钢材的疲劳强度。

二、工艺性能

钢材在加工过程中所表现出来的性能称为钢材的工艺性能。良好的工艺性能，可使钢材能顺利通过各种加工，并保证钢材制品的质量不受影响。其中冷弯性能和焊接性能是建筑钢材的重要工艺性能。

（一）冷弯性能

钢材在常温下承受弯曲变形的能力称为冷弯性能。冷弯性能是通过检验钢材试件按规定的弯曲程度弯曲后，弯曲处外面及侧面有无裂纹、起层和断裂等情况进行评定的，若弯曲后，有上述一种现象出现，均可判定为冷弯性能不合格。其测试方法如图 8-5 所示。一般以试件弯曲的角度（α）和弯心直径与试件厚度（或直径）的比值（d/a）来表示。弯曲角度 α 越大，d/a 越小，弯曲后弯曲的外面及侧面没有裂纹、起层和断裂的情况，说明钢材试件的冷弯性能越好。

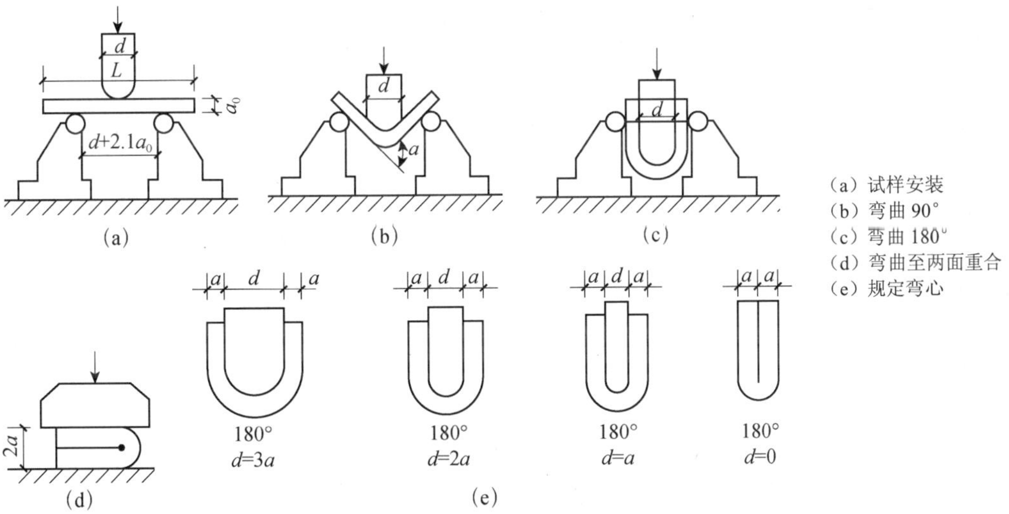

图 8-5　钢材冷弯测试方法

钢材的冷弯性能和伸长率均是检验钢材塑性变形能力的指标，伸长率是在试件轴向均匀变形条件下测定的，而冷弯性能则是在更严格条件下对钢材局部变形能力的检验，它能揭示钢材内部结构是否均匀、是否存在内应力和夹杂物等缺陷。工程中冷弯试验不仅是评定钢材塑性、加工性能的技术指标，而且对焊接质量也是一种严格的检验，它能揭示焊件在受弯表面是否存在未熔合、微裂纹及夹杂物等缺陷。对于重要结构和弯曲成形的钢材，冷弯性能必须合格。

（二）焊接性能

焊接是各种型钢、钢板、钢筋的重要连接方式。在钢结构工程中，钢筋混凝土的钢筋骨架、钢筋网、钢筋接头及预埋件等，多数是采用焊接方式连接的。焊接的质量取决于焊接工艺、焊接材料及钢材的可焊性。

建筑钢材焊接的特点是：在很短的时间内达到很高的温度，钢件熔化的体积很小，传热快，故冷却也很快。因此，在焊件中常产生复杂的、不均匀的反应和变化，存在剧烈的膨胀和收缩。所以，易产生变形、裂缝等缺陷。

钢材是否适合用通常的方法与工艺进行焊接的性能称为钢的可焊性。可焊性好的钢材，焊接后焊口处不易形成裂纹、夹渣等缺陷及硬脆倾向，焊接后的钢材的力学性能应与母材一致，即拉伸试验中，强度不低于原有钢材的强度。

影响钢材可焊性主要因素如下。

1. 化学成分及其含量

钢的含碳量高，将增加焊接接头的硬脆性，含碳量小于 0.25%的碳素钢具有良好的可焊性。

2. 合金元素

加入合金元素（如硅、锰、钒、钛等），也将增大焊接处的硬脆性，降低了可焊性。

3. 硫、磷等杂质含量

硫、磷等有害杂质含量越高，钢材的可焊性越差，特别是硫能使焊接产生热裂纹及硬性。

焊接结构用钢的选择应注意：应首选含碳量较低的氧气转炉或平炉镇静钢。对于高碳钢及合金钢，焊接时一般可采用焊前预热及焊后热处理等措施，可以在一定程度上改善可焊性。另外，正确地选用焊接方法和焊接材料（焊条），正确地操作，也是保证焊接质量的重要措施。

钢筋焊接要注意：①冷拉钢筋的焊接应在冷拉之前进行；②钢筋焊接之前，焊接部位应清除铁锈、熔渣、油污等，要尽量避免不同国家的进口钢筋之间或进口钢筋与国产钢筋之间的焊接。

三、钢材的化学成分对钢材性能的影响

钢材中除基本元素铁和碳外，常有硅、锰、硫、磷及氢、氧、氮等元素存在。这些元素来自炼钢原料、炉气及脱氧剂，在熔炼中无法除净。各种元素对钢的性能都有一定的影响，为了保证钢的质量，在国家标准中对各类钢的化学成分都作了严格的规定。

1. 碳元素

它是钢中的重要元素，对钢的机械性能有重要的影响。当含碳量低于 0.8%时，随着含碳量的增加，钢的抗拉强度（σ_b）和硬度（HB）将提高，而塑性（δ）及韧性（α_k）会降低。同时，钢的冷弯、焊接及抗腐蚀等性能也会降低，并增加钢的冷脆性和时效敏感性。

2. 硅元素

硅元素是钢中的有益元素，是为了脱氧去硫而加入的。硅是钢的主要合金元素，含量常在 1%

以内，可提高强度，对塑性和韧性影响不大。但含硅量超过1%时，冷脆性增加，可焊性变差。

3. 锰元素

锰元素可以消除钢的热脆性，改善热加工性能。锰含量为 0.8%～1%时，能明显提高钢材的强度及硬度，且塑性、韧性几乎不降低，所以锰元素也是钢中主要的合金元素之一。但是，其含量大于 1%时，在提高强度的同时，塑性、韧性也会降低，可焊性变差。

4. 磷元素

磷元素是钢中的有害元素之一，主要由炼钢原料带入。磷元素能明显降低钢材的塑性和韧性，特别是低温下的冲击韧性会明显降低，这种现象称为冷脆性。另外，磷还能使钢的冷弯性能下降，可焊性变差。但磷元素可使钢的强度、硬度、耐磨性、耐蚀性提高。

5. 硫元素

硫元素也是钢中的有害元素之一，在钢的热加工过程中易引起钢的脆裂，这种现象称为热脆性。硫元素也会使钢的冲击韧性、疲劳强度、可焊性及耐蚀性降低，甚至微量的硫元素，对钢材也是有害的，因此要严格控制钢中硫元素的含量。

6. 氧、氮元素

氧元素、氮元素也是钢中的有害元素，它们能使钢的塑性、韧性、冷弯性能及可焊性降低。

7. 铝、钛、钒、铌元素

这四种元素均为炼钢时的脱氧剂，也是合金钢常用的合金元素。适量加入这些元素，可改善钢的组织结构，细化晶粒，使强度提高，韧性得以改善。

四、钢材的强化

（一）钢材的冷加工及时效

1. 钢材的冷加工

将钢材在常温下进行冷加工（如冷拉、冷拔或冷轧），使其产生塑性变形，从而提高屈服强度和硬度，降低塑性和韧性的过程，称为钢材的冷加工。

冷加工的主要目的是提高屈服强度，节约钢材。但冷加工往往导致塑性、韧性及弹性模量的降低。工程中常用的冷加工形式有冷拉、冷拔和冷轧。其中以冷拉和冷拔应用最为广泛。

（1）冷拉：以超过钢筋屈服强度的应力拉伸钢筋，使之伸长，然后缓慢卸去荷载，而当再度加载时，其屈服极限将有所提高，而其塑性变形能力都有所降低的冷加工强化方式。

（2）冷拔：将低碳钢丝从孔径略小于被拔钢丝直径的硬质拔丝模中强行拔出，使钢丝断面减小、长度伸长的工艺过程。

（3）冷轧：将低碳钢丝通过轧机，在钢丝表面轧制出呈一定规律分布的轧痕，形成断面形状规则的钢筋的工艺过程。

2. **建筑工程中使用的钢筋通过冷加工强化，具有重要的意义**

（1）具有明显的经济效益。钢筋经冷拉后，其屈服强度可提高 20%～30%，节约钢材 10%～20%；冷拔后的钢筋，表面光洁度高，屈服强度可提高 40%～60%；冷轧后的钢筋可以提高其强度及与混凝土的黏接力。因此可适当减小钢筋混凝土结构设计截面或减小混凝土中配筋的数量，从而达到节省钢材的目的。

（2）冷拉还可以简化施工工艺。冷拉一方面提高了强度，节约了钢材，同时可使盘条钢筋的开盘、矫直和冷拉三道工序合为一道工序；直条钢筋则可使矫直、除锈和冷拉合为一道工序。

3. **时效**

钢材随时间的延长，强度、硬度进一步提高，而塑性、韧性下降的现象称为时效。钢材的时效处理有两种：即自然时效和人工时效。

钢材经冷加工后，在常温下存放 15～20d，其屈服强度、抗拉强度及硬度会进一步提高，而塑性、韧性继续降低，这种现象称为自然时效。钢材加热至 100～200℃，保持 2h 左右，其屈服强度、抗拉强度及硬度会进一步提高，而塑性及韧性继续降低，这种现象称为人工时效。

钢材的时效是普遍而客观存在的一种现象，有些未经冷加工的钢材，长期存放后也会出现时效现象，冷加工只是加速了时效发展。一般冷加工和时效同时采用，进行冷拉时通过试验来确定冷拉控制参数和时效方式。通常，强度较低的钢筋宜采用自然时效，强度较高的钢筋则应采用人工时效。

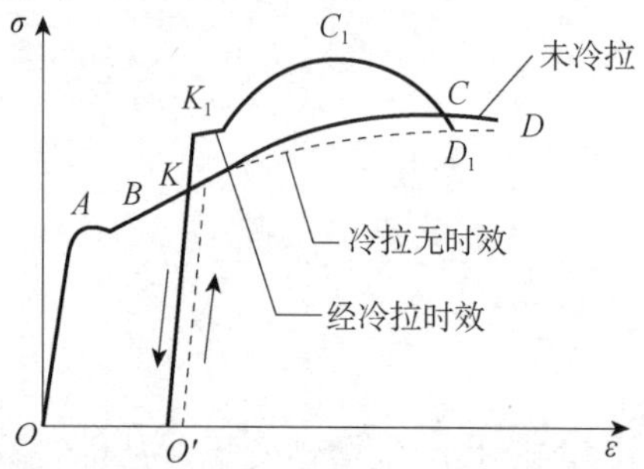

图 8-6　钢筋经冷拉时效后应力—应变图的变化

因时效而导致钢材性能改变的程度称为时效敏感性，时效敏感性大的钢材，经时效后，其冲击韧性、塑性会降低，所以，对于承受振动、冲击荷载作用的重要钢结构，则应选用时效敏感性小的钢材。

钢材经冷加工及时效处理后，其应力—应变关系变化的规律，可明显地在应力—应变图上得到反映，如图 8-6 所示。

图 8-6 中，*OABCD* 为未经冷拉和时效试件的应力—应变曲线。当试件冷拉至超过屈服强度的任意一点 *K*，卸去荷载，此时由于试件已产生塑性变形，则曲线沿 *KO′*下降，*KO′*大致与 *AO* 平行。如立即再拉伸，则应力—应变曲线将成为 *O′KCD*（虚线）曲线，屈服强度由 *B* 点提高到 *K* 点。但如在 *K* 点卸荷后进行时效处理，然后再拉伸，则应力—应变曲线将成为 $O'K_1C_1D_1$ 曲线，这表明冷拉时效后，提高了屈服强度和抗拉强度，但塑性、韧性却相应降低。

（二）钢材的热处理

按照一定的制度，将钢材加热到一定温度，在此温度下保持一定的时间再以一定的速度和方式进行冷却，使钢材内部晶体组织和显微结构按要求进行改变，或者消除钢中的内应力，从而获得人们所需求的机械力学性能，这一过程就称为钢材的热处理。常用的热处理方法有以下几种。

（1）淬火：将钢材加热至 723℃以上，并保持一定时间后，迅速置于水中或机油中冷却，这个过程称钢材的淬火处理。钢材经淬火后，强度和硬度提高，脆性增大，塑性和韧性明显降低。

（2）回火：将淬火后的钢材重新加热到 723℃以下某一温度范围，保温一定时间后再缓慢地或较快地冷却至室温，这一过程称为回火处理。回火可消除钢材淬火时产生的内应力，使其硬度降低，恢复塑性和韧性。回火温度愈高，钢材硬度下降愈多，塑性和韧性等性能均得以改善。

（3）回火调质：若钢材淬火后随即进行高温回火处理，则称调质处理。其目的是使钢材的强度、塑性、韧性等性能均得以改善。

第三节　建筑工程中常用钢材

建筑工程中需要消耗大量的钢材，按用于不同的工程结构类型可分为：钢结构用钢（如各种型钢、钢板、钢管等）；钢筋混凝土用钢（如各种钢筋和钢丝）。从材质上分为：普通碳素结构钢和低合金结构钢等。

一、钢结构用钢

钢结构用钢主要有碳素结构钢和低合金高强度结构钢等。

（一）钢结构用钢的性能及选用

1. 碳素结构钢

普通碳素结构钢简称碳素结构钢。它包括一般结构钢和工程用热轧钢板、钢带、型钢等，现行国家标准《碳素结构钢》（GB/T 700—2006）具体规定了它的牌号表示方法、技术要求、试验方法和检验规则等。

（1）牌号表示方法

标准中规定：碳素结构钢的牌号按屈服点数值（MPa）分为 195、215、235、255、275 五种；按硫、磷杂质的含量由多到少分为 A、B、C、D 四个质量等级；按照脱氧程度不同分为特殊镇静钢（TZ）、镇静钢 Z 和沸腾钢（F）。

钢的牌号由代表屈服点的字母 Q、屈服点数值、质量等级和脱氧程度四个部分按顺序组成。对于镇静钢和特殊镇静钢，在钢的牌号中（Z）或（TZ）可以省略。

例如 Q235—A·F，表示屈服点为 235MPa 的 A 级沸腾钢；Q235 一 C 表示屈服点为

235MPa 的 C 级镇静钢。

（2）技术要求

碳素结构钢的技术要求包括化学成分、力学性能、冶炼方法、交货状态及表面质量五个方面，碳素结构钢的化学成分、力学性能、冷弯试验指标应分别符合表 8-1～表 8-3 的要求。

表 8-1　碳素结构钢的化学成分

<table>
<tr><th rowspan="2">牌号</th><th rowspan="2">等级</th><th colspan="5">化学成分（质量分数）/%，不大于</th><th rowspan="2">脱氧方法</th></tr>
<tr><th>C</th><th>Si</th><th>Mn</th><th>P</th><th>S</th></tr>
<tr><td>Q195</td><td>—</td><td>0.12</td><td>0.30</td><td>0.50</td><td>0.350</td><td>0.040</td><td>F、Z</td></tr>
<tr><td rowspan="2">Q215</td><td>A</td><td rowspan="2">0.15</td><td rowspan="2">0.35</td><td rowspan="2">1.20</td><td rowspan="2">0.045</td><td>0.050</td><td rowspan="2">F、Z</td></tr>
<tr><td>B</td><td>0.045</td></tr>
<tr><td rowspan="4">Q235</td><td>A</td><td>0.22</td><td rowspan="4">0.35</td><td rowspan="4">1.40</td><td rowspan="2">0.045</td><td>0.050</td><td rowspan="2">F、Z</td></tr>
<tr><td>B</td><td>0.20</td><td>0.045</td></tr>
<tr><td>C</td><td rowspan="2">0.17</td><td>0.040</td><td>0.040</td><td>Z</td></tr>
<tr><td>D</td><td>0.035</td><td>0.035</td><td>TZ</td></tr>
<tr><td rowspan="4">Q275</td><td>A</td><td>0.24</td><td rowspan="4">0.35</td><td rowspan="4">1.50</td><td rowspan="2">0.045</td><td>0.050</td><td>F、Z</td></tr>
<tr><td>B</td><td>0.21</td><td>0.045</td><td rowspan="2">Z</td></tr>
<tr><td>C</td><td rowspan="2">0.20</td><td>0.040</td><td>0.040</td></tr>
<tr><td>D</td><td>0.035</td><td>0.035</td><td>TZ</td></tr>
</table>

注：Q235A、Q235B 级沸腾钢的锰含量上限为 0.60%。

表 8-2　碳素结构钢的力学性能

<table>
<tr><th rowspan="3">牌号</th><th rowspan="3">等级</th><th colspan="6">屈服强度 aR_{el}/MPa，不小于</th><th rowspan="3">抗拉强度 b_{Rm}/MPa</th></tr>
<tr><th colspan="6">厚度（或直径）/mm</th></tr>
<tr><th>≤16</th><th>16～40</th><th>40～60</th><th>60～100</th><th>100～150</th><th>150～200</th></tr>
<tr><td>Q195</td><td>—</td><td>195</td><td>185</td><td>—</td><td>—</td><td>—</td><td>—</td><td>315～430</td></tr>
<tr><td rowspan="2">Q215</td><td>A</td><td rowspan="2">215</td><td rowspan="2">205</td><td rowspan="2">195</td><td rowspan="2">185</td><td rowspan="2">175</td><td rowspan="2">165</td><td rowspan="2">335～450</td></tr>
<tr><td>B</td></tr>
<tr><td rowspan="4">Q235</td><td>A</td><td rowspan="4">235</td><td rowspan="4">225</td><td rowspan="4">215</td><td rowspan="4">215</td><td rowspan="4">195</td><td rowspan="4">185</td><td rowspan="4">370～500</td></tr>
<tr><td>B</td></tr>
<tr><td>C</td></tr>
<tr><td>D</td></tr>
<tr><td rowspan="4">Q275</td><td>A</td><td rowspan="4">275</td><td rowspan="4">265</td><td rowspan="4">255</td><td rowspan="4">245</td><td rowspan="4">225</td><td rowspan="4">215</td><td rowspan="4">410～540</td></tr>
<tr><td>B</td></tr>
<tr><td>C</td></tr>
<tr><td>D</td></tr>
</table>

（续表）

牌号	等级	断后伸长率 A/%，不小于					冲击试验（V 形缺口）	
		厚度（或直径）/mm					温度/℃	冲击吸收功（纵向）/J 不小于
		≤40	40～60	60～100	100～150	150～200		
Q195	—	33	—	—	—	—	—	—
Q215	A	31	30	29	27	26	—	—
	B						+20	27
Q235	A	26	25	24	22	21	—	—
	B						+20	27
	C						—	
	D						－20	
Q275	A	22	21	20	18	17	—	—
	B						+20	27
	C						—	
	D						－20	

注：a. Q195 的屈服强度仅供参考，不作交货条件。

b. 厚度大于 100mm 的钢材，抗拉强度下限允许降低 20MPa。宽带钢（包括剪切钢板）抗拉强度上限不作交货条件。

c. 厚度小于 25mm 的 Q235B 级钢材，如供方能保证冲击吸收功值合格，经需方同意，可不作检验。

表 8-3 碳素结构钢的冷弯试验指标

牌 号	试样方向	冷弯试验 180° $B=2aa$	
		钢材厚度（或直径）b/mm	
		≤60	＞60～100
		弯心直径 d	
Q195	纵	0	—
	横	0.5a	
Q215	纵	0.5a	1.5a
	横	a	2a
Q235	纵	A	2a
	横	1.5a	2.5a
Q275	纵	1.5a	2.5a
	横	2a	3a

注：a. B 为试样宽度，a 为试样厚度（或直径）。

b. 钢材厚度（或直径）大于 100mm 时，弯曲试验由双方协商确定。

（3）碳素结构钢的选用

从表 8-1 和表 8-2 可以看出，钢的牌号越高，含碳量越高，强度和硬度也越高，但伸长率越低。选用碳素结构钢，应该根据工程的使用条件及对钢材性能的要求，并且要熟悉被选用钢材的质量、性能和相应的标准，才能合理选用。

建筑工程中主要选用的碳素结构钢是 Q235 号钢，其含碳量为 0.14%～0.22%，属低碳钢。Q235 号钢具有较高的强度，良好的塑性、韧性及可焊性，综合性能好，能满足一般钢结构和钢筋混凝土用钢的要求，且成本较低，在建筑工程中得到广泛应用。钢结构中主要使用 Q235 号钢轧制成的各种型钢、钢板，普通混凝土中使用最多的 I 级钢筋也是 Q235 号钢热轧而成的。

Q195、Q215 号钢，强度较低，塑性和韧性较好，易于冷加工，常用做钢钉、铆钉、螺栓及铁丝等。Q215 号钢经冷加工后可代替 Q235 号钢使用。

Q275 号钢，强度虽然比 Q235 号钢高，但其塑性、韧性较差，可焊性也差，不易焊接和冷弯加工，可用于轧制带肋钢筋，作螺栓配件等，但更多用于机械零件和工具等。

2. 低合金高强度结构钢

在碳素结构钢的基础上，添加少量的一种或几种合金元素（合金元素总量＜5%）的结构用钢称为低合金高强度结构钢。低合金高强度结构钢具有强度高、塑性及韧性好、耐腐蚀等特点。尤其近年来研究采用的铌、钒、钛及稀土金属微合金化技术，不仅大大提高了钢材的强度，还明显改善了物理性能，降低了成本。因此，它是综合性较为理想的建筑钢材，尤其在大跨度、承受动荷载和冲击荷载的结构中更适用。另外，与使用碳素钢相比，可节约钢材 20%～30%，而成本并不很高。

（1）牌号表示方法

《低合金高强度结构钢》（GB/T 1591—2008）规定，共有 8 个牌号：Q345、Q390、Q420、Q460、Q500、Q550、Q620、Q690，所加元素主要有：锰、硅、钒、钛、铌、铬、镍及稀土元素。低合金高强度结构钢的牌号由代表屈服点的字母（Q）、屈服点数值、质量等级符号（A、B、C、D、E）三部分按顺序组成。

例如：Q390C，表示屈服点为 390MPa、质量等级为 C 级的低合金高强度结构钢；Q345A，表示屈服点为 345MPa、质量等级为 A 级的低合金高强度结构钢。

（2）技术标准

各牌号的低合金高强度结构钢的力学性能见表 8-4。

表 8-4 低合金高强度结构钢的力学性能

<table>
<tr><th rowspan="3">牌号</th><th rowspan="3">等级</th><th colspan="9">拉伸试验</th></tr>
<tr><th colspan="9">以下公称厚度（直径、边长）下屈服强度 R_{eL}/MPa</th></tr>
<tr><th>≤16</th><th>＞16～40</th><th>＞40～63</th><th>＞63～80</th><th>＞80～100</th><th>＞100～150</th><th>＞150～200</th><th>＞200～250</th><th>＞250～400</th></tr>
<tr><td rowspan="5">Q345</td><td>A</td><td rowspan="5">≥345</td><td rowspan="5">≥335</td><td rowspan="5">≥325</td><td rowspan="5">≥315</td><td rowspan="5">≥305</td><td rowspan="5">≥285</td><td rowspan="5">≥275</td><td rowspan="5">≥265</td><td rowspan="3">—</td></tr>
<tr><td>B</td></tr>
<tr><td>C</td></tr>
<tr><td>D</td><td rowspan="2">≥265</td></tr>
<tr><td>E</td></tr>
</table>

（续表）

牌号	等级	拉伸试验								
		以下公称厚度（直径、边长）下屈服强度 R_{eL}/MPa								
		≤16	>16～40	>40～63	>63～80	>80～100	>100～150	>150～200	>200～250	>250～400
Q390	A	≥390	≥370	≥350	≥330	≥330	≥310			
	B									
	C									
	D									
	E									
Q420	A	≥420	≥400	≥380	≥360	≥360	≥340			
	B									
	C									
	D									
	E									
Q460	C	≥460	≥440	≥420	≥400	≥400	≥380			
	D									
	E									
Q500	C	≥500	≥480	≥470	≥450	≥440				
	D									
	E									
Q550	C	≥550	≥530	≥520	≥500	≥490				
	D									
	E									
Q620	C	≥620	≥600	≥590	≥570					
	D									
	E									
Q690	C	≥690	≥670	≥660	≥640					
	D									
	E									

（续表）

<table>
<tr><th rowspan="3">牌号</th><th rowspan="3">等级</th><th colspan="7">拉伸试验</th></tr>
<tr><th colspan="7">以下公称厚度（直径、边长）下抗拉强度 R_m/MPa</th></tr>
<tr><th>≤40</th><th>>40～63</th><th>>63～80</th><th>>80～100</th><th>>100～150</th><th>>150～250</th><th>>250～400</th></tr>
<tr><td rowspan="5">Q345</td><td>A</td><td rowspan="5">470～630</td><td rowspan="5">470～630</td><td rowspan="5">470～630</td><td rowspan="5">470～630</td><td rowspan="5">450～600</td><td rowspan="5">450～600</td><td rowspan="3">—</td></tr>
<tr><td>B</td></tr>
<tr><td>C</td></tr>
<tr><td>D</td><td rowspan="2">450～600</td></tr>
<tr><td>E</td></tr>
<tr><td rowspan="5">Q390</td><td>A</td><td rowspan="5">490～650</td><td rowspan="5">490～650</td><td rowspan="5">490～650</td><td rowspan="5">490～650</td><td rowspan="5">470～620</td><td rowspan="5"></td><td rowspan="5"></td></tr>
<tr><td>B</td></tr>
<tr><td>C</td></tr>
<tr><td>D</td></tr>
<tr><td>E</td></tr>
<tr><td rowspan="5">Q420</td><td>A</td><td rowspan="5">520～680</td><td rowspan="5">520～680</td><td rowspan="5">520～680</td><td rowspan="5">520～680</td><td rowspan="5">500～650</td><td rowspan="5"></td><td rowspan="5"></td></tr>
<tr><td>B</td></tr>
<tr><td>C</td></tr>
<tr><td>D</td></tr>
<tr><td>E</td></tr>
<tr><td rowspan="3">Q460</td><td>C</td><td rowspan="3">550～720</td><td rowspan="3">550～720</td><td rowspan="3">550～720</td><td rowspan="3">550～720</td><td rowspan="3">530～700</td><td rowspan="3"></td><td rowspan="3"></td></tr>
<tr><td>D</td></tr>
<tr><td>E</td></tr>
<tr><td rowspan="3">Q500</td><td>C</td><td rowspan="3">610～770</td><td rowspan="3">600～760</td><td rowspan="3">590～750</td><td rowspan="3">540～730</td><td rowspan="3"></td><td rowspan="3"></td><td rowspan="3"></td></tr>
<tr><td>D</td></tr>
<tr><td>E</td></tr>
<tr><td rowspan="3">Q550</td><td>C</td><td rowspan="3">670～830</td><td rowspan="3">620～810</td><td rowspan="3">600～790</td><td rowspan="3">590～780</td><td rowspan="3"></td><td rowspan="3"></td><td rowspan="3"></td></tr>
<tr><td>D</td></tr>
<tr><td>E</td></tr>
<tr><td rowspan="3">Q620</td><td>C</td><td rowspan="3">710～880</td><td rowspan="3">690～880</td><td rowspan="3">670～860</td><td rowspan="3"></td><td rowspan="3"></td><td rowspan="3"></td><td rowspan="3"></td></tr>
<tr><td>D</td></tr>
<tr><td>E</td></tr>
<tr><td rowspan="3">Q690</td><td>C</td><td rowspan="3">770～940</td><td rowspan="3">750～920</td><td rowspan="3">730～900</td><td rowspan="3"></td><td rowspan="3"></td><td rowspan="3"></td><td rowspan="3"></td></tr>
<tr><td>D</td></tr>
<tr><td>E</td></tr>
</table>

（续表）

<table>
<tr><th rowspan="3">牌号</th><th rowspan="3">等级</th><th colspan="6">断后伸长率 A/%</th></tr>
<tr><th colspan="6">公称厚度（直径、边长）</th></tr>
<tr><th>≤40</th><th>＞40～63</th><th>＞63～100</th><th>＞100～150</th><th>＞150～250</th><th>＞250～400</th></tr>
<tr><td rowspan="5">Q345</td><td>A</td><td rowspan="5">≥20
≥21</td><td rowspan="5">≥19
≥20</td><td rowspan="5">≥19
≥20</td><td rowspan="5">≥18
≥19</td><td rowspan="5">≥17
≥18</td><td rowspan="3">—</td></tr>
<tr><td>B</td></tr>
<tr><td>C</td></tr>
<tr><td>D</td><td rowspan="2">≥17</td></tr>
<tr><td>E</td></tr>
<tr><td rowspan="5">Q390</td><td>A</td><td rowspan="5">≥20</td><td rowspan="5">≥19</td><td rowspan="5">≥19</td><td rowspan="5">≥18</td><td rowspan="5"></td><td rowspan="5"></td></tr>
<tr><td>B</td></tr>
<tr><td>C</td></tr>
<tr><td>D</td></tr>
<tr><td>E</td></tr>
<tr><td rowspan="5">Q420</td><td>A</td><td rowspan="5">≥19</td><td rowspan="5">≥18</td><td rowspan="5">≥18</td><td rowspan="5">≥18</td><td rowspan="5"></td><td rowspan="5"></td></tr>
<tr><td>B</td></tr>
<tr><td>C</td></tr>
<tr><td>D</td></tr>
<tr><td>E</td></tr>
<tr><td rowspan="3">Q460</td><td>C</td><td rowspan="3">≥17</td><td rowspan="3">≥16</td><td rowspan="3">≥16</td><td rowspan="3">≥16</td><td rowspan="3"></td><td rowspan="3"></td></tr>
<tr><td>D</td></tr>
<tr><td>E</td></tr>
<tr><td rowspan="3">Q500</td><td>C</td><td rowspan="3">≥17</td><td rowspan="3">≥17</td><td rowspan="3">≥17</td><td rowspan="3"></td><td rowspan="3"></td><td rowspan="3"></td></tr>
<tr><td>D</td></tr>
<tr><td>E</td></tr>
<tr><td rowspan="3">Q550</td><td>C</td><td rowspan="3">≥16</td><td rowspan="3">≥16</td><td rowspan="3">≥16</td><td rowspan="3"></td><td rowspan="3"></td><td rowspan="3"></td></tr>
<tr><td>D</td></tr>
<tr><td>E</td></tr>
<tr><td rowspan="3">Q620</td><td>C</td><td rowspan="3">≥15</td><td rowspan="3">≥15</td><td rowspan="3">≥15</td><td rowspan="3"></td><td rowspan="3"></td><td rowspan="3"></td></tr>
<tr><td>D</td></tr>
<tr><td>E</td></tr>
<tr><td rowspan="3">Q690</td><td>C</td><td rowspan="3">≥14</td><td rowspan="3">≥14</td><td rowspan="3">≥14</td><td rowspan="3"></td><td rowspan="3"></td><td rowspan="3"></td></tr>
<tr><td>D</td></tr>
<tr><td>E</td></tr>
</table>

注：a. 当屈服不明显时，可测量 Rp0.2 代替下屈服强度。

b. 宽度不小于 600mm 扁平材，拉伸试验取横向试样，宽度小于 600mm 扁平材、型材及棒材取纵向试样，断后伸长率最小值相应提高 1%（绝对值）。

c. 厚度＞400mm 的数值适用于扁平材。

3. 低合金高强度结构钢的选用

从表 8-4 可以看出，低合金钢的力学性能大大优于普通碳素钢，因此和碳素结构钢相比，采用低合金高强度结构钢可以减轻结构自重，延长结构的使用寿命，特别是大跨度、大空间、大柱网结构，采用低合金高强度结构钢，经济效益更为显著，是结构钢的发展方向。

4. 钢结构用钢的选择

选择钢材的目的是要做到结构安全可靠，同时经济合理。为此，钢材有以下几种选择：

（1）要充分考虑结构或构件的重要性；荷载的性质（静载或动载）；连接方法（焊接、铆接或螺栓连接）；工作条件（温度或腐蚀介质）。

（2）对于重要结构、承受较大静力荷载或直接承受动荷载的结构、结构跨度大、处于低温条件下的结构及焊接结构，宜选用 Q235 的 C 或 D 级镇静钢；质量等级为 A 级的沸腾钢，仅适用于常温下承受静力荷载的结构。

（3）在钢结构中，常采用低合金高强度结构钢轧制的型钢、钢板和钢管建造桥梁、高层建筑及大跨度结构。在预应力钢筋混凝土结构中，Ⅱ、Ⅲ级钢筋就是由普通质量的低合金高强度结构钢轧制的。

5. 型钢和钢板的种类及规格

钢结构构件一般应直接选用各种型钢。型钢有以下几种。

（1）热轧型钢。热轧型钢有角钢、工字钢、槽钢、T 型钢、H 型钢、Z 型钢等。

我国建筑用热轧型钢，主要采用碳素结构钢 Q235-A（含碳量为 0.14%～0.22%），其强度能满足需要，且塑性、可焊性较好，成本较低，适合建筑工程使用。在钢结构设计规范中，推荐使用的低合金钢主要有两种：Q345（16Mn）及 Q390（15MnV），可用于大跨度、承受动荷载的钢结构中。

（2）冷弯薄壁型钢。通常是用 2～6mm 薄钢板冷弯或模压而成，有角钢、槽钢等开口薄壁型钢及方形、矩形等空心薄壁型钢，主要用于轻型钢结构。薄壁型钢能充分利用钢材的强度，节约钢材，所以在我国得到广泛应用。

（3）钢板、压型钢板。用光面轧辊轧制而成的扁平钢材，以平板状态供货的称钢板，以卷状供货的称钢带。按轧制温度不同，分为热轧和冷轧两种。热轧钢板按厚度分为薄板（厚度为 0.35～4mm）和厚板（厚度大于 4mm）两种；冷轧钢板只有薄板（厚度为 0.2～4mm）一种。

建筑用钢板和钢带主要是碳素结构钢。一些重型结构、大跨度桥梁、高压容器等也采用低合金钢板。一般薄板可用做屋面或墙面等围护结构，或用做涂层钢板的原材料，厚板可用于焊接结构，钢板还可用来弯曲为型钢。

薄钢板经冷压或冷轧成波形、双曲形、V 形等形状，称为压型钢板。彩色钢板（又称有机涂层薄钢板）、镀锌薄钢板、防腐薄钢板等都可用来制作压型钢板。其特点是质轻、高强、抗震性能好、施工快、外形美观等，主要用于围护结构、楼板、屋面等。

国内外工程实践证明，钢结构抗震性能好，宜用做承受振动和冲击的结构，目前，钢结构从重型到轻型，从大型、大跨度、大面积到小型、细小结构，从永久特种结构到临时、一般建筑，呈良好的发展趋势。

二、钢筋混凝土用钢

钢筋混凝土结构用的钢筋和钢丝，主要由碳素结构钢和低合金结构钢轧制而成。一般把直径为 3～5mm 的称为钢丝，直径为 6～12mm 的称为钢筋，直径大于 12mm 的称为粗钢筋。主要品种有热轧钢筋、冷拉钢筋、冷拔低碳钢丝、冷轧带肋钢筋、热处理钢筋、预应力混凝土用钢丝和钢绞线。

（一）热轧钢筋

用加热钢坯轧成的条形成品钢筋，称为热轧钢筋。它是建筑工程中用量最大的钢材品种之一，主要用于钢筋混凝土和预应力混凝土结构的配筋。混凝土用热轧钢筋要求有较高的强度，有一定的塑性和韧性，可焊性好。

（1）热轧钢筋按其轧制外形分为：热轧光圆钢筋、热轧带肋钢筋。热轧带肋钢筋通常为圆形横截面，且表面通常带有两条纵肋和沿长度方向均匀分布的横肋。按肋纹的形状分为月牙肋和等高肋（如图 8-7 所示）。月牙肋的纵横肋不相交，而等高肋的纵横肋相交。月牙肋钢筋特点：生产简便、强度高、应力集中敏感性小、疲劳性能好等，但其与混凝土的粘接锚固性能略低于等高肋钢筋。

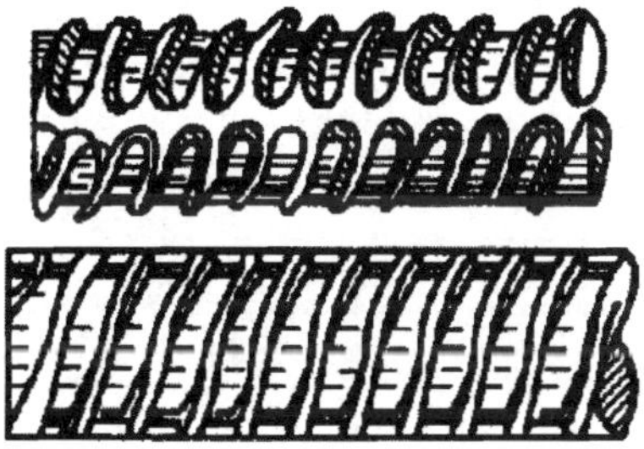

等高肋

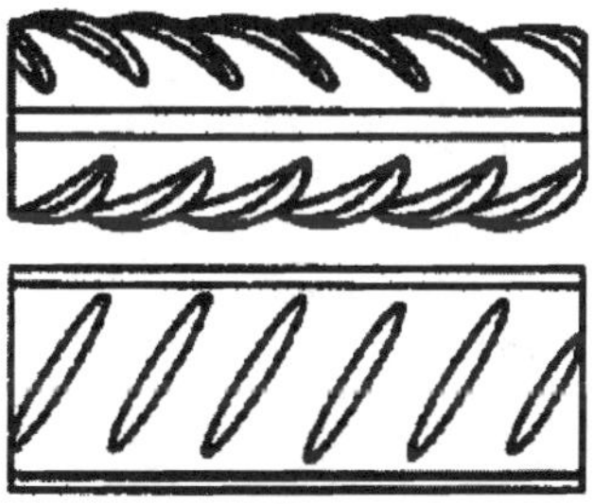

月牙肋

图 8-7 带肋钢筋外形

（2）热轧带肋钢筋的牌号由 HRB 和钢筋的屈服强度构成。热轧带肋钢筋牌号分为：HRB335、HRBF335、HRB400、HRBF400、HRB500、HRBF500。H、R、B 分别为热轧（Hot rolled）、带肋（Ribbed）、钢筋（Bars）三个词的英文首位字母。热轧钢筋的力学性能及工艺性能应符合表 8-5 规定。

表 8-5 热轧钢筋的性能

牌 号	公称直径/mm	屈服点/MPa	抗拉强度/MPa	伸长率/%	弯心直径
		不小于			
HRB335 HRBF335	6～25	335	455	17	3*d*
	28～40				4*d*
	＞40～50				5*d*

（续表）

牌　号	公称直径/mm	屈服点/MPa	抗拉强度/MPa	伸长率/%	弯心直径
		不小于			
HRB400 HRBF400	6～25	400	540	16	4*d*
	28～40				5*d*
	>40～50				6*d*
HRB500 HRBF500	6～25	500	630	15	6*d*
	28～40				7*d*
	>40～50				8*d*

注：HRBF335、HRBF400、HRBF500 为细晶粒热轧带肋钢筋。

热轧钢筋中的低碳钢热轧圆盘条，直径为 8～20mm，也广泛地应用在土木建筑及金属制品中。盘条分为建筑用盘条和拉丝用盘条两类，所用钢材的牌号有 Q195、Q215、Q235 和 Q275，其力学性能及工艺性能应符合表 8-6 的规定。

表 8-6　低碳钢热轧圆盘条的力学性能与工艺性能

牌　号	力学性能			冷弯试验 180℃ *d* 一弯心直径 *a* 一公称直径
	屈服点/MPa	抗拉强度/MPa	伸长率/%	
	不小于			
Q195	195	410	30	*d*=0
Q215	215	435	28	*d*=0
Q235	235	500	23	*d*=0.5*a*
Q275	275	540	21	*d*=1.5*a*

（二）预应力混凝土用热处理钢筋

用热轧带肋钢筋经淬火和回火调质处理后的钢筋称为预应力混凝土用热处理钢筋。通常有直径为 6、8.2、10mm 三种规格，其条件屈服强度不小于 1325MPa，抗拉强度不小于 1470MPa，伸长率（δ_{10}）不小于 6%，1000h 应力松弛率不大于 3.5%。按外形分为有纵肋和无纵肋两种，但都有横肋。

钢筋热处理后卷成盘，使用时开盘钢筋自行伸直，按要求的长度切断。不能用电焊切断，也不能焊接，以免引起强度下降或脆断。

热处理钢筋的特点：锚固性好、应力松弛率低、施工方便、质量稳定、节约钢材等，热处理钢筋已开始应用于普通预应力钢筋混凝土工程中，例如预应力钢筋混凝土轨枕。

（三）冷轧带肋钢筋

热轧圆盘条经冷轧后，在其表面带有沿长度方向均匀分布的三面或两面横肋的钢筋称为冷轧带肋钢筋。钢筋冷轧后允许进行低温回火处理。

冷轧带肋钢筋的牌号由 CRB 和抗拉强度最小值表示，共分为四个牌号，分别为 CRB550、CRB650、CRB800、CRB970。C、R、B 分别为冷轧、带肋、钢筋三个词的英文首位字母，数值为抗拉强度最小值。

与冷拔低碳钢丝相比，冷轧带肋钢筋具有强度高、塑性好，与混凝土粘接牢固，节约钢材，质量稳定等特点。CRB550 宜用做普通钢筋混凝土结构，其他牌号宜用在预应力混凝土结构中。

冷轧带肋钢筋克服了冷拉、冷拔钢筋握裹力低的缺点，而且具有和冷拉、冷拔相近的强度，所以，在中、小型预应力混凝土结构构件和普通混凝土结构构件中得到了越来越广泛的应用。

（四）预应力混凝土用钢丝

预应力混凝土用钢丝按加工状态分为冷拉钢丝（代号为 WCD）和消除应力钢丝两类。消除应力钢丝按松弛性能又分为低松弛级钢丝（代号为 WLR）和普通松弛级钢丝（代号为 WNR）。

预应力混凝土用钢丝按外形分为光圆钢丝（代号为 P）、螺旋肋钢丝（代号为 H）和刻痕钢丝（代号为 I）三种。

预应力混凝土用钢丝特点：质量稳定、安全可靠、强度高、无接头、施工方便等，主要用于大跨度的屋架、薄腹架、吊车梁或桥梁等大型预应力混凝土构件，也可用于轨枕、压力管道等预应力混凝土构件。

（五）预应力混凝土用钢绞线

预应力混凝土的钢绞线按其结构分为 5 类。其代号为：1×2 用两根钢丝捻制的钢绞线；1×3 用三根钢丝捻制的钢绞线；（1×3）I 用三根刻痕钢丝捻制的钢绞线；1×7 用七根钢丝捻制的标准型钢绞线；（1×7）C 用七根钢丝捻制又经模拔的钢绞线，如图 8-8 所示。

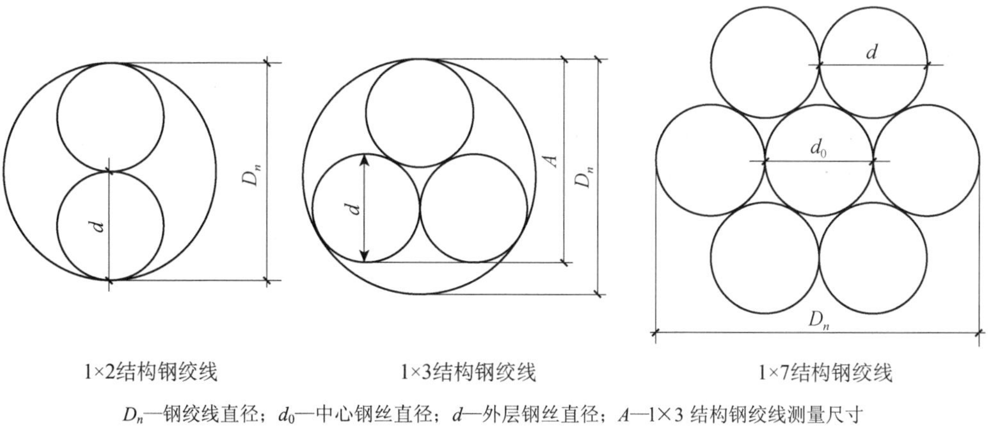

1×2结构钢绞线　　1×3结构钢绞线　　1×7结构钢绞线

D_n—钢绞线直径；d_0—中心钢丝直径；d—外层钢丝直径；A—1×3 结构钢绞线测量尺寸

图 8-8　预应力钢绞线截面图（单位：mm）

预应力钢丝和钢绞线特点：强度高、柔韧性较好，质量稳定，施工简便等，使用时可根据要求的长度切断。它主要适用于大荷载、大跨度、曲线配筋的预应力钢筋混凝土结构。

第四节　钢材的锈蚀、防锈与防火

钢材的锈蚀，是钢材的表面与周围介质发生化学变化而遭到破坏的过程。与钢材易发生化学反应而导致锈蚀的介质主要有：潮湿的空气、土壤、工业废气、被污染的水等。

钢材存放时的严重锈蚀，不仅导致截面减小，材质降低，甚至报废，还会因为局部锈坑的产生，造成应力集中，导致结构早期破坏。尤其在反复荷载的作用下将产生锈蚀疲劳现象，导致疲劳强度大大降低，甚至出现断裂。

一、钢材的锈蚀

根据锈蚀作用机理，可分为下述两类。

1. **化学锈蚀**

钢材表面与周围介质直接发生化学反应而引起的锈蚀称为化学锈蚀。这种锈蚀是非电解质溶液或各种干燥气体（如 O_2、CO_2、SO_2、Cl_2 等）与钢材发生的纯化学性质的腐蚀，腐蚀过程中，没有电流产生。这种锈蚀多数是氧化作用，使钢材表面形成疏松的铁氧化物。在常温下，钢材表面形成一薄层钝化能力很弱的氧化保护膜，它疏松，易破裂，有害介质可进一步渗入而发生反应，造成锈蚀。但在干燥环境下，锈蚀进展缓慢。如果在温度或湿度较高的环境条件下，这种锈蚀进展加快。

2. **电化学锈蚀**

由于金属表面形成了原电池而产生的锈蚀称为电化学锈蚀。钢材本身含有铁、碳等多种成分，由于这些成分的电极电位不同，形成许多微电池，在潮湿空气中，钢材表面将覆盖一层薄的水膜，因而构成许多“微电池”。在阳极区，铁被氧化成 Fe^{2+}进入水膜。因为水中溶有来自空气中的氧气，所以在阴极区氧将被还原成 OH-，Fe^{2+}和 OH-两者结合成为不溶于水的 $Fe(OH)_2$，并进一步氧化成疏松易剥落的红棕色铁锈 Fe_2O_3。电化学锈蚀是最主要的钢材锈蚀形式，且危害最大。

钢材锈蚀时，伴随着疏松的铁锈生成，钢材的体积会增大，最严重的可达原体积的 6 倍，若是钢筋混凝土中的钢筋锈蚀，则最终导致钢筋混凝土膨胀开裂引起破坏。

二、钢材的防锈

在钢材表面施加保护层，使钢与周围介质隔离，从而防止锈蚀。保护层可分为金属保护层和非金属保护层两类。金属保护层是以电镀或喷镀的方法在钢材表面镀上一层耐腐蚀的金属，如镀锌、镀锡、镀铬等。

用有机或无机物质作保护层称非金属保护层，常用的非金属保护层是在钢材表面涂刷各种防锈涂料，此法操作方便，但耐久性差。此外，还可采用塑料保护层、沥青保护层和搪瓷保护层等。

钢结构防锈方法主要是采用表面刷漆。常用底漆有红丹、环氧富锌漆、铁红环氧底漆、磷化底漆等。面漆有灰铅油、醇酸磁漆、酚醛磁漆等。薄壁钢材可采用热浸镀锌或镀锌后加涂塑料涂层，这种方法效果好，但成本较高。

混凝土配筋的防锈措施，主要是根据结构的性质、所处环境条件等，考虑混凝土的质量要求，提高钢筋混凝土的密实度（即选择好水灰比和水泥用量）及混凝土层的厚度，限制氯盐外加剂的掺量。

由于预应力配筋，一般含碳量较高，又多次加工或冷拉，所以对锈蚀破坏较敏感，因此，重要的预应力承重结构，应禁止使用掺氯盐的外加剂。

三、钢材的防火

钢材虽然是一种不燃烧的材料，却是热的良导体，极易传导热量，在未进行防火处理的情况下，火灾时强度会迅速下降，出现塑性变形，产生局部损坏，造成钢结构整体倒塌失效。因此，必须对钢结构采取有效的保护，阻隔温度，提高钢结构耐火极限。我国的钢结构防火主要采用：防火涂料、发泡防火漆和外包防火层等方法。

（1）防火涂料法：就是在钢结构上喷涂防火涂料以提高其耐火极限。目前，我国钢结构防火涂料主要分为薄涂型和厚涂型两类，即薄型（B 类，包括超薄型）和厚型（H 类）。

薄型涂层厚度在 7mm 以下，在火灾时能吸热膨胀发泡，形成泡沫状炭化隔热层，从而阻止热量向钢结构传递，延缓钢结构温升，起到防火保护作用。室内裸露钢结构、轻型屋盖钢结构及有装饰要求的钢结构，当规定耐火极限在 1.5h 及以下时，宜选用薄涂型钢结构防火涂料。

厚型涂层厚度为 8～50mm，涂层受热不发泡，依靠其较低的导热率来延缓钢结构温升，起到防火保护作用。室内隐蔽钢结构、高层全钢结构及多层厂房钢结构，当规定其耐火极限在 1.5h 以上时，应选用厚涂型钢结构防火涂料。

（2）发泡防火漆法：防火漆是由成膜剂、阻燃剂、发泡剂等多种材料制造而成的一种阻燃涂料。防火漆与一般油漆相比，在物理性能方面基本一样，不同的是它干燥以后，漆膜本身不易燃烧，遇火时，能推迟火焰延烧到涂漆的可燃物上，具有一定的防火性能。

（3）外包防火层法：就是在钢结构外表添加外包层，可以现浇成形，也可以采用喷涂法。现浇成形的实体混凝土外包层通常用钢丝网或钢筋来加强，以限制收缩裂缝，并保证外壳的强度；喷涂法可以在施工现场对钢结构表面涂抹砂泵以形成保护层，砂泵可以是石灰水泥或是石膏砂浆，也可以掺入珍珠岩或石棉。同时外包层也可以用珍珠岩、石棉、石膏或石棉水泥、轻混凝土做成预制板，采用胶粘剂、钉子、螺栓固定在钢结构上。外包防火层法通常应用于钢柱。

本章小结

钢材作为建筑工程中最重要的金属材料之一得到了广泛的应用。建筑工程使用的钢材主要是碳素结构钢和低合金高强度结构钢。钢材具有强度高，塑性及韧性好，可焊、可铆，易于加工、便于装配等优点。钢材用来制作钢结构构件及作为混凝土结构中的增强材料，已成为常用的重要的结构材料。尤其在当代迅速发展的大跨度、大荷载、高耸的建筑中，钢材已是不可或缺的材料。

近年来迅速发展的低合金高强度结构钢，是在碳素结构钢的基本成分中加入 5%以下的合金元素的新型材料。其强度得到显著提高，同时具有良好的塑性、冲击韧性、耐蚀性、耐低温冲击等优良性能，所以在预应力钢筋混凝土结构的应用中，取得良好的技术经济效果，因而是大力推广的钢种。

在本章学习中，应掌握钢材的成分、组织结构、加工、冶炼方法等对技术性能的影响，掌握各品种钢材的牌号、技术要求、特性及应用。

思考与练习

1. 什么是钢的冲击韧性，如何表示？
2. 什么是钢的低温冷脆性？
3. 什么是钢材的屈强比？在工程中有何实际意义？
4. 在钢结构中，为什么 Q235 碳素结构钢得到广泛应用？
5. 碳素结构钢和低合金高强度结构钢的牌号是如何表示的？

第九章　防水材料

章前导读

本章主要介绍沥青防水材料、防水卷材、防水涂料的组成、性能特点及应用。

学习目标

1. 掌握石油沥青的组成、性质，了解改性沥青的特点及分类。
2. 掌握各类防水卷材的性能及其用途。
3. 了解建筑防水涂料的种类及用途。
4. 了解建筑密封材料的种类和用途。

防水材料是建筑工程中必不可少的建筑功能材料之一，通常应用于工业与民用建筑的屋面、地面、墙面、地下室、厕浴间、厨房、蓄水构筑物以及桥梁、道路、隧道等工程，起防止雨水、地下水和其他环境水渗透，阻止空气中的水分、有害气体、腐蚀性液体对建筑构件的侵蚀的作用。建筑工程防水技术根据其采取的手段和措施的不同，可分为构件自防水和使用不同材料的防水层防水。按所使用材料的不同，防水层的做法又能分为刚性防水和柔性防水。刚性防水通常采用无延伸、较高强度的防水材料，如涂抹防水砂浆、浇筑掺外加剂的防水混凝土等；柔性防水则常采用具有一定伸缩延展性的柔性防水材料（如卷材、防水涂料）达到防水、防渗、防潮。

渗漏问题是房屋建筑普遍存在的现象，是建筑工程建设中常见的质量问题，且历来是人们比较关心的问题。渗漏现象的出现，不仅影响人们的工作和生活环境，还会缩短建筑物的使用寿命。因此建筑物的耐久性与防水材料质量的好坏密切相关。随着我国国民经济的快速发展，建筑防水行业得到突飞猛进的发展，防水材料不断地更新换代，逐步形成了门类齐全、性能档次齐全的材料体系，克服了传统防水材料高能耗、高污染、温度适应性差、延伸率低、使用寿命短等缺点，向低碳、绿色防水材料迈进了一大步。

按其主要材料，可分为沥青类防水材料、橡胶塑料类防水材料、水泥类防水材料、金属类防水材料；按生产工艺、形态和功能，可分为防水卷材、防水涂料、防水密封材料等几类。本章主要介绍沥青防水材料、防水卷材、防水涂料等，简单介绍密封材料。

第一节 沥青

沥青是一种常温下呈黑色或黑褐色的黏稠液体状态、半固态或固态的有机胶凝材料，其是由一些相当复杂的高分子碳氢化合物及非金属（氧、氮、硫等）衍生物组成的混合物。沥青是憎水性材料，构造密实且几乎不溶于水，具有良好的不透水性、塑性、黏结性，能抵抗一般侵蚀性气体、液体。故沥青及其制品被广泛应用于土木工程的屋面防水、地下防水、防潮、防腐，可制成嵌缝油膏、防腐涂料、防水卷材、防水涂料、黏贴剂等。

作为胶凝材料，沥青能与砂、石、金属等矿物材料牢固地粘结在一起，并且具有良好的变形适应性。因此，沥青还可与不同粒径矿物料拌和成沥青混合料，用于铺筑道路路面、耐腐蚀地面等。

沥青的种类多样，按不同的产源可将其分为地沥青和焦油沥青两大类，具体划分如下。

- 沥青
  - 地沥青
    - 天然沥青
    - 石油沥青
  - 焦油沥青
    - 煤沥青
    - 页岩沥青
    - 木沥青
    - ⋮

其中，石油沥青的技术性质相较来说优于其他，因此在工程中应用更为广泛。本节主要介绍石油沥青和改性沥青。

一、石油沥青

石油沥青是石油原油经过常压、减压蒸馏等提炼工艺分出各种轻质油（汽油、煤油、柴油等）和润滑油后的残渣，经进一步加工所得的产品。

（一）石油沥青的组成

石油沥青主要由碳、氢组成，其次为非烃基元素（硫、氧、氮等）。其化学组成结构非常复杂，分析起来比较困难。目前，在研究、使用过程中常将化学性质与物理、力学性质相似的物质分为多个组，称为“组分”。通常，沥青分为油分、树脂和地沥青质三大组分。

1. 油分

油分为淡黄色的流动黏稠液体，密度为 0.71～1.0g/cm^3，能溶于多数有机溶剂（如苯、三氯甲烷、丙酮等），但不溶于酒精。在石油沥青中，油分含量一般占 40%～60%。油分赋予沥青流动性，当其含量较高时，沥青表现出流动性大、软化点低，但温度敏感性较差的性质。

2. 树脂

树脂为密度在 1.00～1.10g/cm^3 之间的黄色至黑褐色半固态黏稠物质，又称脂胶，可在大多数有机溶剂中溶解，但其在丙酮和酒精中的溶解度极低。在石油沥青中，树脂赋予沥青塑性和黏性，其含量一般为 15%～30%，当其含量增加时，沥青的延度和黏结力等性能更加优异。

3. 地沥青质

地沥青质为密度大于 1g/cm^3 的深褐色至黑色的无定形固体粉末，能溶于二硫化碳和四氯化碳，但不溶于汽油。地沥青质在石油沥青中发挥着至关重要的作用，是决定沥青黏性和温度敏感性的重要组分。其含量越多，软化点越高，黏性越大，也越脆和硬，在石油沥青中地沥青质含量约为 10%～30%。

除此之外，石油沥青中还含有少量的固体石蜡，是沥青中的有害物质，会降低沥青的黏性、塑性，同时温度稳定性变差。

石油沥青中各组分之间的比例决定着沥青的性质：液态沥青中，如油分、树脂含量多，具有良好的流动性；固态沥青中，如树脂、地沥青质多，则具有良好的黏性及热稳定性。但石油沥青中的几个组分不是固定不变的，在热量、阳光、大气、水等环境因素作用下，油分、树脂的含量逐渐降低，地沥青质的含量逐渐变大，这一现象称为沥青的老化。老化后的沥青流动性、塑性会降低，脆性增加甚至脆裂。

（二）石油沥青的主要技术性质

1. 黏滞性

黏滞性又称黏性，是指石油沥青在外力作用下抵抗变形的能力。黏滞性的大小与石油沥青各组分之间的比例及环境温度密切相关。当地沥青质含量较高，同时有适量树脂，而油分含量较少时，石油沥青的黏滞性较大。在特定的温度范围内，随着温度的升高，黏滞性降低；反之则黏滞性升高。

液体石油沥青的黏滞性指标用黏滞度表示。黏滞度以液态石油沥青在一定温度条件下，经过规定直径（3.5mm 或 10mm）的孔，漏下 50mL 所需的时间表示，单位为秒。固态沥青、半固态沥青黏滞性用针入度表示。针入度的测试方法是在温度 25℃条件下，以质量为 100g 的标准针，经 5s 后沉入沥青中的深度，每 0.1mm 为一度。针入度越大，表示沥青流动性越大，黏滞性越差。

2. 塑性

塑性是指石油沥青在外力作用下产生变形，且不发生裂缝、断开等破坏，外力去除后仍能保持变形后的形状的性质。石油沥青的塑性指标用延度表示，又称延伸度或延伸率。延度是在一定的温度条件下，将规定的沥青试件以一定的速度拉伸至断裂时的伸长值，单位为厘米。延度越大，表示沥青的塑性越好，具有良好的变形能力。

石油沥青塑性大小取决于各组分含量及所处温度。塑性随温度升高而增大，随温度下降而降低。当地沥青质含量相同时，树脂含量越多，同时有适量的油分，石油沥青的塑性越大。塑性反映了沥青开裂后自愈能力和受机械应力作用后变形而不被破坏的能力。沥青之所以能被制成性能良好的柔性防水材料，在很大程度上取决于这种性质。

3. **温度敏感性**

石油沥青的黏滞性和塑性随着温度的升降而变化的性能即为温度敏感性，也称温度稳定性。沥青的温度敏感性越大，其随温度变化的程度越大。当温度升高时沥青易变为液体，出现高温流淌的现象；当温度降低时易变脆硬，出现低温脆裂的现象。为保证具有良好的工程性能，要求使用温度敏感性较小的沥青。

石油沥青的温度敏感性一般用软化点指标来表示。沥青材料由固体状态转变为黏流态时的温度即为软化点。软化点越高，表示沥青的温度敏感性越大，温度稳定性越好。

4. **大气稳定性**

大气稳定性是指石油沥青在光照、水分、热和空气等因素的长期相互作用下抵抗老化、保证性能稳定的能力，也是衡量沥青材料耐久性的重要指标之一。

石油沥青的大气稳定性常用蒸发质量损失百分率和加热前后针入度作为评定指标。蒸发后质量损失越小，针入度变化小，表示沥青性能变化小，大气稳定性高，老化慢。

此外，石油沥青在温度达到软化点后，如继续加热便会发生热分解产生易燃气体，当与空气混合后遇火会产生闪火现象，第一次出现闪火时的温度称为闪点。如果沥青继续升温，产生的可燃气体遇火后能持续燃烧 5s 以上，这时的温度即为燃点。为避免在施工现场熬制沥青过程中出现起火、爆炸等事故，要求其最高加热温度应低于闪点和燃点。

（三）石油沥青的标准及应用

石油沥青可根据原油的成分、加工方法、用途进行分类。其中按用途的不同可将石油沥青分为道路石油沥青、建筑石油沥青、普通石油沥青和专用石油沥青等。石油沥青主要根据技术性质（针入度、延度、软化点等）指标划分牌号，并以针入度表示。其中道路石油沥青、建筑石油沥青的主要技术要求见表 9-1，从表中可看出它们的各牌号主要根据针入度大小进行划分，且牌号越大，黏性越小（针入度越大），塑性越好（延度越大），温度敏感性越大（软化点越低）。

表 9-1　道路石油沥青、建筑石油沥青的技术指标

项目	《道路石油沥青》（NB/SH/T 0522—2010）					《建筑石油沥青》（GB/T 494—2010）		
	200 号	180 号	140 号	100 号	60 号	40 号	30 号	10 号
针入度（25℃，100g，5s）	200～300	150～200	110～150	80～110	50～80	36～50	26～35	10～25
延度（25℃）/cm ≥	20	100	100	90	70	3.5	2.5	1.5
软化点（环球法）/℃ ≥	30～48	35～48	38～51	42～55	45～58	60	75	95
溶解度（三氯乙烯或苯）（%）≥	99.0					99.0		

（续表）

项目	《道路石油沥青》（NB/SH/T 0522—2010）					《建筑石油沥青》（GB/T 494—2010）		
	200 号	180 号	140 号	100 号	60 号	40 号	30 号	10 号
质量变化（%）≤	1.3	1.3	1.3	1.2	1.0	1.0		
蒸发后针入度比（%）≥	报告					65		
闪点（开口）（℃）≥	180	200	230			260		

在应用沥青材料过程中，应根据工程性质（如道路、房屋、桥梁等），当地气候条件，所处工作环境（如屋面、地下等），所采用的施工方法来选用沥青的品种及牌号。如在选用过程中所需牌号沥青不足时，可选择两种牌号的沥青进行掺配。一般在满足使用要求的前提下，尽量选择牌号高的石油沥青，以保证其有较长的使用年限。

道路石油沥青主要作为胶凝材料，用于配制沥青混凝土、沥青砂浆等，通常用于道路路面、厂房地面、地下防水工程等。建筑石油沥青则多用于制作防水、防腐蚀材料，如防水卷材、防水涂料、嵌缝油膏等，用于建筑屋面、地下、沟槽等工程。一般用于屋面的沥青材料要求其软化点要高于当地历年来最高温度 20～25℃，以防夏季高温流淌，常选用 10 号或 30 号沥青。受温度影响较小或气温较低的地区可选择牌号较高的沥青。普通石油沥青石蜡含量较高，温度敏感性较差，因此在建筑工程中不宜直接使用。可通过适当处理改善性能后使用。

当某一牌号的沥青不能满足工程要求时，可将化学性质相似及表面张力相近的同产源两种牌号沥青进行掺配使用。掺配比例可按下式计算。

$$Q_1 = \frac{T_2 - T}{T_2 - T_1} \times 100 \tag{9-1}$$

$$Q_2 = 100 - Q_1 \tag{9-2}$$

其中，Q_1 为较软石油沥青用量（%）；Q_2 为较硬石油沥青用量（%）；T 为掺配后软化点（℃）；T_1 为较软石油沥青软化点（℃）；T_2 为较硬石油沥青软化点（℃）。

二、改性石油沥青

实际工程中往往要求沥青具有一定的物理性质和黏附性；良好的耐热性及耐寒性；能适应结构的变形，具备一定的耐疲劳性；具备优秀的抗老化性能，保证使用寿命。然而传统沥青并不一定能完全满足这些要求，从而导致目前屋面防水渗漏严重，使用寿命短。为此，常采用多种措施改善传统沥青的综合性能。

改性石油沥青便是掺加橡胶、树脂、高分子聚合物、磨细的橡胶粉或其他填料等外掺剂（改性剂），或采取对沥青轻度氧化加工等措施，使沥青或沥青混合料的性能得以改善制成的沥青结合料。根据掺加料的不同，改性石油沥青通常分为橡胶改性沥青、树脂改性沥青、橡胶树脂共混改性沥青及矿物填料改性沥青。

（一）橡胶改性沥青

橡胶与沥青之间具有较好的混溶性，能使石油沥青具有橡胶的多种优点，是沥青重要的改性材料之一。常用橡胶改性材料有氯丁橡胶、丁基橡胶、再生橡胶、SBS 橡胶等。橡胶改性沥青提高了沥青的温度稳定性、强度及抗老化能力，然而由于所使用的橡胶品种不同、掺入方法及量的不同，各种橡胶改性沥青之间的性能也有一定的差异。

（二）树脂改性沥青

用树脂改性沥青，能改善沥青的耐高低温性、黏结性、不透气性。然而树脂与石油沥青之间混溶性较差，且可选用的树脂品种相对较少。常用树脂改性材料有古马隆树脂、APP、聚乙烯、天然松香等。

（三）橡胶树脂共混改性沥青

将橡胶与树脂共混作为石油沥青的改性材料，可使沥青同时具备橡胶和树脂的特性。此外，橡胶与树脂的相溶性较好，且树脂比橡胶便宜，故能取得较满意的技术经济效果。常用的有聚氯乙烯-橡胶共混改性沥青、氯化聚乙烯-橡胶共混改性沥青等。

（四）矿物填料改性沥青

往石油沥青中从掺入适量的矿物填充料，可以改善沥青的耐热性、黏结力和大气稳定性，减小沥青的温度敏感性，并且可以降低沥青的消耗量。常用矿物填充料有滑石粉、石棉粉、石灰石粉、白云石粉等。矿物填料的适宜掺量一般为 20%～40%。

第二节　防水卷材

防水卷材是目前应用最广泛的防水材料之一，主要应用于建筑屋面、墙体，以及公路、隧道、垃圾填埋场、水工建筑等。防水卷材要满足防水工程的要求，应具备以下几方面的性能。

（1）耐水性。耐水性是指在水的作用下和被水浸润后其性能基本不变，在压力水作用下具有不透水性，常用不透水性、吸水性等指标表示。

（2）温度稳定性。温度稳定性指在高温下防水卷材不流淌、不起泡、不滑动，低温下不脆裂的性能，即在一定温度变化下保持原有性能的能力。常用耐热度、耐热性等指标表示。

（3）机械强度、延伸性和抗断裂性。它指防水卷材承受一定荷载、应力或在一定变形的条件下不断裂的性能。常用拉力、拉伸强度和断裂伸长率等指标表示。

（4）柔韧性。柔韧性指在低温条件下防水卷材保持柔韧的性能。它对保证易于施工、不脆裂十分重要。常用柔度、低温弯折性等指标表示。

（5）大气稳定性。大气稳定性指在阳光、热、臭氧及其他化学侵蚀介质等因素的长期综合作用下防水卷材抵抗侵蚀的能力。常用耐老化性、热老化保持率等指标表示。

一、高聚物改性沥青防水卷材

随着工程需要及技术发展，近年来科学家研发出了许多性能优异的新型防水卷材，例如高聚物改性沥青防水卷材、合成高分子防水卷材等。高聚物改性沥青防水卷材是以合成高分子聚合物改性沥青为涂盖层，纤维织物或纤维毡为胎体，粉状、粒状、片状或薄膜材料为覆面材料制成可卷曲的片状材料。高聚物改性沥青防水卷材一般可划分为三个大类：弹性体高聚物改性沥青防水卷材、塑性体高聚物改性沥青防水卷材、橡塑共混体聚合物改性沥青防水卷材。与传统沥青防水卷材相比，它低温柔韧性好、拉伸强度高、延伸率大、耐候性好。同时这种材料还具有操作简单、可冷施工、污染性低、使用寿命长等特点。高聚物改性沥青防水卷材分为中、高档防水卷材，是目前应用最广泛的防水卷材产品。

（一）弹性体改性沥青防水卷材

弹性体改性沥青防水卷材是以经掺入热塑性弹性体改性后的石油沥青为涂盖层，仅采用聚酯毡、玻纤毡、玻纤增强聚酯毡为胎基，以矿物粒、片料、薄膜为表面隔离材料加工制成的一种柔性片状防水材料。

1. **类型**

按胎基材料的不同，弹性体改性沥青防水卷材可分为聚酯毡（PY）、玻纤毡（G）、玻纤增强聚酯毡（PYG）；按上表面隔离材料不同又可分为聚乙烯膜（PE）、细砂（S）、矿物粒料（M）；按下表面材料分为细砂（S）、聚乙烯膜（PE）；根据材料性能分为Ⅰ型和Ⅱ型。当前，主要生产的弹性体改性沥青防水卷材为以苯乙烯-丁二烯-苯乙烯弹性体改性沥青为涂浸层的SBS改性沥青防水卷材。

2. **规格**

弹性体改性沥青防水卷材规格见表9-2，单位面积质量、面积及厚度应符合表9-3规定。

表9-2 弹性体、塑性体改性沥青防水卷材规格

类型	公称宽度/mm	公称厚度/mm	公称面积/m^2
聚酯毡卷材	1000	3、4、5	7.5、10、15
玻纤毡卷材		3、4	
玻纤增强聚酯毡卷材		5	

表9-3 弹性体、塑性体单位面积质量、面积及厚度

规格（公称厚度、mm）		3			4			5		
上表面材料		PE	S	M	PE	S	M	PE	S	M
下表面材料		PE	PE、S		PE	PE、S		PE	PE、S	
面积/（m^2/卷）	公称面积	10、15			10、7.5			7.5		
	偏差	±0.10			±0.10			±0.10		
单位面积质量/（kg/m^2）≥		3.3	3.5	4.0	4.3	4.5	5.0	5.3	5.5	6.0
厚度/mm	平均值 ≥	3.0			4.0			5.0		
	最小值	2.7			3.7			4.7		

3. **标记**

弹性体改性沥青防水卷材产品按名称、型号、胎基、上表面材料、下表面材料、厚度、面积和执行标准编号顺序标记。例如，$10m^2$ 面积、3mm 厚的上表面为矿物粒料、下表面为聚乙烯膜聚酯毡Ⅰ型弹性体改性沥青防水卷材标记为：SBS Ⅰ PY M PE 3 10 GB 18242—2008。

4. **材料性能**

弹性体改性沥青防水卷材综合性能强，具有较高的弹性、耐热性、低温柔韧性、不透水性和延伸率，使用寿命长。此类卷材的物理力学性能及其技术指标如表 9-4 所示。

表 9-4　弹性体改性沥青防水卷材的材料性能（GB 18242—2008）

序号	项目		指标				
			Ⅰ		Ⅱ		
			PY	G	PY	G	PYG
1	可溶物含量/（g/m^2）≥	3mm	2100				—
		4mm	2900				—
		5mm	3500				
		试验现象	—	胎基不燃	—	胎基不燃	—
2	耐热性	℃	90		105		
		≤mm	2				
		试验现象	无流淌、滴落				
3	低温柔韧性/℃		−20		−25		
			无裂缝				
4	不透水性 30min		0.3MPa	0.2MPa	0.3MPa		
5	拉力	最大峰拉力/（N/50mm）≥	500	350	800	500	900
		次高峰拉力/（N/50mm）≥	—	—	—	—	800
		试验现象	拉伸过程中，试件中部无沥青涂盖层开裂或与胎基分离现象				
6	延伸率	最大峰时延伸率/%≥	30	—	40	—	—
		第二峰时延伸率/%≥	—		—		15
7	浸水后质量增加/% ≤	PE、S	1.0				
		M	2.0				
8	热老化	拉力保持率/%≥	90				
		延伸率保持率/%≥	80				
		低温柔性/℃	−15		−20		
			无裂缝				
		尺寸变化率/%≤	0.7	—	0.7	—	0.3
		质量损失率/%≤	1.0				

（续表）

<table>
<tr><td rowspan="3">序号</td><td rowspan="3" colspan="2">项目</td><td colspan="5">指标</td></tr>
<tr><td colspan="2">I</td><td colspan="3">II</td></tr>
<tr><td>PY</td><td>G</td><td>PY</td><td>G</td><td>PYG</td></tr>
<tr><td>9</td><td>渗油性</td><td>张数 ≤</td><td colspan="5">2</td></tr>
<tr><td>10</td><td colspan="2">接缝剥离强度/（N/mm）≥</td><td colspan="5">1.5</td></tr>
<tr><td>11</td><td colspan="2">钉杆撕裂强度/N ≥</td><td colspan="4">—</td><td>300</td></tr>
<tr><td>12</td><td colspan="2">矿物粒料粘附性/g≤</td><td colspan="5">2.0</td></tr>
<tr><td>13</td><td colspan="2">卷材下表面沥青涂盖层厚度/mm ≥</td><td colspan="5">1.0</td></tr>
<tr><td rowspan="4">14</td><td rowspan="4">人工气候加速老化</td><td>外观</td><td colspan="5">无滑动、流淌、滴落</td></tr>
<tr><td>拉力保持率 ≥</td><td colspan="5">80</td></tr>
<tr><td rowspan="2">低温柔性/℃</td><td colspan="2">−15</td><td colspan="3">−20</td></tr>
<tr><td colspan="5">无裂缝</td></tr>
</table>

5. **用途**

弹性体改性沥青防水卷材主要适用于工业、民用建筑，例如屋面、墙体、卫生间、地下室、水池、公路、桥梁、隧道等防水工程，尤其适用于寒冷地区，是一种用途广泛、性能优异的防水材料。可热熔施工，也可冷粘；可单层使用，也可多层使用。玻纤增强聚酯毡卷材可用于机械固定单层防水，但需通过抗风荷载试验；玻纤毡卷材主要作为多层防水中的底层防水材料；当外露使用时，宜采用上表面隔离材料为不透明的矿物粒料的防水卷材；地下工程防水通常采用表面隔离材料为细砂的防水卷材。

6. **包装、储存与运输**

卷材产品外包装上应包含：生产厂名及地址、商标、产品标记、是否热熔施工、生产日期或批号、检验合格标志、生产许可证号及其标志。同时应在包装或说明书中注明储存与运输注意事项。储存与运输时，不同类型、规格的产品应分别堆放，不应混杂。避免日晒雨淋，注意通风。储存温度不应高于 50℃，立放储存只能单层。运输时防止倾斜或横压，必要时加盖苫布。在正常储存、运输条件下，储存期为自生产日期起一年。

（二）塑性体改性沥青防水卷材

塑性体改性沥青防水卷材是以 APP（无规聚丙烯）或 APAO、APO（聚烯烃类聚合物）改性沥青为涂盖层，以聚酯毡、玻纤毡、玻纤增强聚酯毡为胎基，两面覆以隔离材料制成的防水卷材。目前使用广泛的塑性体改性沥青防水卷材主要为 APP 改性沥青防水卷材。

1. **类型**

按胎基材料的不同，弹性体改性沥青防水卷材可分为聚酯毡（PY）、玻纤毡（G）、玻纤增强聚酯毡（PYG）；按上表面隔离材料不同又可分为聚乙烯膜（PE）、细砂（S）、矿物粒料（M）；按下表面材料分为细砂（S）、聚乙烯膜（PE）；根据材料性能分为Ⅰ型和Ⅱ型。

2. **规格**

塑性体改性沥青防水卷材规格见表 9-2，单位面积质量、面积及厚度应符合表 9-3 规定。

3. **标记**

塑性体改性沥青防水卷材产品按名称、型号、胎基、上表面材料、下表面材料、厚度、面积和执行标准编号顺序标记。例如，$10m^2$ 面积、3mm 厚的上表面为矿物粒料、下表面为聚乙烯膜聚酯毡Ⅰ型塑性体改性沥青防水卷材标记为：APP Ⅰ PY M PE 3 10 GB 18243—2008。

4. **材料性能**

塑性体改性沥青防水卷材弹塑性好，具有独特的耐热性和抗强光辐射性，尤其适用于高温和强光照地区。此类卷材的物理力学性能及其技术指标如表 9-5 所示。

表 9-5　塑性体改性沥青防水卷材的材料性能（GB 18243—2008）

序号	项目		指标				
			Ⅰ		Ⅱ		
			PY	G	PY	G	PYG
1	可溶物含量/（g/m^2）≥	3mm	2100				—
		4mm	2900				—
		5mm	3500				
		试验现象	—	胎基不燃	—	胎基不燃	—
2	耐热性	℃	110		130		
		≤mm	2				
		试验现象	无流淌、滴落				
3	低温柔韧性/℃		−7		−15		
			无裂缝				
4	不透水性 30min		0.3MPa	0.2MPa	0.3MPa		
5	拉力	最大峰拉力/（N/50mm）≥	500	350	800	500	900
		次高峰拉力/（N/50mm）≥	—	—	—	—	800
		试验现象	拉伸过程中，试件中部无沥青涂盖层开裂或与胎基分离现象				
6	延伸率	最大峰时延伸率/%≥	25	—	40	—	—
		第二峰时延伸率/%≥	—		—		15
7	浸水后质量增加/% ≤	PE、S	1.0				
		M	2.0				

（续表）

<table>
<tr><td rowspan="3">序号</td><td rowspan="3" colspan="2">项目</td><td colspan="5">指标</td></tr>
<tr><td colspan="2">I</td><td colspan="3">II</td></tr>
<tr><td>PY</td><td>G</td><td>PY</td><td>G</td><td>PYG</td></tr>
<tr><td rowspan="6">8</td><td rowspan="6">热老化</td><td>拉力保持率/%≥</td><td colspan="5">90</td></tr>
<tr><td>延伸率保持率/%≥</td><td colspan="5">80</td></tr>
<tr><td rowspan="2">低温柔性/℃</td><td colspan="2">−2</td><td colspan="3">−10</td></tr>
<tr><td colspan="5">无裂缝</td></tr>
<tr><td>尺寸变化率/%≤</td><td>0.7</td><td>—</td><td>0.7</td><td>—</td><td>0.3</td></tr>
<tr><td>质量损失率/%≤</td><td colspan="5">1.0</td></tr>
<tr><td>9</td><td colspan="2">接缝剥离强度/（N/mm）≥</td><td colspan="5">1.0</td></tr>
<tr><td>10</td><td colspan="2">钉杆撕裂强度/N ≥</td><td colspan="4">—</td><td>300</td></tr>
<tr><td>11</td><td colspan="2">矿物粒料粘附性/g ≤</td><td colspan="5">2.0</td></tr>
<tr><td>12</td><td colspan="2">卷材下表面沥青涂盖层厚度/mm ≥</td><td colspan="5">1.0</td></tr>
<tr><td rowspan="4">13</td><td rowspan="4">人工气候加速老化</td><td>外观</td><td colspan="5">无滑动、流淌、滴落</td></tr>
<tr><td>拉力保持率/%≥</td><td colspan="5">80</td></tr>
<tr><td rowspan="2">低温柔性/℃</td><td colspan="2">−2</td><td colspan="3">−10</td></tr>
<tr><td colspan="5">无裂缝</td></tr>
</table>

5. 用途

塑性体改性沥青防水卷材适用范围及使用要求与弹性体改性沥青防水卷材相似。但与弹性体改性沥青防水卷材比较，其具有更好的耐高温性能，而低温柔性有所下降，因此塑性体改性沥青防水卷材更适用于高温及紫外线辐射强烈地区。

6. 包装、储存与运输

塑性体改性沥青防水卷材的包装、储存及运输与弹塑性体改性沥青防水卷材要求相同。

（三）其他改性沥青防水卷材

铝箔面石油沥青防水卷材是以玻纤毡为胎基，两面浸涂石油沥青，上表面采用对阳光反射率大的银白色铝箔为保护层，下表面采用细砂或聚乙烯膜为隔离层的防水卷材。该防水卷材具有很高的阳光反射率，抗老化能力强，使用寿命长，同时具有良好的耐高低温性、抗拉强度、延伸率和弹塑性，适用于屋顶、平屋顶、地下管道、桥梁等的防水层，也可作为蒸汽隔离层使用，尤其适用于炎热地区屋顶防水。

自粘聚合物改性沥青防水卷材是以掺有增粘材料的聚合物改性沥青为涂盖层，以聚酯纤维无纺布为胎基，以聚乙烯膜、细砂或聚酯膜为为表面隔离层材料，再附上可剥离的硅质隔离、防粘材料，制成的防水卷材。这种新型防水卷材具有很好的发展前景，其不仅具有良好的低温柔韧性、不透水性、变形适应性，同时施工简单，不需要胶粘剂，可快速铺设，缩短工期。

除上述类型高聚物改性沥青防水卷材外，常见的还有再生胶改性沥青防水卷材、聚氯乙烯改性焦油防水卷材、丁苯橡胶改性沥青防水卷材等。

二、合成高分子防水卷材

随着合成高分子材料的发展，出现了性能更优异的新型高档防水卷材——合成高分子防水卷材。合成高分子防水卷材是以合成橡胶、合成树脂或者二者的共混体为基料，加入适量的化学助剂（软化剂、硫化剂、促进剂和补强剂等）和填充剂等，经过多种加工工序而制成的柔性片状防水卷材。

与其他类防水卷材相比较，合成高分子防水卷材具有较高拉伸强度、断裂伸长率和抗撕裂强度，同时还有良好的低温柔性、耐热性能、耐腐蚀性和耐老化性能，使用寿命长。此类防水卷材采用冷施工，施工方便、快速，维修简便，可作单层防水。

经过十几年的迅猛发展，目前可生产合成高分子防水卷材已有几十种。根据合成高分子种类的不同，合成高分子防水卷材通常可分为橡胶类、树脂类和橡塑共混类等三大类，其中又可分为加筋增强型和非加筋增强型两种。下面主要介绍部分常用的合成高分子防水卷材。

（一）三元乙丙橡胶防水卷材

三元乙丙橡胶防水卷材是以三元乙丙橡胶（EPDM）为主体，掺入适量的丁基橡胶、硫化剂、促进剂、软化剂和补强剂等，经密炼、过滤、挤出、拉片、压延成形等工序加工而得的一种高强度、高弹性防水卷材。

三元乙丙橡胶防水卷材具有较高的抗拉强度、拉断伸长率，对基层变形适应性强，同时还有良好的耐臭氧性能、耐腐蚀性、耐紫外线，使用寿命长达 50 年之久，使用温度范围宽，低温可达–40℃，高温达 80℃，能在恶劣环境下长久使用，是目前性能最好的防水卷材。最适宜用于工业与民用建筑屋面工程的单层外露防水、受振动或易变形建筑工程防水等。

目前国产三元乙丙橡胶防水卷材主要有硫化型与非硫化型两种，其中硫化型防水卷材产量最大。它们的物理性能应符合表 9-6 的规定。

表 9-6　三元乙丙橡胶防水卷材的主要物理性能要求

项目		指标	
		硫化橡胶类（JL1）	非硫化橡胶类（JF1）
拉伸强度/MPa	常温（23℃）≥	7.5	4.0
	高温（60℃）≥	2.3	0.8
拉断伸长率/%	常温（23℃）≥	450	400
	低温（−20℃）≥	200	200
撕裂强度/（kN/m）≥		25	18
不透水性（30min）		0.3MPa 无渗漏	0.3MPa 无渗漏

（续表）

<table>
<tr><td colspan="2" rowspan="2">项目</td><td colspan="2">指标</td></tr>
<tr><td>硫化橡胶类（JL1）</td><td>非硫化橡胶类（JF1）</td></tr>
<tr><td colspan="2">低温弯折</td><td>-40℃ 无裂纹</td><td>-30℃ 无裂纹</td></tr>
<tr><td rowspan="2">加热伸缩量/mm</td><td>延伸 ≤</td><td>2</td><td>2</td></tr>
<tr><td>收缩 ≤</td><td>4</td><td>4</td></tr>
<tr><td rowspan="2">热空气老化（80℃×168h）</td><td>拉伸强度保持率/%≥</td><td>80</td><td>90</td></tr>
<tr><td>拉断伸长率保持率/%≥</td><td>70</td><td>70</td></tr>
<tr><td>臭氧老化（40℃×168h）</td><td>伸长率 40%，500×10^{-8}</td><td>无裂纹</td><td>无裂纹</td></tr>
</table>

（二）聚氯乙烯（PVC）防水卷材

聚氯乙烯防水卷材是以聚氯乙烯树脂为主体，掺入适量的各类化学助剂、抗老化组分和填料，采用先进设备和混炼、造粒、挤出成形、冷却卷曲等加工工序制成的高档防水卷材。此种防水卷材具有耐老化、耐腐蚀、抗紫外线性能好，同时拉伸强度大、延伸率高、低温柔韧性好，使用寿命长。可单层或多层复合使用，通常采用冷粘法、机械固定法、空铺法，同时可配以热空气焊接工艺进行接缝处理。其产品性能稳定、质量可靠、成本低廉、施工及维修方便，因此是国内目前使用量较大的一类防水卷材。

聚氯乙烯防水卷材根据产品的组成分类为：均质卷材（代号 H）、带纤维背衬卷材（代号 L）、织物内增强卷材（代号 P）、玻璃纤维内增强卷材（代号 G）、玻璃纤维内增强带纤维背衬卷材（代号 GL）。该类卷材规格为：公称长度规格为 15m、20m、25m；公称宽度规格为 1.00m、2.00m；厚度规格为 1.20mm、1.50mm、1.80mm、2.00mm。其余规格可由供需双方商定。可按产品名称、是否外露使用、类型、厚度、长度宽度和执行标准顺序标记。例如，长度 20m、宽度 2.00m、厚度 1.5mm、L 类外露使用聚氯乙烯防水卷材标记为：PVC 卷材 外露 L 1.5mm/20m×2.00m GB 12952—2011。

国家标准《聚氯乙烯（PVC）防水卷材》（GB 12952—2011）对其材料性能指标做了相应规定，主要材料性能指标如表 9-7 所示。

表 9-7 聚氯乙烯（PVC）防水卷材主要材料性能指标

<table>
<tr><td rowspan="2">序号</td><td colspan="2" rowspan="2">项目</td><td colspan="5">指标</td></tr>
<tr><td>H</td><td>L</td><td>P</td><td>G</td><td>GL</td></tr>
<tr><td rowspan="4">1</td><td rowspan="4">拉伸性能</td><td>最大拉力/（N/cm）≥</td><td>—</td><td>120</td><td>250</td><td>—</td><td>120</td></tr>
<tr><td>拉伸强度/MPa ≥</td><td>10.0</td><td>—</td><td>—</td><td>10.0</td><td>—</td></tr>
<tr><td>最大拉伸时伸长率/%≥</td><td>—</td><td>—</td><td>15</td><td>—</td><td>—</td></tr>
<tr><td>断裂伸长率/%≥</td><td>200</td><td>150</td><td>—</td><td>200</td><td>100</td></tr>
<tr><td>2</td><td colspan="2">热处理尺寸变化率 ≤</td><td>2.0</td><td>1.0</td><td>0.5</td><td>0.1</td><td>0.1</td></tr>
<tr><td>3</td><td colspan="2">低温弯折性</td><td colspan="5">-25℃无裂纹</td></tr>
<tr><td>4</td><td colspan="2">不透水性</td><td colspan="5">0.3MPa，2h 不透水</td></tr>
</table>

（续表）

序号	项目		指标				
			H	L	P	G	GL
5	抗冲击性能		0.5kg·m，不渗水				
6	抗静态荷载		—	—	20kg 不渗水		
7	接缝剥离强度/（N/mm）≥		4.0 或卷材破坏		3.0		
8	直角撕裂强度/（N/mm）≥		50	—	—	50	—
9	梯形撕裂强度/N ≥		—	150	250	—	220
10	热老化（80℃，672h）	外观	无起泡、裂纹、分层、粘结和孔洞				
		最大拉力保持率/%≥	—	85	85	—	85
		拉伸强度保持率/%≥	85	—	—	85	—
		最大拉力时伸长率保持率/%≥	—	—	80	—	—
		断裂伸长率保持率/%≥	80	80	—	80	80
		低温弯折性	-20℃无裂纹				

（三）氯化聚乙烯（CPE）防水卷材

氯化聚乙烯防水卷材主要原材料是含氯量为 30%～40%的氯化聚乙烯，掺入多种化学助剂和填充料，经混炼、延压成形和硫化等工序加工制得的新型防水卷材。这种卷材抗拉强度高、不透水性强、低温柔性好、变形适应性强，具有良好的耐候性、耐老化性、耐酸碱性，使用寿命长，且 30%～40%氯原子的存在使氯化聚乙烯防水卷材具有更好的阻燃性和粘结性。

氯化聚乙烯防水卷材产品根据有无复合层分类，分为无复合层（N 类）、用纤维单面复合（L 类）、织物内增强（W 类）。其长度规格为 10m、15m、20m；厚度规格为 1.2mm、1.5mm、2.0mm。按产品名称、外露或非外露使用，类、型、厚度、长×宽和标准顺序标记。例如，长度 20m、宽度 1.2m、厚度 1.5mmⅡ型 L 类外露使用氯化聚乙烯防水卷材标记为：CPE 卷材　外露 LⅡ1.5/20×1.2 GB 12593—2003。其材料性能应符合表 9-8 的规定。

表 9-8　氯化聚乙烯防水卷材性能

项目	指标					
	N 类		L 类		W 类	
	Ⅰ型	Ⅱ型	Ⅰ型	Ⅱ型	Ⅰ型	Ⅱ型
拉伸强度/MPa ≥	5.0	8.0	70	120	70	120
拉力/（N/cm）≥	—	—	70	120	70	120
断裂伸长率/%≥	200	300	125	250	125	250
热处理尺寸变化率/%	3.0	纵向 2.5 横向 1.5	1.0			

（续表）

项目	指标					
	N 类		L 类		W 类	
	I 型	II 型	I 型	II 型	I 型	II 型
低温弯折性	−20℃无裂纹	−25℃无裂纹	−20℃无裂纹	−25℃无裂纹	−20℃无裂纹	−25℃无裂纹
抗穿孔性	不渗水					
不透水性	不透水					
剪切状态下的粘合性/（N/mm）	3.0 或卷材破坏				6.0 或卷材破坏	

（四）氯化聚乙烯–橡胶共混防水卷材

氯化聚乙烯-橡胶共混防水卷材是以含氯量 30%～40%的氯化聚乙烯树脂和合成橡胶共混物为主要原材料，掺入适量的硫化剂、防老化剂、促进剂、软化剂和填充料等，采用先进的设备和工艺制成的中高档防水卷材。

该卷材具有氯化聚乙烯的高强度和优异耐候性，兼具橡胶的低温柔性、高弹性和伸长率。且重量轻，施工方便，使用寿命通常为 15～20 年。适用于工业与民用建筑、构筑物屋面、地下防水、储水池等防水工程。

氯化聚乙烯防水卷材应满足国家标准《高分子防水材料 第一部分：片材》（GB 18173.1—2012）的规定，其产品主要技术指标如表 9-9 所示。

表 9-9 氯化聚乙烯–橡胶共混防水卷材主要技术指标

项目		指标	
		硫化橡胶类（JL2）	非硫化橡胶类（JF2）
拉伸强度/MPa	常温（23℃）≥	6.0	3.0
	高温（60℃）≥	2.1	0.4
拉断伸长率/%	常温（23℃）≥	400	200
	低温（−20℃）≥	200	100
撕裂强度/（kN/m）≥		24	10
不透水性（30min）		0.3MPa 无渗漏	0.3MPa 无渗漏
低温弯折		−30℃ 无裂纹	−20℃ 无裂纹
加热伸缩量/mm	延伸 ≤	2	4
	收缩 ≤	4	6
热空气老化（80℃×168h）	拉伸强度保持率/%≥	80	60
	拉断伸长率保持率/%≥	70	70
臭氧老化（40℃×168h）	伸长率 20%，200×10^{-8}	无裂纹	—

除了上述四种常见高分子防水卷材外，其他常见的防水卷材还有三元乙烯橡胶防水卷材、氯丁橡胶卷材、氯丁橡胶乙烯防水卷材、聚乙烯-三元乙丙橡胶共混防水卷材、氯磺化聚乙烯防水卷材等。

第三节　建筑防水涂料

防水涂料是一种流态或半流态物质，涂布在基体表面，经固化后形成为具有一定弹性和一定厚度的连续薄膜，使基层表面与水隔绝，起到防水、防渗和保护的作用。防水涂料具有整体防水性能好、温度适应性强、便于操作、施工速度快、易于维修、无污染等特点。

防水涂料是以高分子聚合物、高分子聚合物与沥青、高分子聚合物与水泥作为其主要成膜物质，各种助剂、改性材料、填充材料为辅助材料，经加工制成的具有防水作用的特殊涂料。根据成膜物质的不同，防水涂料可大致分为沥青基防水涂料、高聚物改性沥青防水涂料、合成高分子防水涂料、无机系防水涂料。另外又可按所用分散介质的不同分为溶剂型、水乳型或粉末型。

市面上可供选择的防水涂料种类繁多，并且性能、特点各不相同。为保证其在固化成膜后具有良好的防水能力，均应对如下技术性能进行有效控制。

（1）固体含量。固体含量指防水涂料中所含固体比例。由于涂料涂刷后靠其中的固体成分形成涂膜，因此固体含量多少与成膜厚度及涂膜质量密切相关。

（2）耐热度。耐热度指防水涂料成膜后的防水薄膜在高温下不发生软化变形。不流淌的性能，即耐高温性能。

（3）柔性。柔性指防水涂料成膜后的膜层在低温下保持柔韧的性能。它反映防水涂料在低温下的施工和使用性能。

（4）不透水性。不透水性指防水涂料在一定水压（静水压或动水压）下和一定时间内不出现渗漏的性能。它是防水涂料满足防水功能要求的主要质量指标。

（5）延伸性。延伸性指防水涂膜适应基层变形的能力。防水涂料成膜后必须具有一定的延伸性，以适应由于温差、干湿等因素造成的基层变形，保证防水效果。

常用的防水涂料有水乳型沥青基防水涂料、氯丁橡胶改性沥青防水涂料、SBS 改性沥青防水涂料、防水涂料、聚氨酯防水涂料、丙烯酸酯防水涂料、硅橡胶防水涂料、水泥基渗透结晶型防水材料、水泥基高效无机防水涂料等。

一、沥青基防水涂料

以石油沥青为主要成膜物质的防水涂料称为沥青基防水涂料，通常分为水乳型和溶剂型两类。水乳型沥青防水涂料是在矿物乳化剂或化学乳化剂的作用下，将石油沥青分散于水中，形成稳定的水分散体构成的防水涂料。水乳型沥青防水涂料产品根据性能分为 H 型和 L 型。溶剂型沥青防水涂料是以石油沥青为成膜物质，汽油等有机物为溶剂，制成的沥青溶液。该型涂料涂刷固化后涂膜很薄，通常不单独作防水涂料使用，只作油毡等施工时基层处理剂。由于受沥青本身性能的限制，沥青基防水涂料的低温柔性、耐热性等性能较差，使用寿命较短，是廉价低档的防水涂料。常用的沥青防水涂料有冷底子油、沥青胶、石灰乳化沥青防水涂料、膨润土沥青乳液、水性沥青基厚质防水沥青涂料、水性沥青基薄质防水沥青涂料等。

二、高聚物改性沥青防水涂料

高聚物改性沥青类防水涂料是以石油沥青为基料，通过适当的高聚物改性，制得的防水涂料，通常分为溶剂型和水乳型两类。与沥青类防水涂料相比，经改性后的防水涂料具有良好的柔韧性、弹性、耐高温性，较大拉伸强度、使用寿命，同时粘结力强、施工方便，能适应基层的变形，特别适用于复杂结构。

（一）氯丁橡胶改性沥青防水涂料

氯丁橡胶改性沥青防水涂料是将石油沥青和氯丁橡胶按一定的比例溶于相应溶剂，制得的混合胶体溶液，主要成膜物质是石油沥青和氯丁橡胶。经氯丁橡胶改性后的防水涂料具有良好的弹性、气密性、耐候性、耐化学腐蚀性等。根据溶剂的不同可分为两类，如溶剂采用石油、甲苯等有机液体为溶剂型，如采用水作为溶剂则是水乳型。溶剂型氯丁橡胶改性沥青防水涂料能在常温及低温情况下施工，且成膜较快，涂膜致密完整，耐水性、耐腐蚀性优异。但其一次涂刷成膜比较薄，难以形成厚涂膜，且溶剂挥发对环境有一定污染，在生产、存储、运输过程中有燃爆危险。水乳型氯丁橡胶改性沥青防水涂料的良好性能与溶剂型涂料相仿，且通过采用水代替汽油、甲苯等有机溶剂，可降低成本，不污染环境，无爆燃危险。氯丁橡胶改性沥青防水涂料适用于工业与民用建筑屋面、厕所、卫浴、厨房、地下室、水池、沼气池、防空洞、隧道等的防水和防潮，可用于旧屋面的防水层的修补施工，也可作为防腐蚀地坪的隔离层。

（二）SBS 改性沥青防水涂料

SBS 改性沥青防水涂料是以三嵌段的热塑性弹性体 SBS（苯乙烯-丁二烯-苯乙烯）作改性剂，对石油沥青进行改性，并再加上表面活性剂，乳化剂、防霉剂及少量其他树脂等辅助材料制造而成的水乳型弹性防水涂料。SBS 改性沥青防水涂料具有良好的防水性能、低温柔韧性、抗裂性，耐老化，使用寿命长。该防水涂料可以单独使用，单位面积用料少，且施工方便，具有良好的适应防水基层变形能力，有利于在结构形状复杂的基层上施工。适用于建筑物屋面、地下、隧道工程、道路桥梁防水及水池、冷库、地下室、地坪等的抗渗防潮。

（三）再生橡胶改性沥青防水涂料

再生橡胶改性沥青防水涂料是以石油沥青为基料，再生橡胶为改性剂，溶于特定溶剂制成的防水涂料。经再生橡胶改性后的沥青防水涂料具有一定的柔韧性及耐久性，能在复杂结构下形成无接缝防水膜，且原材料来源广泛，价格低。但其一次涂刷成膜较薄，需多次涂刷才能形成规定厚度的涂膜。若采用汽油等有机液体为溶剂，可制成溶剂型再生橡胶改性沥青防水涂料。该型涂料固化速度快，可在常温或较低温度下施工，但在生产、存储、运输和使用过程中有燃烧爆炸的危险，且溶剂挥发对环境有一定污染。适用于各类建筑的屋面、厕所、卫浴、厨房、地下室、水池、涵洞、冷库等的防水、防潮。若以水为分散介质，则可制成水乳型再生橡胶改性沥青防水材料。此类防水涂料成本较低，具有无味、无毒、不燃，对环境无污染的优点。可在常温下、潮湿但无积水的基层上施工作业，但低温情况下不易施工，且固化成膜速度较慢，成膜及储存稳定性差。适用于建筑物屋面、墙体、地下室、涵洞、地下混凝土结构等防水防潮。

（四）APP 改性沥青防水涂料

APP 改性沥青防水涂料是以无规聚丙烯（APP）等高分子聚合物作为改性剂，对优质石油沥青进行改性，再加相应的塑剂、稀释剂等助剂制备而成的溶剂型防水涂料。该材料具有良好的耐热性、耐寒性、耐腐蚀性、粘结性、耐老化性和整体防水性，操作方便，且可与卷材复合使用。其适用于各类建筑物的屋面、地下、卫生间等建筑工程的防水、防渗、防潮工程。

三、合成高分子防水涂料

合成高分子防水涂料是以合成橡胶或合成树脂为主要成膜物质，加入其他辅料配制成的单组分或多组分防水涂料。该系防水涂料与其他类型防水涂料相比，具有更好的耐老化性、耐高低温性、渗透性、延伸率，且绿色环保，无毒、无味，逐渐成为防水涂料的主流产品。目前常用的合成高分子防水涂料有以下几种。

（一）聚氨酯防水涂料

聚氨酯防水涂料是目前应用较广泛的一种防水材料，其产品按组分分为单组分（S）和多组分（M）两种；按基本性能分为Ⅰ型、Ⅱ型、和Ⅲ型；按是否暴露使用分为外露（E）和非外露（N）；按有害物质限量分为 A 类和 B 类。通常按产品名称、组分、基本性能、是否暴露、有害物质限量和标准号的顺序标记。传统多组份聚氨酯防水涂料由 A、B 组分组成，A 组分为预聚体，B 组分是固化剂等多种改性剂组成的液体，使用时将二者按比例混合均匀涂刷在基层表面，经固化成为整体弹性防水膜。单组分聚氨酯防水涂料与双组分相比克服了需计量搅拌的缺点，施工更方便，且能保证产品质量及防水效果。聚氨酯防水涂料的主要基本性能有固体含量、拉伸强度、断裂伸长率、不透水性、粘结强度等，其具体技术指标应符合《聚氨酯防水涂料》（GB/T 19250—2013）标准的要求。

聚氨酯防水涂料强度高、延伸率大、耐高低温性能好，粘结力强，能在潮湿或干燥的各种基层上施工，且涂膜密实，无接缝，整体防水性好。适用于建筑物屋面、地下室、卫生间、蓄水池、外墙等的防水。

（二）丙烯酸酯防水涂料

丙烯酸酯防水涂料是以纯丙烯酸树脂或纯丙酸酯乳液为主，加入适量的优质填充料、颜料、助剂等制成的水乳型防水涂料。丙烯酸酯防水涂料是一种新型防水涂料，除具有优良的耐高低温性能、耐候性、不透水性强、施工简单等特点外，还绿色环保，无毒无味，且可根据需要调配成白色、黑色、多种浅色等色彩，兼具防水及装饰效果。但丙烯酸酯防水涂料具有延伸率小的缺点，可通过加入合成橡胶乳液予以改善。

（三）硅橡胶防水涂料

硅橡胶防水涂料是以硅橡胶乳液及其他聚合物乳液的复合物为基料，掺入适量的无机填充剂和化学助剂等，经多种工序制成的乳液型防水涂料。该材料具有较好的渗透性、耐水性、耐高低温性能、黏结性，常温条件下可在干燥或潮湿无明水的基层进行涂布施工，涂膜无缝、整体性好，且拉伸强度高、延伸率较大，基层变形适应能力强，具有较长的使用寿命。其适用于建筑物屋面、地下、卫生间、水池等工程防水、防渗、防潮。

第四节 建筑密封材料

建筑密封材料是建筑施工中不可或缺的一类嵌缝材料，要求具有良好的黏结性、弹塑性，能承受被粘构件的伸缩、振动，主要用于处理建筑物缝隙、门窗四周、玻璃镶嵌部位等，达到气密、水密的目的。按形态的不同可分为非定型密封材料（密封膏）、定性密封材料（具有一定形状和尺寸的密封材料）两类。常用建筑密封材料有沥青嵌缝油膏、聚氨酯密封膏、聚氯乙烯接缝膏、丙烯酸酯建筑密封膏、硅酮密封膏、止水带、密封条带等。

一、沥青嵌缝油膏

沥青嵌缝油膏是以石油沥青为主要材料，加入适量改性材料（橡胶粉、硫化鱼油等）、填充剂（石棉绒、滑石粉等）混合配制而成的冷用膏状防水接缝材料。该油膏在冬季严寒情况下无裂缝、不剥离，在夏季暴热情况下不流淌不流坠；能与各种金属，混凝土、砖、瓦石、玻璃、油毡、木柴等材料牢固粘接，稳定耐久。主要做各种坡屋顶、平屋顶、大型板材顶盖构件等装配建筑，墙面、沟和槽的防水嵌缝材料。

二、聚氨酯建筑密封胶

聚氨酯建筑密封胶是以聚氨酯预聚体为主料，辅以固化剂、助剂等材料制成的高弹性建筑密封胶。聚氨酯建筑密封胶按包装形式分为单组分和多组分两个品种，单组分为湿气固化型，双组分为反应固化型。按产品流动性分为非下垂型（N）和自流平型（L）。该材料具有优良的低温柔韧性、耐磨性、黏结性，且弹性好，适用于动态接缝，抗老化性好，使用寿命可达15～20 年。适用于混凝土板材、石材幕墙、地面、卫生间、门窗框等的接缝及密封，也可用于道路、飞机跑道、桥梁等伸缩缝的嵌缝、修补，及各种管道、隧道接头处的连接密封。

三、聚氯乙烯胶泥

聚氯乙烯胶泥（PVC 胶泥）是以聚氯乙烯、煤焦油为主料，加以适量改性材料，制成的一种新型建筑防水材料。该胶泥具有较高的粘结强度，良好的防水性、弹塑性，同时有耐寒、耐腐蚀、抗老化性能。按产品形式可分为加温型和不加温型，即具有热施工，亦可冷施工的优点。适用于各种混凝土屋面板、地板、墙板、水管、渡槽、公路、桥梁等的嵌缝补缝，也可涂刷于基层表面做防水层、防潮层、防腐蚀层。

四、硅酮密封胶

硅酮密封胶是以聚二甲基硅氧烷为主要原料，再加入适当填充料、交联剂、增塑剂、催化剂等混合制成的膏状物，可在常温下与空气中水发生反应固化形成弹性硅橡胶。按产品组成分为单组分型和双组分型，目前常用的多为单组分型。硅酮密封胶粘结力强，具有很好的耐水性、耐候性，同时又具有拉伸强度大、抗振性好特点，可适用于各种类型材料，并具有较好的基层变形适应能力。

硅酮密封胶按产品适用的基材分为：M 类，适用于金属；G 类，适用于玻璃；Q 类，适用于其他材料。通常按型别、适用基材类别、标准号标记，如 2 MG GB 16776—2005。

五、止水带

止水带是在建设工程施工中全部或部分浇捣于混凝土中，或外贴于混凝土表面，用于各种施工缝、变形缝、伸缩缝接缝处理的定性密封材料。止水带应符合国家标准 GB 18173.2—2014 的规定，应具有良好的弹塑性、防水性、耐磨性、耐老化，同时要求有良好的抗撕裂性能，变形适应能力。通常止水带可制成桥型、山型、U 型、Z 型、T 型、H 型等规格。根据用途，止水带分为变形缝用止水带、施工缝用止水带、沉管隧道接头缝用止水带；根据结构形式，分为普通止水带、复合止水带。常用止水带有橡胶止水带、塑料止水带、钢板止水带、橡胶加钢边止水带等。

本章小结

本章主要介绍沥青、防水材料。通过本章学习，重点掌握石油沥青的组成、主要技术性质及其标准与选用；熟悉防水卷材品种、性质及用途，对防水涂料及密封材料的主要品种作一般了解。

思考与练习

1. 什么是石油沥青？按用途可将其分为哪几类？石油沥青的技术性质是什么？各用什么指标表示？
2. 石油沥青的牌号是如何划分的？
3. 与传统的沥青防水卷材相比，改性沥青防水卷材和合成高分子防水卷材有什么突出的优点？
4. 高聚物改性沥青防水卷材常用的品种有哪些？各有何特点？
5. 常用的建筑密封材料有哪些类型？各有何特点？
6. 试各举一例说明合成高分子卷材、涂料、密封材料的性能和应用。

第十章　建筑装饰材料

章前导读

本章主要介绍建筑装饰材料的概念、要求、分类、选用原则，及常用建筑装饰材料的种类、性质及应用。通过本章的学习初步具备合理选用建筑装饰材料的能力。

学习目标

1. 了解装饰材料的装饰性要求及选用原则。
2. 了解和掌握常用的建筑装饰材料，包括石材、玻璃、陶瓷、涂料、金属等装饰材料的基本性质及应用。

第一节　建筑装饰材料概述

建筑装饰材料一般指建筑物地面、天棚、内外墙面的装饰、装修所需要的材料，又称建筑饰面材料。它铺设或涂抹于结构物内外表面，装饰美化建筑，同时还能改善和保护主体结构，延长建筑物寿命。

装饰材料是建筑材料中的精品，它集材料、工艺、造型设计、美学于一身，反映时代的特征，体现科学技术发展的水平。

建筑物的外观是综合审美的最高艺术形式，主要通过建筑造型、比例、虚实对比、线条以及平面立面的设计手法予以展示，而装饰材料的色彩、线形和质感又在其中发挥着重要作用。

一、建筑装饰材料的装饰性要求

（一）材料的色彩、光泽、透明性和表面组织

颜色是材料对光的反射效果。不同的颜色给人以不同的感受，对人的生理、心理产生不同的影响。例如，红色视觉刺激强，给人一种活跃、热烈、有朝气的感觉；绿色、蓝色易给人一种清流澈、超脱、远离世俗的感觉；紫色则具有优美高雅、雍容华贵的气度。建筑色彩包括居住建筑色彩、商业建筑色彩、办公建筑色彩、娱乐建筑色彩、教育建筑色彩等。因此，装饰材料的颜色常结合建筑功能、传统习惯、宗教信仰、时代风尚、气候环境等因素，并充分考虑人的心理感受进行选择。

光泽是材料表面方向性反射光线的性质。光泽度与材料的表面情况有关，一般材料表面越光滑，则光泽度越高。不同的光泽度，会极大地影响材料表面的明暗程度，造成不同的虚实对比感受。光泽是材料表面的特征，不同类型的材料具有不同的光泽度，例如釉面砖、磨光石材、镜面不锈钢等具有较高的光泽度，而毛面石材、无釉陶瓷等则光泽度较低。材料对光泽的要求也应结合装饰的环境和部位来确定。

透明性是光线透过材料所表现的光学特征。根据透明性可将物体分为透明体（透光、透视）、半透明体（透光、不透视）和不透明体（不透光、不透视）。利用材料不同的透明度，可以调节光线的明暗，改善建筑内部的光环境，营造特殊的光学效果。例如，普通建筑物的采光窗玻璃大多是透明的，而磨砂玻璃和压花玻璃则是半透明的。

（二）花纹图案、形状和尺寸

受原材料、生产工艺、加工方法的影响，材料表面组织存在多种多样的特征，如光滑或粗糙，平整或凹凸不平，坚实或多孔。因此表面处理得当也会产生不同的装饰效果，甚至同一种材料也会产生不一样的饰面效果。在材料表面进行刻画、制作成各种花纹图案，如山水云月、人物画、仿木花纹、陶瓷壁画、拼镶陶瓷锦砖等。

材料的表面组织表现、花纹图案，能引起人们的好奇心，吸引人们对材料及装饰的细部欣赏，还可以拉近人与材料的空间关系，起到人与物近距离相互交流的作用。

建筑装饰材料的形状和尺寸，对装饰效果都有很大的影响。在装饰设计时，可通过改变材料的形状和尺寸，并配合花纹、颜色、光泽等可拼装出各种线形和图案，从而获得不同的视觉效果，满足不同建筑形体和功能要求，充分发掘材料的装饰性。

（三）质感

质感是材料颜色、光泽、透明性、表面组织结构、花纹图案等给人的一种综合感觉。不同材料的质感会对人产生不同视觉心理影响和情绪反映。例如，粗质感（钢材、未加修饰的混凝土）具有质朴、粗犷、厚重的感觉，当然也会给人以简陋、粗俗、笨拙的心理感受；细质感（皮毛、丝织品、陶瓷）则具有雅致、寂静的心理影响，使用不当也会给人冷漠、傲然的后果。因此，在装饰设计时，可以运用不同质地的材料，采用混合、对比的手法，以产生有趣的样式和质感。

（四）耐污性、易洁性、耐擦性

材料表面抵抗污染保持其原有颜色和光泽的性质称为材料的耐污性。材料表面易于清洗洁净的性质称为材料的易洁性。良好的耐污性及易洁性可保证材料经久常新，用于地面、外墙、卫生间、厨房等部位的装饰材料必须考虑材料的耐污性和易洁性。

材料的耐擦性实质上是材料的耐磨性，分为干擦（称为耐干擦性）和湿擦（称为耐洗刷性）。耐干擦性越高，材料的使用寿命越长。涂料、油漆常要求具有较高的耐干擦性。

建筑装饰材料除考虑以上装饰性要求外，还应当根据材料的功能和使用环境等条件，满足材料的强度、耐水性、大气稳定性、耐腐蚀性等要求。

二、建筑装饰材料的分类

建筑装饰材料的种类多种多样，通常有如下三种分类。

1. 按材质分类

有陶瓷、玻璃、木材、塑料、金属、无机矿物、涂料、纺织品、石材等种类。

2. 按装饰部位分类

分为外墙装饰材料、内墙装饰材料、地面装饰材料、顶棚装饰材料。

3. 按功能分类

分为吸声、隔热、防水、防潮、防火、防霉、耐酸碱、耐污染等种类。

三、建筑装饰材料的选用

建筑装饰的目的是为了创造环境和改造环境。在建筑装饰工程中，为了确保工程质量，应当按照不同的装修要求，正确合理地选用各种色彩、光泽、质感、触感及耐久性的建筑材料，从而保证人造环境与自然环境的高度统一。因此在选择装饰材料时，应遵循以下原则。

1. 满足使用功能的原则

在选择建筑装饰材料时，要求其既要美观，又要与所处的环境相适应，具有一定耐久性。对内墙应选用方便清洁、耐擦洗，且不含对人体有害的成分的材料；地面应选用具有较好的耐磨性、抗污染、抗折、脚感的材料。

2. 满足装饰效果的原则

装饰材料的色彩、光泽、质感和花纹图案等都影响装饰效果，其中装饰效果最突出的一点是材料的色彩。在选择材料时应结合建筑物的规模、功能、环境等合理选用色彩，以便在生理、心理上均能产生良好的效果。例如，餐厅饭馆优选淡黄、橘黄色，有利于增进食欲；儿童用房应采用淡黄、中黄、橙黄、粉红等暖色调，以适应儿童天真活泼、充满想象力的特点。

3. 安全性原则

在选择装饰材料时，还应考虑安全性的问题：材料是否安全环保；是否存在放射性及有害气体的挥发，直接影响着人体健康；是否具有不燃、难燃的性质，以便于创造一个安全、舒适、健康的环境。

4. 经济性原则

随着人们的要求越来越高，装饰工程的造价在整个建筑工程总造价中占的比重也有所提高。因此在选择装饰材料时，既要考虑其使用功能、装饰效果，还要考虑其经济性。选择质优价廉、功效高、便于安装的材料。同时，不但要考虑装饰工程的一次性投入，也要考虑日后的维修费用，保证总体上的经济性。

5. 考虑地区特点的原则

建筑物所处的地区，对建筑装饰材料的选取有着极大的影响。首先，材料的选取应与地区的气候（如温度、湿度、日照等）相适应，如南方住宅常采用陶瓷地砖铺设，清洁、凉爽、美观，北方地区则宜选用有一定保温隔热性的木地板。其次，装饰材料的选择还应体现地域文化特征，展示传统的美感。

第二节　常用建筑装饰材料

一、建筑装饰石材

石材是最古老的建筑材料之一，起初是建筑、道路、桥梁建设的重要原料，如今主要作为建筑装饰材料，广泛应用于室内外装饰工程、幕墙装饰、公共设施建设等。建筑装饰石材包括天然石材和人造石材两大类。常用天然装饰石材有大理石和花岗岩，人造装饰石材主要为水磨石、人造大理石和人造花岗岩。

（一）常用天然装饰石材

1. 天然大理石

大理石的名称源于其盛产于中国云南大理而得名。岩石学中大理石是大理岩的俗称，是石灰岩、白云岩、方解石、钙质砂岩等变质而成的变质岩，主要化学成分有 $CaCO_3$、$MgCO_3$、SiO_2，其中以碳酸盐为主，大理石属碱性石材。在建筑工程上所指的大理石是广义的，泛指具有装饰功能，可以磨平、抛光的各种碳酸岩及与其有关的变质岩。

天然的大理石质地组织细密、坚实，抗压强度高、吸水率小、质地较软，属碱性中硬石材。抛光后光洁细腻，纹理舒展、美观，有很高的装饰性。天然大理石板材根据形状分为普型板（PX）、圆弧板（HM）和异型板（YX）。国际和国内板材的通用厚度为 20mm，随着石材加工工艺的不断改进，厚度较小的板材也开始应用于装饰工程，常见的有 10mm、8mm、7mm、5mm 等。

大理石是较高档的建筑饰面材料，通常用于酒店、展览馆、剧院、商场、图书馆、办公楼、住宅等工程的室内墙面、地面、柱面、服务台、栏板、踏步、电梯间门口等部位。由于其耐腐蚀能力较差，易于风化而使表面失去光泽、变色逐渐破损，通常只有个别品种可用于室外。

2. 天然花岗岩

花岗岩是火成岩中分布最广的一种岩石，主要成分是石英、长石，并含有少量云母及暗色矿物，岩质坚硬密实，属于硬石材。花岗岩结构致密，抗压强度高，吸水率小，表面硬度大，耐磨，耐久性强，但耐火性差。

花岗岩呈粒状或斑状结构，可分为细粒花岗石、中粒花岗石、粗粒花岗石、斑状花岗石、似斑状花岗石、晶洞花岗石及片麻状花岗石等。我国花岗岩储量丰富，常用的有四川红、岑溪红、贵妃红、橘红、丰镇黑、中国黑、将军红、新疆红、洛阳红等，进口的花岗岩有印度红、蓝钻、绿晶、巴西蓝、西班牙米黄等。

根据《天然花岗石建筑板材》（GB/T 18601—2009）天然花岗岩板材按形状可分为普型板（PX）、圆弧板（HM）和异型板（YX）三类；按其表面加工程度可分为亚光板（YG）、镜面板（JM）、粗面板（CM）三类。

花岗岩不易风化、耐腐蚀，外观色泽可保持百年以上，同时具有华丽高贵的装饰效果，主要用于公共建筑或装饰等级较高的室内外装饰工程，如室内外柱面、墙面、地面、勒脚、台阶等，尤其适用于大型公共建筑大厅地面。

（二）人造装饰石材

为了满足现代建筑业的发展，满足对建筑装饰材料提出的轻质、高强、美观、多品种的要求，人们以水泥、石膏和不饱和聚酯树脂为粘剂，天然大理石的碎石或方解石、白云石、硅砂、玻璃粉等无机物粉料为填充料，经搅拌成形、研磨、抛光制得人造石材。与天然石材相比，人造石材可人为控制花纹图案，色彩艳丽、光洁度高，且具有结构致密、抗压耐磨、重量轻、色差小、放射性低等优点。广泛应用于各种室内外装修、卫生洁具、家具等方面，已成为现代建筑首选的饰面材料。常用人造石材有各种水磨石、人造大理石。

1. 水磨石

水磨石是将碎石、石英石、大理石石渣、玻璃等骨料拌入水泥胶结料，经成形、养护、研磨、抛光制成的人造石材。水磨石根据胶结材料分为以水泥为胶结料的无机磨石、以环氧为胶结料有机磨石，水磨石按施工制作工艺又分现场浇筑水磨石和预制板材水磨石地面。

水磨石具有光泽度高、抗压强度高、耐磨、不起尘、耐污损、耐腐蚀等特点，可随意拼接花色，颜色均可自定义配制，装饰分格条横平竖直，分格条间无须间隙，连接密实，整体美观性好。水磨石被广泛应用于制作地砖、台面、水槽、楼梯等制品，在我国有着巨大的市场。

2. 人造大理石

人造大理石是以水泥、不饱和聚酯树脂、石膏为粘结剂，以天然大理石或花岗岩的碎石为骨料，经搅拌成形、研磨、抛光制成的人造石材。根据生产工艺的不同，人造大理石分为水泥型、聚酯型、复合型、烧结型。我国常用的是聚酯型人造大理石，其是以不饱和聚酯为胶结剂，配以石英砂、大理石、方解石、玻璃粉等无机矿物粉料，经搅拌、浇铸成形、脱模烘干、抛光等工序制成的人造石材。其颜色、花纹图、光泽等均是模仿大理石的表面纹理加工而成的，具有类似大理石的机理特点，花纹设计容易，重现性好。

人造大理石强度高、重量轻、耐污染、耐腐蚀，施工方便，且可人工调节，花色繁多、柔韧度较好、衔接处理不明显，具有很好的整体感。人造大理石在装饰装修工程中广泛使用，例如台面、卫浴、窗台、墙面、柱面等。

二、建筑装饰玻璃

玻璃是硅酸盐类非金属材料，以纯碱、石英砂、石灰石等为主要生产原料，并加入适量助溶剂、脱色剂、澄清剂、着色剂、乳浊剂等辅助原料，经高温熔融、成形、冷却而成的无规则结构的非晶态固体。普通玻璃的主要化学成分是 SiO_2、Na_2O、CaO 及少量 Al_2O_3、MgO、K_2O。

（一）普通玻璃的技术性质

1. 玻璃的机械性能

玻璃的机械性能主要有机械强度、弹性、硬度和脆性以及密度，对玻璃的应用有着非常重要的作用。

玻璃的密度与其成分有关，不同种类的玻璃，密度差别很大。例如石英玻璃的密度为 2.21g/cm^3，重火玻璃的密度为 6.5g/cm^3，而某些防辐射玻璃的密度可达 8g/cm^3。玻璃的强度取决于其组成、内部和表面状态、制品的几何形状、热处理条件等。普通玻璃的抗压强度为 600～1200MPa，抗拉强度为 40～120MPa，抗弯强度为 50～130MPa，弹性模量为（6～7.5）×10^4 MPa，莫氏硬度为 5.5～6.5。由此可见，玻璃的抗折、抗张强度不高，且脆性较大，所以普通玻璃的应用范围有限。通常采用退火、钢化、微晶化、表面处理与涂层等方法改善玻璃的这些性能，获得不同功能的玻璃。

2. 玻璃的热物理性能

玻璃的导热性很差，在常温时其导热率仅为铜的 1/400，导热系数为 0.73～0.82W/m·K，比热为 0.33～1.05kJ/kg·K，热膨胀系数为（8～10）×10^{-6}/℃。玻璃的热膨胀系数对热稳定性有决定性影响，热膨胀系数越小热稳定性越好。玻璃的热稳定性决定了玻璃在温度剧变时抵抗破裂的能力。玻璃制品的体积越大，热稳定性越差。

3. 玻璃的光学性能

玻璃是高度透明的物质，具有透射、折射、反射和吸收光线的性质。与玻璃的光学性质相对应的技术指标为反射系数、透射系数、吸收系数、遮蔽系数。玻璃反射光能与投射光能之比称为反射系数；玻璃吸收光能与投射光能之比称为吸收系数；透射光能与投射光能之比称为透射系数；将透过 3mm 厚标准透明玻璃的太阳辐射能量定为 1.0，其他玻璃在同样条件下透过太阳辐射能的相对值称为遮蔽系数。不同厚度、不同品种的玻璃各系数均有不同。因此，利用玻璃的这些性质，可以通过调整成分、着色、光照、热处理、光化学反应以及涂膜等物理和化学方法，获得一系列满足特定光学性能的玻璃品种，例如吸热玻璃、反射玻璃等。

4. **玻璃的化学稳定性**

玻璃的化学稳定性是玻璃的一项重要性质，是指玻璃在各种自然气候条件下抵抗气体（包括大气）、水、细菌和在各种人工条件下抵抗各种酸液、碱液或其他化学试剂、药品溶液侵蚀破坏的能力。玻璃的化学稳定性相当好，可抵抗除氢氟酸外的所有酸的腐蚀，但耐碱性较差，长期与碱液接触会发生浸蚀。

（二）建筑装饰玻璃主要品种

玻璃是一种古老的建筑材料，中世纪左右已开始在建筑上使用。发展至今，玻璃已经成为建筑上不可缺少的材料。且随着科技水平的快速发展和应用技术的日新月异，各种功能独特的玻璃纷纷问世。常用的建筑装饰玻璃有以下几种。

1. **钢化玻璃**

钢化玻璃又称强化玻璃，是建筑装饰过程中较常用的安全玻璃，具有较好的物理力学性能及安全性。钢化玻璃是将普通退火玻璃先切割成要求尺寸，然后经过物理钢化或化学钢化处理，极大提高玻璃的抗弯和抗冲击强度。但经钢化处理后的钢化玻璃，在使用过程中不能再进行任何切割、磨削等加工，否则其均匀压应力平衡状态将被破坏而粉碎。

2. **夹层玻璃**

夹层玻璃由一层玻璃与一层或多层玻璃、塑料材料夹中间层而成的玻璃制品。中间层介于玻璃之间或玻璃与塑料材料之间起粘结和隔离作用，使夹层玻璃具有抗冲击、阳光控制、隔音等性能。

夹层玻璃在受到冲击破碎后，碎片依然会被粘在中间膜上，这就避免了碎片扎伤及穿透坠落事故的发生。同时夹层玻璃还能抵御锤子等凶器连续攻击及子弹穿透。由此可见，其安全防范程度是极高的。通常用于安全性要求较高的场所。

3. **吸热玻璃**

吸热玻璃是在生产玻璃时，在原料中加入适量的有吸热性能的金属着色剂，如氧化镍、氧化亚铁等制成的玻璃制品。它能吸收大量红外线辐射能，同时又可保持较高的光线透过率。与普通平板玻璃相比，吸热玻璃具有吸收太阳辐射热，减弱太阳光强度，使刺目阳光变柔和，起防眩作用。因此，吸热玻璃在建筑物的门窗、外墙中已有广泛应用。

4. **中空玻璃**

中空玻璃是由两片或多片玻璃以有效支撑均匀隔开并周边粘结密封，使玻璃层间形成有干燥气体空间的制品。玻璃原片除可采用普通平板玻璃外，也可使用夹层玻璃、钢化玻璃、着色玻璃、镀膜玻璃和压花玻璃等。

中空玻璃的保温隔热性能和隔音性能较好，能有效防结露，并可减轻建筑物自重，是现代建筑常用的玻璃装饰制品。中空玻璃适用于办公楼、图书馆、展览馆、医院、商店等需要空调、采暖、防噪声、防结露的建筑物上。

5. **玻璃马赛克**

玻璃马赛克又称玻璃锦砖，由石英砂、石灰石、纯碱及部分辅助原料经熔融压制而得，也可以废玻璃、胶粘剂为原料，经压块、干燥、烧结、退火等工艺制成。

玻璃马赛克具有色调柔和、典雅、美观大方，不变色、不积尘、粘结牢靠等优点，且原材料成本较低廉，室内外建筑装饰工程均可用，是较好的建筑装饰材料。

三、建筑装饰陶瓷

（一）陶瓷的基本知识

凡是以天然黏土以及各种天然矿物（长石、石英等）为主要原料，经破碎、粉磨、配料、制坯、干燥、焙烧等工艺制成的成品，称为陶瓷制品。中国是陶瓷的故乡，陶瓷是中华文明不可缺少的部分。在中国建筑史上，陶瓷作为建筑装饰材料有着悠久的历史，是最古老的装饰材料之一。随着科学技术的发展，陶瓷在花色、品种、性能等方面有了翻天覆地的变化，已成为现代建筑装饰工程中必备材料。

根据用途陶瓷可分为日用陶瓷、工业陶瓷、建筑陶瓷和工艺陶瓷；按制品材质可分为粗陶、精陶、半瓷和瓷质四类；按坯体烧结程度分可为多孔性、致密性以及带釉、不带釉制品。

粗陶是以含沙量含铁量比较多的陶泥为主要原料烧制的陶制品，一般不施釉。精陶则是以铁、钛含量较低，且烧结后呈白色的难熔黏土、石英和长石等为主要原料。瓷质是以瓷石、高岭土、石英石、莫来石为主要原料，其特征是坯体完全烧结，完全玻化，制品很致密。半瓷的坯料接近于瓷质坯料，因此它的性能比瓷质制品要差一点，但比精陶要好些。

建筑陶瓷是指用于房屋、道路、庭园、给排水等各种土木建筑工程中的陶瓷制品。建筑陶瓷具有强度高、防火、防潮、耐碱、耐酸、抗冻、不老化、不变质、不褪色、易清洁等特点，并具有规格多样、装饰效果丰富等优点。建筑陶瓷的成形方法有模塑、挤压、干压、浇注、等静压、延压等。通常采用间歇式的倒焰方窑、圆窑、轮窑，及连续式的隧道窑、辊道窑进行烧制，烧结工艺有一次和二次烧成两种。

（二）建筑常用陶瓷类型

1. **内墙面砖**

内墙砖是瓷砖的一种，适用于建筑物室内装饰，由三部分构成：坯体、底釉层、面釉层，分为上釉和不上釉。表面光亮、平滑、不沾污，耐水性和耐腐蚀性都很好。

釉面砖是上表面施釉的内墙砖，不仅品种多样，还可分为单色、花色、图案，并可根据需求拼接成各种字画、图案，具有很好的装饰性。它是用精陶质材料制成的，制品较薄，平整度和尺寸要求较高。通常用于厨房、卫生间、浴室等经常与水接触的墙面。

无釉面砖尺寸和性能与釉面砖基本一致，只是表面无釉，无光泽，比较自然，质量较轻。主要用于浴室、厨房、实验室、医院等墙面装饰，及其他不许有炫光的场所。

内墙砖只适用于内墙，不能用于室外工程。室外的气候条件及使用环境对砖的吸水率及抗折抗冲击性能要求较高，如将内墙砖用于室外容易出现龟裂，造成质量问题。

2. 墙地砖

墙地砖是用于外墙面和室内外地面饰面砖的统称。陶瓷墙地砖分为施釉和不施釉两种，具有较高的抗折抗冲击强度，耐水性、耐火性、耐腐蚀性、耐磨性都很好，且易清洗，不褪色。

墙地砖的主要品种有锦砖、缸砖、玻化砖、劈开砖、彩胎砖、麻面砖等，主要用于各类建筑的地面，如学校、医院、宾馆、住宅、商场等建筑的地面装饰工程，也能作为内外墙的保护和装饰材料。

3. 卫生陶瓷

卫生陶瓷是精陶质的，以磨细的石英粉、长石粉、黏土和高岭土为主要原料，经配料制浆，表面施乳浊釉焙烧而成的。卫生陶瓷结构形式多样，造型美观，线条流畅，颜色清澄、光泽度好，耐腐蚀，易于清洗。目前，卫生陶瓷的主要产品有洗面洁具、大小便器、水箱水槽等，主要用于浴室、厨房、卫生间、实验室等处。目前的发展趋势趋向于使用方便、冲刷功能好、用水省、占地少、多款式、多色彩。

4. 玻璃制品

玻璃制品是一种低温彩釉陶瓷制品，是以难熔黏土为原料，经制坯、干燥、素烧、表面上釉后，再二次焙烧而成的。玻璃制品色彩绚丽，有金、黄、蓝、绿、青等多种颜色；造型古朴、富有民族特色，且坚实耐用。成品形式有瓦类（板瓦、筒瓦、沟头）、脊类和饰件（博古、兽），主要用于富有民族风格的宫廷式房屋以及建筑园林中的亭、台、阁楼等。

四、建筑涂料

建筑涂料是指涂敷于基层表面，能很好地与基层表面材料粘结形成连续性膜的材料。常用于建筑物外墙、内墙、顶棚、地面等装饰工程，主要起装饰、保护的作用或某些特殊功能。建筑涂料具有色彩鲜艳，可形成各种自然图案、艺术造型，装饰效果好；性能优异，功能多样，保护效果好；施工方便、高效，易于维修，施工手段多样化；自身质轻、节省能源，经济实用等优点。因此，在各种建筑饰面材料中异军突起，成为发展最快，新产品、新工艺、新技术最多的建筑装饰材料之一。

建筑涂料的组成物质有：主要成膜物质（基料、胶黏剂、固化剂等），起成膜和粘结的作用，对涂料质量起决定性作用；次要成膜物质（颜料、填料等），自身不能成膜，起改善涂料某些性能的作用；辅助成膜物质（溶剂或水），主要作用是溶解或分散主要成膜物质；相关助剂，主要提高涂料的综合性质，并赋予某些特殊功能。

一般建筑涂料可根据《涂料产品分类_命名和型号》（GB2705—81）进行分类及命名。常见分类方法有下述几种。

（1）按成膜物质的类别分：有机涂料、无机涂料、复合涂料。

（2）按在建筑上的使用部位分：内墙涂料、外墙涂料、地面涂料、顶棚涂料、屋面涂料等。

（3）按涂膜厚度及质感分：薄质涂料、厚质涂料、砂壁状涂料、复层涂料。

（4）按使用功能分：建筑涂料、特种功能性涂料（如防火涂料、防毒涂料、防霉涂料等）。

（一）常见外墙涂料

外墙涂料是用于涂刷建筑物外墙面的，使建筑物美观整洁，可延长建筑物的使用寿命。外墙涂料要求能抗紫外线照射且长时间不变色，耐候性、耐久性好；要求防水性能及耐洗刷性能好，具有优异的抗污性和自洁能力。

1. 丙烯酸酯外墙涂料

丙烯酸酯外墙涂料是以热塑性丙烯酸酯合成树脂为主要成膜物质，加入溶剂、填料、颜料、助剂等，经研磨而制成的一种溶剂型外墙涂料。在各种外墙涂料中该型涂料性能比较优异，是目前我国使用比较广泛的外墙涂料品种之一。

丙烯酸酯外墙涂料具有良好的渗透性、耐水性，附着力强，能与墙体可靠粘结；施工方便，可采用刷涂、滚涂、喷涂等方法即可获得光泽柔和的涂膜；耐候性、保光保色性优良，在长期日晒、雨淋的环境中，不易变色、分化、脱落。

2. 丙烯酸酯有机硅涂料

丙烯酸酯有机硅外墙涂料是由有机硅改性丙烯酸酯为主要成膜物质，加入适量颜料、填料、助剂等而制成的优质溶剂型涂料。

丙烯酸酯有机硅涂料涂渗透性好，能渗入基层，增强基层的抗水能力，且附着力强，可在水泥砂浆或混凝土基层上直接涂刷，涂膜层耐污性、耐磨性好。施工时基层应保证干燥，要求含水率小于 8%，通常涂刷两遍，每遍间隔可在 4 小时左右。涂层干燥前应防止雨淋、尘土玷污，保持涂膜质量。

3. 氯化橡胶外墙涂料

氯化橡胶外墙涂料又称氯化橡胶水泥漆，它是由氯化橡胶、溶剂、颜料、填料和助剂等配制而成的。

该型涂料对基层要求不高，可在水泥砂浆、混凝土和钢铁表面进行涂刷，并能与基层良好粘结，具有良好的耐酸碱性、耐水性、耐候性、耐久性，并有一定的防霉功能。施工方便，干燥快，数小时后即可涂刷第二道，且易修补，只需将旧涂膜稍加清理即可涂饰。

4. 苯-丙乳胶漆

苯-丙乳胶漆是以苯-丙共聚乳液为基料，以水为分散介质，加入颜料、填料和助剂制成的一种水性涂料，是幕墙应用较广泛的外墙涂料之一。根据装饰的光泽效果又可分为无光、哑光、半光、丝光、有光、高光等类型。

苯-丙乳胶漆耐碱性、耐候性、耐水性好，色彩柔和细腻，不容易泛黄，漆膜坚硬，观感舒适。施工简便，可以采用涂刷、刮涂、喷涂、辊涂等方法施工，如涂料太稠，还可加入适量水稀释。干燥快，在 25℃温度时，30 分钟内表面即可干燥，两小时就完全干燥。

5. 丙烯酸酯乳液涂料

丙烯酸酯乳胶漆是由丙烯酸系单体加入乳化剂、引发剂等制得纯丙烯酸酯乳液，以该乳液为主要成膜物质，加入适量的颜料、填料和助剂而制成的外墙涂料。

与其他乳液型涂料相比，丙烯酸酯乳液涂料的涂膜光泽柔和、基层表面流畅光滑，耐久性、耐候性优异、保光保色性优良，耐用期达 10 年以上，但耐污性较差，常利用聚氨酯、聚酯或有机硅进行改性制成丙烯酸酯复合型耐玷污性外墙涂料。

（二）内墙涂料

内墙涂料主要应用于室内装饰，使墙面整洁美观，同时能保护墙面。因此要求内墙涂料：色彩丰富、遮盖力好，耐水性、耐碱、耐擦洗性好，同时要无毒，符合环保要求。

1. 丙烯酸内墙乳胶涂料

丙烯酸内墙乳胶涂料是以热塑性丙烯酸酯合成树脂为基料，加入填料、各种助剂精制而成的涂料。该涂料渗透性好，与墙粘结牢靠，且耐酸碱性较好，涂膜光泽柔和，不易粉化、脱落，是较好的内墙涂料。

2. 聚醋酸乙烯乳液内墙涂料

该涂料是以聚醋酸乳液为基料，加入滑石粉、钛白粉等填料及颜料、助剂等经加工制成的乳液涂料。此种涂料施工方便，可以刷涂也可以喷涂、滚涂，干燥快，涂刷后水分基本挥发后就能成膜，一天可刷多次，安全无毒，无火灾危险，但耐水性、耐碱性、耐候性较差。

3. 水溶性内墙涂料

水溶性内墙涂料是较低档的内墙涂料，是以水溶性合成树脂为主要成膜物质，水为分散介质，加入适量颜料、填料和各种助剂而制成的。常用的有聚乙烯醇水玻璃内墙涂料、聚乙烯醇缩甲醛内墙涂料。

该型涂料具有施工方便、无毒、无臭的优点，但耐擦洗性差，擦洗后易留下痕迹，耐久性也不好，易泛黄变色。由于其价格便宜，依然在室内装饰中消耗量巨大。

4. 仿瓷涂料

仿瓷涂料又称瓷釉涂料，是以多种高分子化合物为基料，加入适量的颜料、填料、助剂，经加工制成的装饰效果与瓷釉饰面极其相似的涂料。

该涂料涂膜具有瓷釉光泽、坚硬、丰满、细腻，酷似瓷釉，同时具有优异的耐水性、耐碱性、耐化学品、耐磨性、耐老化等特点。水泥面、金属面、塑料面、木料等固体表面进行刷漆与喷涂。在家装和墙艺中被广泛应用，例如公共建筑内墙、住宅的内墙、厨房、卫生间、浴室等装饰，电器、家具外表装饰的防腐等。

5. 多彩涂料

多彩涂料是在基础涂料中混入液体或胶化的两种以上不同颜色、大小及形状各异的带色微粒，组成的一种复合的悬浮分散体涂料。多彩内墙涂料按其介质状况分为水包油型、油包水型、油包油型和水包水型四种，其中以油包水型性能最好，应用最广。

多彩内墙涂料具有很好的耐碱性、耐水性、耐磨性、耐污染性，且粘结强度高，在水泥、砖、石棉、木、金属等表面均可涂刷。其饰面效果可仿壁纸、壁布、大理石等，花纹清晰、色泽明快、立体感强、质感丰富，是现代比较理想的内墙装饰涂料。

（三）地面涂料

地面涂料的主要功能是装饰与保护室内地面，使地面清洁美观。为保证涂料的施工质量及装饰效果，地面涂料应具有良好的耐碱性、耐磨性、耐水性、耐擦洗性、抗冲击性和粘结力强的特点。

1. 聚氨酯地面涂料

聚氨酯地面涂料分厚质弹性地面涂料和薄质罩面涂料两类。前者用于涂刷水泥混凝土地面，并形成无缝且有弹性的涂层；后者主要用于木质地板或其他地面的罩面上光。聚氨酯弹性地坪涂料为双组分常温固化涂料，甲组分为聚氨酯弹性预聚物，乙组分为颜料、填料、固化剂、助剂的混合物，施工时需将甲、乙组分按比例混合，搅拌均匀。

聚氨酯弹性地面涂料粘结力强，与水泥地面粘结牢靠，且涂膜固化后有弹性，不会因为基层产生微裂缝而导致涂层开裂，涂层整体性好、步感舒适、便于清扫、装饰性好，适用于高级住宅地面装饰、网球场、标准跑道等。其缺陷在于施工操作较复杂，原料具有毒性，因此施工时应加强劳动保护。

2. 过氯乙烯地面涂料

过氯乙烯地面涂料是以过氯乙烯树脂为基料，掺入少量其他树脂、填料、颜料、增塑剂、稳定剂等，经捏和、混炼、切粒、溶解、过滤等工艺过程而制成的一种溶剂型地面涂料。它是我国将合成树脂材料用作建筑物室内水泥地坪装饰的早期地面涂料之一。

过氯乙烯水泥地面涂料耐水性、耐磨性较好，耐化学腐蚀性强，在人流较多的公共建筑地面其耐用性仍可达 3～5 年；施工方便，干燥快，常温环境下 2 小时全干。但含有大量易挥发、易燃的有机溶剂（二甲苯），因而在配制涂料及涂刷施工时应加强劳动保护及注意安全。

3. 环氧树脂地坪涂料

环氧树脂地坪涂料是以环氧树脂为主要成膜物质的双组分固化性涂料。其中环氧树脂为甲组份，各种固化剂及固化促进剂为乙组份。

由该型涂料制成的地坪具有耐磨、耐冲击、耐酸碱、防水、防滑、防霉及防静电、电磁波等特点；且整体性强，可大面积一次性涂覆，色彩艳丽多样，容易清洁。尤其适用机房、厂房、仓库、车间、实验室、病房、手术室、停车场等。

五、金属装饰材料

金属材料是指金属元素或以金属元素为主构成的具有金属特性的材料的统称。金属材料材质均匀、性能可靠，强度高而结构自重较轻；塑性、韧性好，能抵抗振动荷载、冲击荷载；延展性良好，可进行各种加工，制成各种形式构件；便于装配，易于拆卸等。金属材料不仅是建筑结构的主要材料，也是建筑装饰工程中的重要材料之一。

（一）钢材

1. 建筑装饰钢板

（1）不锈钢板

不锈钢是以铬为主要添加元素的合金钢，铬含量越高，钢的抗腐蚀性越好。在建筑装饰中使用最多的不锈钢制品是薄钢板，其中又以厚度小于 2mm 的板材用量最多。主要用于建筑物的柱、内外墙、隔墙、幕墙、屋面等部位。

（2）彩色不锈钢板

彩色不锈钢板是在普通不锈钢板上进行艺术加工而成的具有各种色彩艳丽的装饰板。彩色不锈钢板既保持了金属特有的光泽与强度，又具有鲜艳亮丽、经久不变的颜色；既保持了原色不锈钢的物理、机械、化学性能，还兼具有更好的耐腐蚀性能。常用做顶棚板、电梯厢板、外墙饰面及其他局部装饰。

（3）彩色涂层钢板

为提高普通钢板的耐腐蚀性能和其他表面性能，常将冷轧钢板、镀锌钢板进行脱脂、磷化、铬酸盐处理，再在表面涂上涂料经烘烤制得彩色涂层钢板。根据结构的不同，彩色涂层钢板大致可分为：涂装钢板、PVC 钢板、隔热涂装钢板、高耐久性涂层钢板等。彩色涂层钢板具有耐污染性强、耐高低温性好、装饰效果好、易于加工及施工的特点，可用做屋面板、外墙板、护壁板等。

（4）压型钢板

压型钢板是薄钢板经冷轧或冷压成形的板材。通常以冷轧钢板、镀锌钢板、彩色涂层钢板等不同类型的薄钢板为基板。根据不同的功能，压型钢板的截面可压成波形、双曲波形、肋形、V 形等几何形状。压型钢板具有轻质高强、色彩绚丽多样、造型美观、抗震性能好、加工及施工简单方便等优点。主要用于建筑物的内外墙、吊顶等装饰，也可作为轻质夹心板材的面板。

2. 轻钢龙骨

轻钢龙骨是指罩面板中的骨架材料，是以热镀锌板带为原材料，经冷弯工艺轧制而成的建筑用金属骨架。按用途分为隔墙龙骨和吊顶龙骨，按截面形式分为 V 形、C 形、T 形、L 形、U 形龙骨等。轻钢龙骨具有重量轻、刚度大、经久耐用，同时施工方便、工期短的特点。广泛用于候机楼、车站、商场、办公楼、宾馆等各类型建筑物的室内装修、改造等。

（二）铝合金

铝是一种轻金属，呈银白色，在地壳中其含量仅次于氧和硅，是地壳中含量最丰富的金属元素。纯铝强度很低，通常不直接在建筑上使用。在装饰工程中使用的是在铝中掺入铜、镁、硅、锰、锌等合金元素的铝合金。

铝合金既保持了铝的质轻、耐腐蚀、加工简便等特点，又改善了纯铝的强度、硬度等性能。因此，在建筑工程中应用越来越广泛，尤其是装饰行业对铝合金的需求日益增多。建筑装饰工程中常用的铝合金制品有以下几种。

1. 铝合金门窗

铝合金门窗是将表面处理过的铝合金型材，经下料、打孔、铣槽、攻丝、制作等加工工艺制作成的门框构件，再用连接件、密封材料和开闭五金配件一起组合装配而成。门窗框料之间连接采用直角榫头、不锈钢螺钉结合。按其开启方式可分为：平开门（窗）、对开门（窗）、推拉门（窗）、折叠门（窗）、上悬门（窗）、外翻门（窗）等。

虽然近年来有塑钢门窗、塑料门窗、不锈钢门窗、玻璃钢门窗等类型门窗的出现，但铝合金门窗具有自重轻、强度高、气密性能好、耐久性好、维修方便、造型丰富、装饰效果优雅等优势，因此铝合金门窗在装饰领域依然是人们的首选。

2. 铝合金装饰板

铝合金装饰板又称为铝合金压型板或天花扣板，是以铝、铝合金薄板为基料，经辊压冷压加工成各种断面的金属板材。常用的铝合金装饰板有铝合金花纹板、波纹板、压型板、穿孔吸声板等。

铝合金花纹板是以防锈铝合金等坯料，用特殊的花纹轧制而成。铝合金花纹板花纹美观大方，防滑性能好，防腐蚀性强，不易磨损，便于冲洗，且板材平整，裁剪尺寸精确，便于安装，广泛用于墙面装饰、楼梯及楼梯踏板处。

铝合金波纹板是将防锈铝在波纹机上轧制而成的板材，而压型板则是将防锈铝在压型机上压制形成的，两者都是建筑装饰中广泛应用的材料之一。它们具有经久耐用，防火、防潮、耐腐蚀、拼装容易、施工进度快、重复利用率高的特点，同时经表面处理后可得各种颜色，装饰效果好，也有很强的反射阳光的能力。适用于旅店、饭馆、商场等建筑物的墙面及屋面的装饰。

铝合金穿孔吸声板是将各种铝合金平板经机械穿孔而成的一种能降低噪声并兼具装饰效果的铝合金制品。根据需要孔型可选择圆孔、方孔、长圆孔、长方孔、三角孔、三组合孔等。

其特点是材质轻、强度高、耐腐蚀、耐高温高压、防火、防潮、化学稳定性好；造型美观、色泽优雅、立体感强、装饰效果好，组装简便。主要用于宾馆、饭店、影院、播音室等公共建筑，及各类厂房、地下室、机房、控制室等的顶棚和墙面，起改善音质、降低噪声的作用。

3. 铝合金龙骨

铝合金龙骨具有质轻、防火、不锈、安装方便等优点，在装饰中起到支架、固定和美观作用。适用于对装饰效果有较高要求的建筑，如厅堂、走廊、厨房、卫生间、办公室的顶棚和隔墙装饰。根据安装方式的不同分为地面外露和不外露；根据断面形状分为 U 形、T 形、LT 形等，常用为 T 形。

（三）建筑装饰用铜及其合金

铜是人类发现最早的古老金属之一。铜具有良好的物理和化学性能，特别是其优良的耐腐蚀性，使其在建筑装饰中占有一席之地。铜在建筑物上的使用已有悠久历史，它是集古朴与华贵于一身的高级建筑装饰材料。在现代建筑中铜的应用也越来越多，可用于宾馆、商场、饭店、公寓等建筑中的点缀，常用于楼梯台阶、扶手、栏杆等，还用于制作门把手、锁、灯具、百页、墙饰等五金配件。

由于纯铜价格昂贵且强度不高，因此在建筑物中应用较多的是经掺入锌、锡等元素的铜合金。铜合金既保持了铜的良好的延展性、塑性、耐腐蚀性，又进一步提高了铜的强度、硬度。铜合金的色泽更艳丽、丰富，具有庄重、古朴、典雅、高贵特质，其产品主要应用于各种高档场所的装修工程。

本章小结

本章主要介绍建筑装饰材料。建筑装饰材料一般指建筑物楼地面、天棚、内外墙面的装饰、装修所需要的材料，又称建筑饰面材料。通过本章学习可以了解建筑装饰材料的装饰性要求、分类、选用原则；了解和掌握常用的建筑装饰材料，包括石材、玻璃、陶瓷、涂料、金属等装饰材料的基本性质及应用；初步具备合理选择装饰材料的能力。

思考与练习

1. 建筑装饰材料的功能和选用原则是什么？
2. 如何根据装饰部位要求选择装饰材料？
3. 常用的陶瓷制品有哪些？
4. 建筑装饰石材的主要品种有哪些？各自的成分和性能如何？
5. 夹层玻璃的特性有哪些？
6. 涂料的组成物质有哪些？

第十一章　节能环保材料或其他

章前导读

本章主要讲解绝热材料、吸声隔声材料、节能玻璃、建筑塑料的基本知识及其制品种类、性能、用途。

学习目标

1. 掌握绝热材料的性能特点、选用原则及建筑工程中常用绝热材料的性能与应用。
2. 熟悉吸声隔声材料的特点以及建筑工程中常用吸声隔声材料的品种与用途。
3. 熟悉节能玻璃的特点、节能评价参数及主要品种。
4. 掌握建筑塑料特性、组成、分类，熟悉常用建筑塑料制品的应用。

第一节　绝热材料

绝热材料是指用于住宅、生产车间、公共建筑等围护结构、屋顶及各种热工设备中起阻滞热流传递作用的材料，是保温、隔热材料的统称。

在建筑物中合理采用绝热材料，能提高建筑物或热工设备的使用能效，为人们构筑一个能正常生产、工作和生活的舒适环境，又能减少能耗、节约能源。据统计，具有优良的绝热功能的建筑，可节省能源 25%～50%。因此，在建筑工程中，合理地选用绝热材料具有重要意义。

一、绝热材料的作用机理

热是能量的一种形式，由于物质内部分子运动产生。在任何介质中，只要两点之间存在温差，就会产生热量从高温部分传递到低温部分的现象，称为热传递。在建筑物中热传递表现为三种方式：热传导、热对流、热辐射，其中热辐射、热对流所占的比例很小，以热传导为主。建筑物室内外之间通过围护结构的热流的传递需要经过三段历程：维护结构内表面从室内吸收热、热量从围护结构内表面传至外表面、热量从外表面向室外空间散发。

材料传导热量的能力用导热系数 λ（W/m・K）表示，是衡量建筑材料绝热性能优劣的指标。导热系数越小，则通过材料传导的热能越少，材料的绝热性能越好。在建筑工程中，要求绝热材料的导热系数小于 0.23W/m・K。

二、绝热材料的选用原则

1. 导热系数

在建筑工程中，绝热材料宜选取导热系数越小的越好，一般应选用导热系数小于 0.14W/m・K 的材料。保冷材料对导热系数的要求更高，在平均温度低于 27℃时，导热系数应小于 0.064W/m・K。

2. 表观密度

材料的导热系数与其孔隙率及孔隙特征有关。一般来说材料的孔隙率越大、孔径越小、分布越均匀，材料的导热系数也越小。表观密度小的材料，一般导热系数也小。因此，绝热材料的表观密度一般应低于 600kg/m^3。

3. 机械强度

绝热材料一般不用于承受外界荷载的部位。但在运输、存储、使用过程中，有可能受到拉伸、挤压、弯曲、扭曲等荷载的作用。要使绝热材料在自身重量及外界荷载作用下不发生变形和破坏，其抗压强度应不小于 0.3MPa。

4. 吸水率

水的导热系数 λ=0.58W/m・K，远大于空气的导热系数（λ=0.023W/m・K）。当绝热材料吸水后，其导热系数将明显增加，极大降低绝热性能。因此，要选择吸水率小的绝热材料，且在使用过程中要注意防水防潮。

5. 耐热性及使用温度

材料在受热条件下保持其原有性能不变的能力称为耐热性。通常用“最高使用温度”来表示绝热材料耐热性。应根据使用场所的温度条件，选择耐热性适宜的绝热材料。

除上述原则外，还应结合施工、价格及运输等因素选择合理的绝热材料。

三、绝热材料的类型

1. 多孔型

多孔型绝热材料依靠导热率小的气体充满孔隙达到绝热效果，主要是纤维状聚集组织及多孔结构材料。具有质量轻、绝热性能好、弹性好、尺寸稳定等特点；主要有泡沫塑料、泡沫玻璃、泡沫橡胶、膨胀珍珠岩、多孔混凝土等。

2. 纤维型

纤维型绝热材料的绝热机理基本上和多孔材料的情况相似。根据材质分为有机纤维、无机纤维、金属纤维和复合纤维，其中以无机纤维应用最多。常用的有石棉、岩棉、玻璃棉、硅酸铝陶瓷纤维、晶质氧化铝纤维等。

3. 反射型

反射型绝热材料是通过采用具有反射性的材料，减少辐射传热，达到绝热的目的。目前，常用反射型绝热材料有铝箔波形纸保温隔热板、玻璃棉制品、铝箔复合材料、反射型绝热卷材等。

四、常用绝热材料

1. 矿物棉及其制品

矿物棉简称矿棉，是以天然岩石或冶金矿渣为主要原料，在冲天炉或池窑等设备内熔融成液体，再经喷吹法或离心法等工艺制成的蓬松状短细纤维。一般包括矿渣棉和岩石棉。以高炉硬矿渣、铜矿渣等为主要原料制得的矿物棉即为矿渣棉；以天然岩石（玄武岩、白云石、辉绿岩等）为主要原料制得的矿物棉即为岩石棉。

矿棉质量轻、不燃、绝热、耐腐蚀性好，具有优良的吸声、减震、隔热性能，且原材料来源广泛，成本较低。矿棉可制成毯、垫、毡、绳、板等制品，广泛应用于建筑物的墙壁、屋顶、天花板的保温隔热以及热力管道的保温隔热等。

2. 玻璃棉及其制品

玻璃棉是玻璃纤维的特例，是一种人造无机纤维。玻璃棉是将熔融状态下的玻璃液，借助外力吹制或甩制出絮状纤维，纤维之间相互缠绕、交叉，形成内部纤维蓬松交错、存在大量微小孔隙的多孔材料。玻璃棉的表观密度为 10～120kg/m^3，导热系数为 0.028～0.058W/m·K，是一种保温隔热，同时具有良好吸声性能的材料。可制成玻璃棉毡、玻璃棉板、玻璃棉管等制品，用于有保温、吸声要求的墙体、天棚等，也可用于热力设备、冷热管道、空调恒温等方面。

3. 膨胀蛭石及其制品

生蛭石片经干燥、破碎后，经过高温焙烧可产生 8～20 倍的体积膨胀，膨胀后的蛭石即为膨胀蛭石。膨胀蛭石的表观密度为 80～200kg/m^3，导热系数为 0.046～0.070W/m·K，保温性、耐火性好，不蛀、不腐，吸水性较强。在屋面、墙壁、楼板等夹层中可铺设散粒状膨胀蛭石，达到绝热、隔声的效果。膨胀蛭石还可与水泥或水玻璃等胶凝材料配合，制成轻集料、混凝土墙板等用于建筑物墙、楼板、屋面等的绝热。

4. 膨胀珍珠岩及其制品

膨胀珍珠岩是以天然珍珠岩为原料，经高温煅烧膨胀而成的内部呈蜂窝状结构的白色或灰白色颗粒状材料。其堆积密度为 70～250kg/m^3，导热系数为 0.047～0.070W/m·K，适用温度在-200～800℃范围内。膨胀珍珠岩保温性好、不燃烧、耐腐蚀、无毒，是一种高效能的保温隔热材料。膨胀珍珠岩制品按用途分为建筑物用膨胀珍珠岩绝热制品（J），设备及管道、工业炉窑用膨胀珍珠岩绝热制品（S）。可制成平板、弧形板、管壳等。

5. 加气混凝土

加气混凝土是以硅质材料（砂、粉煤灰、粒化高炉矿渣等）、钙质材料（水泥、石灰等）、发气剂（铝粉）为原料，经配料、成形、蒸压养护等工艺制成的轻质多孔材料。加气混凝土的表观密度一般为 300～1000kg/m^3，导热系数为 0.11～0.18W/m·K，为普通混凝土的 1/6，比烧结普通砖也小几倍。加气混凝土是良好的保温材料，相同保温效果条件下，可大大减小墙体的厚度。且加气混凝土具有良好的加工性能，可锯、可钉、可刨、可钻。加气混凝土制品根据其规格有各种砌块、板材，主要用于有保温要求的建筑物墙体、屋面，是我国推广应用最早、使用最广泛的轻质墙体材料之一。

6. 泡沫塑料

泡沫塑料是以各种树脂为主要原料，加入适量的发泡剂、稳定剂、催化剂等辅助材料生产的一种具有轻质、保温、隔热、吸声、减震等特性的多孔材料。建筑工程中常用的有聚氨酯泡沫塑料（PUR）、聚苯乙烯泡沫塑料（PS）、聚乙烯泡沫塑料（PE）、酚醛泡沫塑料（PF）等。该类保温隔热材料可用于建筑物的墙体保温、保温管材或板材的夹心层，也可用于冷藏及低温管道等绝热需要。但泡沫塑料可燃，且产生大量浓烟及有毒气体，不宜用作内保温材料。

7. 绝热涂料

绝热涂料是近几年发展起来的功能性涂料，常用的有隔绝传导型绝热涂料、反射型绝热涂料和辐射型绝热涂料。隔绝传导型绝热涂料是通过涂料自身的高热阻来实现绝热的；反射型绝热涂料是通过选择合适的树脂、金属或金属氧化物颜料、填料及生产工艺，制得高反射率涂层，以反射太阳光来达到隔热目的；辐射型隔热涂料是通过辐射的形式把建筑物吸收热量以一定的波长发射到空气中，从而达到绝热节能的效果。建筑绝热涂料突破了传统建筑涂料的功能界限，由建筑绝热涂料构成的“冷”建筑体系发展迅速，在天气炎热地区日益受到广大使用者的追捧。

第二节　吸声、隔声材料

较强的噪声会干扰人的交谈、思考、休息、睡眠，造成听力损失。据调查，在噪声级 70 分贝的环境中，人们的谈话就感到困难；在噪声级 85 分贝和 90 分贝的环境中工作 30 年，失聪的可能性分别为 8%和 18%。因此，采用吸声、隔声材料降低建筑物室内噪声的危害是至关重要的。目前，人们通常在音乐厅、大会堂、影剧院、播音室、工厂车间等室内的顶棚、墙面、地面等部位，采用吸声、隔声材料用以改善室内听闻条件，创造安全、舒适的生活、劳动、娱乐环境。

一、吸声材料

（一）材料的吸声原理

声音源于物体的振动，它引起邻近空气的振动而形成声波，并在空气介质中向四周传播。

当声音传播到材料表面时，声音能一部分被反射，一部分穿透材料，剩余部分则由声能转化成热能被材料吸收掉。被材料吸收的声能 E（包括透过材料的一部分声能）与入射到材料上的声能E_0的比值，称为吸声系数α，计算公式如下：

$$\alpha = \frac{E}{E_0} \tag{11-1}$$

对于完全反射面，吸声系数$\alpha = 0$；对于完全吸收面，吸声系数$\alpha = 1$；一般材料的吸声系数在 0～1 之间。吸声系数α是衡量材料吸声性能好坏的主要指标，α值越大，说明材料的吸声效果越好。

材料的吸声性能除与材料本身内部结构、厚度及其表面特征相关外，还随声波的入射角和频率而异。因此，材料的吸声系数以各角度入射的平均值表示，并与声波的频率相对应。同一材料，对于不同频率的吸声系数是不同的。为了更全面体现材料在不同频率下的吸声性能，通常采用 125Hz、250Hz、500Hz、1000Hz、2000Hz、4000Hz 6 个频率的吸声系数来表示材料吸声的频率特性。只有 6 个频率的平均吸声系数大于 0.2 的材料，才可称之为吸声材料。

吸声材料大多具有轻质、疏松、多孔的特征，例如泡沫塑料、泡沫玻璃、玻璃棉、矿渣棉、水泥膨胀珍珠岩板、石膏板、纤维板等。多孔性材料的吸声系数随声波频率的增高而逐渐增大。因此，多孔材料具有低频吸声性能差，中、高频吸声效果好的特点。

（二）吸声材料的结构形式

1. 多孔吸声结构

多孔吸声材料是常用的吸声材料，具有优秀的中、高频吸声性能。多孔吸声材料具有许多微小的间隙和连续的气泡，通气性良好。当声波入射到多孔材料表面时，声波产生的振动将引起孔隙内的空气振动，造成和孔壁的摩擦，由于摩擦、空气黏滞阻力及材料内部热传导作用，使相当一部分声能转化为热能，达到吸声的目的。影响多孔性材料吸声性能的因素有：材料的孔隙率及孔隙特征、表观密度、厚度、背后空气层等。常用的多孔吸声材料有木丝板、玻璃棉、矿棉、珍珠岩、泡沫混凝土和泡沫塑料等。

2. 薄板振动吸声结构

薄板振动吸声结构是将不透气薄板固定在墙壁、顶棚等刚性壁前，并在背后留有一定的空气层，就构成薄板共振吸声结构。建筑上常采用的薄板有薄木板、胶合板、硬质纤维板、石膏板、石棉水泥板和金属板等。

在声波的作用下，引起薄板及空气层的空气发生振动，通过内部摩擦将声能转化成热能，达到吸声的效果。薄板共振结构的吸声频率范围很窄，建筑中常用的共振频率约在 80～300Hz 之间，吸声系数约为 0.2～0.5。薄板振动结构对低频声波具有显著的吸声作用。

3. 穿孔板组合共振吸声结构

穿孔板组合共振吸声结构由穿孔的胶合板、硬质纤维板、石膏板、石棉水泥板、铝合金板、薄钢板等材料，固定在龙骨上，并在背后设置空气层而构成，可看做是多个单独共振吸声器并联而成的。在此种结构共振频率附近，对声波有较大的吸收，尤其适于中频声波，是建筑中应用比较普遍的吸声结构。其中穿孔率、空腔深度、板厚、孔径及是否填充多孔吸声材料等，是影响结构吸声性能的主要因素。

4. 共振吸声结构

共振吸声结构是在构件中设置密闭的空腔，并通过小孔或开口与声场空间相连。当空腔内空气受外力振荡时，会按一定的共振频率振动，此时在声波的作用下开口颈部空气分子会如活塞一样做往复运动，并与孔壁摩擦从而消耗声能。此种吸声构造在共振频率附近吸声效果最大，离共振峰越远，吸声效果越差。为加宽吸声频率范围及提高吸声量，可在腔口蒙一层细布或疏松的棉絮。

5. 悬挂空间吸声体

根据需要将吸声材料制成板状、方块状、柱体状、圆锥状和球体状等多种形状，分散悬挂于建筑空间上部即可构成悬挂空间吸声体。此种结构在同等投影面积下，有更大的有效吸声面积，加上声波的衍射作用，使吸收量大大增加，提高了吸声效率。

6. 帘幕吸声体

帘幕吸声体是将具有通气性能的纺织品作为帘幕，安装在离墙面或窗洞一定距离处，背后设置一定厚度的空气层。此种结构对中、高频率的声波有一定的吸声效果。帘幕吸声体装卸方便，兼具装饰作用，有很高的使用价值。

（三）常用吸声材料及其吸声系数

建筑工程中常用的吸声材料及吸声系数见表 11-1。

表 11-1　建筑工程常用吸声材料及吸声系数

分类及材料名称		厚度/cm	各种频率（Hz）下吸声系数						装置情况
			150	250	500	1000	2000	4000	
无机材料	吸声砖	6.5	0.05	0.07	0.10	0.12	0.16	—	
	石膏板（有花纹）	—	0.03	0.05	0.06	0.09	0.04	0.06	贴实
	水泥蛭石板	4.0	—	0.14	0.46	0.78	0.50	0.60	贴实
	石膏砂浆	2.2	0.24	0.12	0.09	0.30	0.32	0.38	墙面粉刷
	水泥膨胀珍珠岩板	5	0.16	0.46	0.64	0.48	0.56	0.56	
	水泥砂浆	1.7	0.21	0.16	0.25	0.40	0.42	0.48	
	砖（清水墙面）		0.02	0.03	0.04	0.04	0.05	0.05	

（续表）

<table>
<tr><th colspan="2" rowspan="2">分类及材料名称</th><th rowspan="2">厚度/cm</th><th colspan="6">各种频率（Hz）下吸声系数</th><th rowspan="2">装置情况</th></tr>
<tr><th>150</th><th>250</th><th>500</th><th>1000</th><th>2000</th><th>4000</th></tr>
<tr><td rowspan="6">有机材料</td><td>软木板</td><td>2.5</td><td>0.05</td><td>0.11</td><td>0.25</td><td>0.63</td><td>0.70</td><td>0.70</td><td>贴实</td></tr>
<tr><td>木丝板</td><td>3.0</td><td>0.10</td><td>0.36</td><td>0.62</td><td>0.53</td><td>0.71</td><td>0.90</td><td rowspan="5">钉在木龙骨上，后留10mm或5mm空气层两种</td></tr>
<tr><td>三夹板</td><td>0.3</td><td>0.21</td><td>0.73</td><td>0.21</td><td>0.19</td><td>0.08</td><td>0.12</td></tr>
<tr><td>穿孔五夹板</td><td>0.5</td><td>0.01</td><td>0.25</td><td>0.55</td><td>0.30</td><td>0.16</td><td>0.19</td></tr>
<tr><td>木花板</td><td>0.8</td><td>0.03</td><td>0.02</td><td>0.03</td><td>0.03</td><td>0.04</td><td>—</td></tr>
<tr><td>木质纤维板</td><td>1.1</td><td>0.06</td><td>0.15</td><td>0.28</td><td>0.30</td><td>0.33</td><td>0.31</td></tr>
<tr><td rowspan="5">多孔材料</td><td>泡沫玻璃</td><td>4.4</td><td>0.11</td><td>0.32</td><td>0.52</td><td>0.44</td><td>0.52</td><td>0.33</td><td>贴实</td></tr>
<tr><td>脲醛泡沫塑料</td><td>5.0</td><td>0.22</td><td>0.29</td><td>0.40</td><td>0.68</td><td>0.95</td><td>0.94</td><td>贴实</td></tr>
<tr><td>泡沫水泥</td><td>2.0</td><td>0.18</td><td>0.05</td><td>0.22</td><td>0.48</td><td>0.22</td><td>0.32</td><td>紧靠基层粉刷</td></tr>
<tr><td>吸声蜂窝板</td><td>—</td><td>0.27</td><td>0.12</td><td>0.42</td><td>0.86</td><td>0.48</td><td>0.30</td><td>紧贴墙</td></tr>
<tr><td>泡沫塑料</td><td>1.0</td><td>0.03</td><td>0.06</td><td>0.12</td><td>0.41</td><td>0.85</td><td>0.67</td><td></td></tr>
<tr><td rowspan="4">纤维材料</td><td>矿棉板</td><td>3.13</td><td>0.10</td><td>0.21</td><td>0.60</td><td>0.95</td><td>0.85</td><td>0.72</td><td>贴实</td></tr>
<tr><td>玻璃棉</td><td>5.0</td><td>0.06</td><td>0.08</td><td>0.18</td><td>0.44</td><td>0.72</td><td>0.82</td><td>贴实</td></tr>
<tr><td>酚醛玻璃纤维板</td><td>8.0</td><td>0.25</td><td>0.55</td><td>0.80</td><td>0.92</td><td>0.98</td><td>0.95</td><td>贴实</td></tr>
<tr><td>工业毛毡</td><td>3.0</td><td>0.10</td><td>0.28</td><td>0.55</td><td>0.60</td><td>0.60</td><td>0.56</td><td>紧靠墙面</td></tr>
</table>

二、隔声材料

隔声材料是指能减弱或阻断声波传播的一类材料。与吸声材料相比较，隔声材料不再是轻质、疏松、多孔材料，而是重而密实的材料，如钢板、铅板、混凝土墙、砖墙等。隔声材料主要应用于电视台、电影院、歌剧院、音乐厅、会议中心、体育馆、音响室、家居、商场、酒店、酒廊、餐厅等建筑物。

隔声分为两种：围护结构隔绝的若是空间声场的声能，称为空气声的隔绝；若是使撞击或振动的能量辐射到建筑空间中的声能有所减少，称为固体声的隔绝。

对空气声的隔绝，应遵循“质量定律”，即材料的面密度越大，质量越大，越不易受声波作用而产生振动，构件的隔声量就越大。因此，在选择隔声材料时应选表观密度大的材料，如混凝土、实心砖、钢板等。

对固体声隔绝的最有效的措施是采用不连续或不完全连续的结构形式，即使房间内所有的墙面、顶棚、地面与结构层分离或在两者之间加设弹性衬垫材料，如地毯、软木、橡胶、塑料、毛毡等，以阻止或减弱固体声的继续传播。

由上述可知，材料的隔声与材料的吸声有着本质上的区别。隔声材料是用于减弱透射声能、阻挡声音传播的，因而其材质重而密实。吸声材料是使声能无反射地进入材料，故其材质多孔、疏松、透气。因此隔声材料与吸声材料不能简单替换使用，吸声效果好的其隔声效果不一定好。

第三节　节能玻璃

传统玻璃在建筑物上的主要作用是隔风透光。目前，大部分建筑物的体型系数都比较复杂，存在较多的凹凸外立面。且常常采用大开扇门窗或加大采光面积等方式提高建筑物的采光和外观装饰效果，使得窗墙面积比逐渐增大，因此人们对门窗的节能提出了更高的要求。具有较好隔热和遮阳性能的节能玻璃应运而生。节能玻璃具有特殊的对光和热的吸收、透射及反射能力，在夏季能减少阳光进入室内，在冬季减少室内热量逸出，极大减少办公楼、住宅的能耗。

一、节能玻璃的评价参数

根据传热机理不同，热的传递通常有三种形式：辐射、传导、对流。由于玻璃是透明材料，当太阳辐射透射到玻璃上时，一部分被玻璃吸收或反射，另一部分则以光辐射的形式直接透过玻璃。因此，评价玻璃进行热量传递的参数有热传导率（即 K 值）、太阳能透过率、遮蔽系数、相对热增益等。

1. 热量传递参数——K 值

传热系数 K 值表示在稳定传热条件下，玻璃两侧空气温差为 1 度（K，℃），单位时间（1s）内，通过 1 平方米面积玻璃传递的热量，单位是瓦/（平方米•度）（W/（m^2•K）。传热系数 K 值以往称总传热系数，是玻璃的热辐射、热对流、热传导的综合体现。玻璃的 K 值越小，其隔热能力越好，通过玻璃的能量损失越小。

2. 太阳能传递参数

自然环境中最大热源就是太阳辐射能。太阳光投射到玻璃上，一部分透过玻璃成为直接透过的能量，另一部分被玻璃吸收或反射。被玻璃吸收的太阳辐射转化为热能，并通过传导和辐射的形式进入室内。与太阳能传递有关的参数主要有三个：太阳能透过率——太阳光以正常入射角透过玻璃的能量占整个太阳光入射能的百分数；太阳能总透过率——太阳光直接透过玻璃进入室内的能量与太阳光被玻璃吸收转化为热能后传导及辐射进入室内的能量之和占整个太阳光入射能的百分数；太阳能反射率——玻璃所有表面反射的太阳能占太阳总入射能的百分比。

3. 遮蔽系数

遮蔽系数是指在法向入射条件下，通过透光系统的太阳能总透射比与相同条件下相同面积的标准玻璃（3mm 厚的普通透明平板玻璃）的太阳能总透射比的比值。遮蔽系数越小，玻璃阻挡阳光向室内直接辐射热量的能力越好。

4. 相对热增益

相对热增益指的是太阳能通过玻璃的瞬间总增热，包括阳光辐射增热和传递增热。通常是指在地球纬度 30°、室内外温差为 8℃时，太阳能透过单位面积标准玻璃（3mm 厚的普通透明平板玻璃）进入室内的热量与室外传导到室内热量之和。相对热增益等于夏季 U 值

（W/m^2·K）×8（℃）+遮蔽系数×628（W/m^2）。相对热增益是反映玻璃节能的综合指标，其值越小，说明在夏季外界进入室内的热量越少，玻璃的节能效果越明显。

二、节能玻璃主要种类

1. 吸热玻璃

吸热玻璃是在原料中加入适量的具有吸热性能的着色剂或在平板玻璃表面喷镀金属或金属氧化物薄膜，减小太阳能的透过率，增大吸收率，从而达到节能的效果。吸热玻璃有绿色、青铜色、粉红色、金黄色、古铜色、蓝色、茶色、灰色等颜色，目前我国主要有蓝色、茶色、灰色三种吸热玻璃。不同的颜色、深浅、厚度的吸热玻璃具有不同的透光率和吸热率。例如，8mm 厚的茶色玻璃的总透射系数为 46.3%，5mm 厚的吸热玻璃的吸热率通常在30%左右，相同厚度玻璃的吸热率还会随着颜色的深浅不同而不同。吸热玻璃仅能阻挡太阳辐射的热传递，并不影响由于温度差引起的热传递。为增加玻璃的节能效果，吸热玻璃还可制成中空玻璃、夹层玻璃等。

2. Low-E 玻璃（低辐射镀膜玻璃）

Low-E 玻璃又称为低辐射镀膜玻璃，在玻璃表面喷镀上特殊的金属膜系，大大降低了玻璃表面辐射率，并提高了玻璃的光谱选择性。Low-E 玻璃对波长在 4.5～25μm 范围内的远红外线具有较高的反射率，可达 80%以上。同时可见光能有效通过玻璃，保证室内采光。低辐射玻璃具有较好的节能效果主要得益于其红外线反射率高，能反射绝大部分远红外线；表面辐射率低，吸收外部能量的能力小；且其遮阳系数范围广，不同地区可根据需要调整太阳能透过量。

3. 中空玻璃

中空玻璃是由两片或多片玻璃以有效支撑均匀隔开并在周边粘结密封，使玻璃层间形成有干燥气体空间的制品。玻璃原片除可采用普通平板玻璃外，也可使用层玻璃、钢化玻璃、着色玻璃、镀膜玻璃和压花玻璃等。

中空玻璃的保温隔热性能和隔音性能较好，能有效防结露，并可减轻建筑物自重，是现代建筑常用的玻璃装饰制品。中空玻璃适用于办公楼、图书馆、展览馆、医院、商店等需要空调、采暖、防噪声、防结露的建筑物上。

4. 热反射镀膜玻璃

热反射镀膜玻璃是用物理或者化学的方法在玻璃表面镀上金属、非金属及其氧化物薄膜，对太阳光有较好的反射效果，能限制太阳辐射热直接进入室内，同时调整膜色还能使玻璃呈现多样的色彩。

热反射镀膜玻璃采用不同类型的膜层，可使玻璃的可见光透过率及太阳的热系数 SHGC 值发生较大变化。热反射玻璃对波长为 0.4～0.7μm 范围内可见光，具有良好的透明度；对波长在 0.4μm 以下的紫外线波段及波长在 0.7～2.5μm 范围内的红外线波段具有明显的反射作用，反射率可达 30%～40%，甚至高达 50%～60%。热反射玻璃的总反射热比吸热玻璃要高，因此常将其制成夹层玻璃或中空玻璃，达到增加其绝热性能。

5. 真空玻璃

真空玻璃是将间隙为 0.1～0.2mm 的两片平板玻璃四周密封起来，然后将其间隙抽成真空并密封排气孔，且真空度要达到并保持在 0.1Pa 以上，从而使得玻璃与玻璃之间的传导热接近于零。并且两片玻璃还可采用低辐射玻璃，使通过真空玻璃的对流热、传导热、辐射热降到最低。因此真空玻璃保温隔热性能相当好，是目前节能效果最好的玻璃。同时真空玻璃还具有隔音的效果，可以隔绝 90%的噪声。

第四节 建筑塑料

塑料是以合成树脂为主要原料，加入其他辅助材料在一定温度和压力条件下，经混炼、塑化成形的合成高分子化合物，用于建筑工程的塑料制品统称为建筑塑料。塑料具有轻质、比强度高、易于加工、化学稳定性优异、出色装饰性等优点，因此建筑塑料广泛应用于建筑装饰工程、防水工程及其他类型工程中。

一、塑料的组成

1. 合成树脂

合成树脂是塑料的最主要、必不可少的组成成分，在塑料中的含量一般为 40%～100%。在塑料中树脂起粘结作用，其树脂的性质直接决定了塑料的基本性质。因此，各种塑料都是以树脂的名字命名的。

2. 填料

填料又叫填充剂，是塑料中十分重要又非必要的成分。填料决定了塑料的主要机械性能、化学稳定性能、耐热性能等，并降低成本。因此合理地选择填料可以改善塑料的性能及扩大使用范围。填料有有机填料（如木粉、碎布、纸张、木屑等）及无机填料（如硅藻土、石棉、炭黑、滑石粉、玻璃纤维等）。填料的含量通常控制在塑料组成的 40%以下。

3. 添加剂

添加剂是为了改善塑料的使用性能或加工性能而加入的辅助材料，又称助剂。实际生产中常用的添加剂有增塑剂、稳定剂、着色剂、润滑剂、增强剂、固化剂、发泡剂等。不同的添加剂在塑料中发挥的作用各不相同。

二、塑料的分类

1. 按使用范围

根据塑料不同的使用范围分为通用塑料、工程塑料、特种塑料三类。通用塑料是指产量大、用途广、成形性好、价格低的一类塑料，主要有聚乙烯（PE）、聚丙烯（PP）、聚氯乙烯（PVC）、聚苯乙烯（PS）等品种；工程塑料是指具有良好机械性能、尺寸稳定性和耐高低温性能，能用于工程结构的塑料，主要有聚酰胺、聚甲醛、聚碳酸酯、改性聚苯醚、ABS等品种；特种塑料是指具有特种功能和特种用途的塑料，主要品种有增强塑料、氟塑料、有机树脂等。

2. **按受热形态**

按塑料受热时不同的理化特征分为热塑性塑料和热固性塑料两类。热塑性塑料是指受热后熔化，可流动至模具冷却后成形，再加热后又会熔化的塑料，其特点是易于加工成形，但耐热性、刚性较差。热固性塑料第一次加热可以软化流动，产生交联反应，并逐渐固化成形，如再次加热则不再软化。其特点是耐热性好、质地坚硬，但机械性能较差。常用的热固性塑料品种有酚醛树脂、脲醛树脂、三聚氰胺树脂、环氧树脂、有机硅树脂等。

三、常用的建筑塑料制品

1. **塑料装饰板**

塑料装饰板是指用于建筑装修的塑料板，以树脂材料为浸渍材料或基材，经特定工艺制成的有装饰功能的板材。塑料装饰板具有轻质、化学稳定性好、不锈蚀、耐污染、易于加工的优点，且表面色泽鲜艳、图案丰富。有单面装饰板、双面装饰板、高光泽板、低光泽板、柔光板和无光板等品种。常用的装饰板材有：塑料贴面装饰板、PVC 塑料装饰板、有机玻璃板材、玻璃纤维增强塑料装饰板、塑料复合装饰板等。

2. **塑料壁纸**

塑料壁纸是以木浆原纸为基材，在其表面进行涂塑后，经过印花、压花、发泡处理等工序而制成的一种墙面装饰材料。塑料壁纸经过表面印花、压花、发泡等处理，可获得变化多样、色彩艳丽的图案，例如仿制石纹、木纹、锦缎、布纹、瓷砖、金属膜、镜面等，且经过精心设计，可以达到以假乱真的效果。可任意配色，做到自然流畅、清淡高雅。经过几十年的发展，塑料壁纸的产品种类不断增加，是内墙装饰使用最广泛的材料之一。常用的有压花墙纸、印花墙纸、发泡墙纸、特种墙纸等。

3. **塑料门窗**

塑料门窗主要以聚氯乙烯（UPVC）树脂经挤压形成的各种型材为主要原料，并配上密封胶条、五金件、毛条等，通过切割、焊接、螺接等方式加工、组装而成的门窗。塑料门窗具有良好的气密性、水密性、耐腐蚀性、耐候性、耐燃性等特点，并且保温、隔热、隔声效果显著，无须粉刷油漆，几乎不必保养。塑料门窗在市场中已占据半壁江山，是家庭常用的一种建筑门窗，并且经过多年的发展，除了以白色为主色调的门窗外，彩色塑料门窗已成为人们选择的新热点。

4. **塑料管材**

塑料管材是高科技复合而成的化学建材，主要有 UPVC 给排水管、铝塑复合管、聚丙烯 PPR 热水管、聚乙烯（PE）给水管材等。与传统铸铁管、水泥管、镀锌钢管等管道相比，塑料管材具有质轻、不生锈、内壁光滑不结垢，安装加工、维修方便，节能节材等特点。被广泛应用于建筑给排水、燃气、电力及光缆护套等，是管道行业中不可缺少的组成部分。

5. 玻璃钢

玻璃钢（FRP）又称 GFRP，是一种纤维增强材料，以不饱和聚酯、环氧树脂、酚醛树脂为基体，玻璃纤维及其制品（玻璃布、纱、毡、带等）为增强材料，经过各种成形工艺制成的复合塑料。玻璃钢具有轻质高强、耐腐蚀、电绝缘性、耐高温等优点，且工艺简单，可根据需求选择成形工艺，一次成形，经济效果突出。根据所使用树脂不同，有聚酯玻璃钢、呋喃玻璃钢、环氧玻璃钢、酚醛玻璃钢等。在建筑工程中玻璃钢制品主要有玻璃钢平板、玻璃钢波形瓦、玻璃钢采光罩、玻璃钢装饰件、玻璃钢卫生洁具、玻璃钢门窗等。

本章小结

本章主要介绍绝热材料绝热原理、选择绝热材料的基本原则，建筑工程上常用的绝热材料制品；吸声材料的吸声系数、结构类型；建筑塑料的特性、组成、分类及常用品种。通过本章学习，重点掌握绝热材料、吸声材料的特性及应用，熟悉各种建筑塑料制品。

思考与练习

1. 什么是绝热材料？绝热材料的类型有有哪些？
2. 建筑工程中常用的绝热材料有哪些？各有何特性？
3. 吸声材料的基本特征如何？
4. 什么是隔声材料？空气声隔绝与固体声隔绝的作用机理有何不同？
5. 什么是吸声材料的吸声系数？吸声材料要求吸声系数大于多少？
6. 什么是塑料？建筑塑料有哪些特点？
7. 塑料在建筑工程中常用制品有哪些？
8. 节能玻璃的评价参数有哪些？

第十二章　建筑材料试验

章前导读

通过本章学习，熟悉常用材料性能的检验和评定方法，熟悉常用材料试验仪器的性能和操作方法。

学习目标

1. 掌握材料密度、表观密度、堆积密度、吸水率测定的操作技能及其数值的确定方法，并学会有关仪器的使用。

2. 掌握水泥主要技术性质的检测方法、仪器使用、操作技能及其数值的确定方法。

3. 掌握混凝土用砂、石的筛分试验基本方法和技能，学会正确使用所用的仪器设备。并掌握应用砂、石的筛分试验来评定砂的粗细程度、砂、石颗粒级配的方法。

4. 掌握混凝土拌和物和易性的评定及混凝土抗压强度的测定方法。

5. 掌握建筑砂浆稠度、保水率及抗压强度试验方法和操作技能，学会正确使用有关的仪器设备。

6. 掌握钢材拉伸性能、伸长率、冷弯试验基本操作方法和技能，学会正确使用有关的仪器设备，掌握钢材试验中各项力学性能及工艺性能的评定方法。

7. 掌握沥青的针入度、延度、软化点的基本操作方法和技能，学会正确使用有关的仪器设备。

试验一 建筑材料基本性能试验

一、密度测定

（一）主要仪器

李氏密度瓶（见图 12-1）、天平（500g，感量为 0.01g）、烘箱、干燥器、筛子（孔径为 0.02mm 或 900 孔/cm^2）、量筒、温度计、漏斗、小勺等。

（二）试样准备

将试样研碎，用筛子除去筛余物后放到 105～110℃的烘箱中烘至恒重，再放入干燥器中冷却至室温。

（三）实训步骤

1. 在李氏密度瓶中注入与试样不起反应的液体至凸颈下部，记下刻度数 V_0（单位为 cm^3）将李密度氏瓶放在盛水的容器中，在实训过程中保持水温为 20℃。

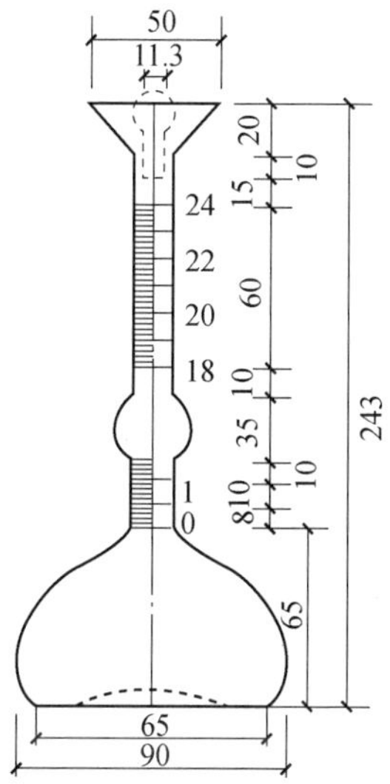

图 12-1 李氏密度瓶（单位：mm）

2. 用天平称取 60～90g 试样，用漏斗和小勺小心地将试样慢慢送到李氏密度瓶内（不能大量倾倒，防止试样在李氏密度瓶喉部发生堵塞），直至液面上升至接近 20cm^3 为止。再称取未注入瓶内剩余试样的质量，计算出送入瓶中试样的质量 m（单位为 g）。

3. 轻轻振动密度瓶，使液体中的气泡排出，记下液面刻度 V_1（单位为 cm^3）。

4. 将注入试样后的李氏瓶中液面读数 V_1 减去未注入前的读数 V_0，得出试样的密实体积（实际体积）V（单位为 cm^3）。

（四）结果计算

按下式计算（精确至 0.01g/cm^3）：

$$\rho = \frac{m}{V} \tag{12-1}$$

式中，m——装入瓶中试样的质量（g）；V——装入瓶中试样的实际体积（cm^3）；ρ——材料的密度（g/cm^3）。

按规定，密度实验用两组试样平行进行，以其计算结果的算术平均值为最后结果，但两个结果之差应小于或等于 0.02g/cm^3。

二、表观密度测定

（一）主要仪器

游标卡尺（精度 0.1mm）、天平（感量 0.1g，1g）、烘箱（102±5℃）、吊篮（直径与高均为 150mm，由孔径为 1～2mm 的筛网制成或钻有 2～3mm 孔洞的耐蚀金属板制成）、台器、广口瓶（1000mL，磨口，带玻璃片）、直尺、温度计、浅盘等。

（二）实训步骤

1. 几何形状规则的材料

（1）将待测材料的试样放入 105～110℃的烘箱中烘至恒重，取出置于干燥器中冷却至室温。

（2）用游标卡尺量出试样尺寸（每边测三次，各取平均值），并计算出该材料在自然状态下的体积（自然体积）V_0（cm^3），再称试样质量 m（g），则表观密度为

$$\rho_0 = \frac{1000m}{V_0} \tag{12-2}$$

式中，ρ_0——材料的表观密度（kg/m^3）；m——试样的质量（g）；V_0——试样的自然体积（cm^3）。

以 5 次试验结果的平均值为最后结果（精确至 $10kg/m^3$）。

2. 几何形状不规则的材料（如石子的表观密度测定）

表观密度测定有液体密度天平法和广口瓶法。

可用排液法测量其体积 V_0，但在测定前，待测材料表面应用薄蜡层密封或吸水饱和（以免测液进入材料内部的开口孔隙而影响测定值）。

（1）试样制备

按规定取样，用四分法缩分至不少于表 12-1 规定的数量，经烘干或风干后筛除粒径小于 4.75mm 的颗粒，洗刷干净后，分为大致相等的两份备用。

表 12-1　石子表观密度试验所需试样数量

最大粒径/mm	26.5	31.5	37.5	63.0	75.0
最少试样质量/kg	2.0	3.0	4.0	6.0	6.0

（2）实训步骤

① 液体密度天平法

a. 取试样一份装入吊篮，并浸入盛水的容器中，液面至少高出试样表面 50mm。浸水 24h 后，移放到称量用的盛水容器中，并用上下升降吊篮的方法排除气泡（试样不得露出水面）。吊篮每升降一次时间约为 1s，升降高度为 30～50mm。

b. 测定水温后（此时吊篮应全部浸在水中），准确称出吊篮及试样在水中的质量，精确至 5g，称量时盛水容器中水面的高度由容器的溢流孔控制。

c. 提起吊篮，将试样倒入浅盘，放在烘箱中于 105±5℃下烘干至恒重，待冷却至室温

时，称出其质量（精确至 5g）。

d. 称量吊篮在同样温度水中的质量（精确至 5g）。称量时盛水容器的水面高度仍由溢流孔控制。

【注意】试验时各项称量可以在 15～25℃范围内进行，但从试样加水静止的 2h 起至试验结束，其温度变化不得超过 2℃。

② 广口瓶法（本法不宜用于测定最大粒径大于 37.5mm 的碎石或卵石的表观密度）

a. 将试样浸水 24h，然后装入广口瓶（倾斜放置）中，注入清水，摇晃广口瓶以排除气泡。

b. 排尽气泡后，向瓶中添加清水至水面凸出瓶口边缘。然后用玻璃片沿瓶口迅速滑行，使其紧贴瓶口水面。擦干瓶外水分后，称量试样、水、瓶和玻璃片的总质量（精确至 1g）。

c. 将瓶中试样倒入浅盘，放在烘箱中于 105±5℃下烘干至恒重，待冷却至室温后称量其质量（精确至 1g）。

d. 将广口瓶洗净并重新注入清水，用玻璃片紧贴瓶口表面，擦干瓶外水分，称取水、广口瓶及玻璃片总质量（精确至 1g）。

（三）试验结果计算与评定

石子的表观密度可按下式计算（精确至 10kg/m^3）。

$$\rho_0=\left(\frac{m_0}{m_0+m_2-m_1}\right)\rho_{水} \tag{12-3}$$

式中，ρ_0——石子的表观密度（kg/m^3）；$\rho_{水}$——水的密度（kg/m^3），取 $\rho_{水}$=1000kg/m^3；m_0——烘干试样的质量（g）；m_1——吊篮及试样在水中的质量或试样、水、广口瓶及玻璃片的总质量（g）；m_2——吊篮在水中的质量或水、广口瓶及玻璃片的总质量（g）。

表观密度取两次试验结果的算术平均值，两次试验结果之差大于 20kg/m^3，需重做试验。对于材质不均匀的试样，如两次试验结果之差大于 20kg/m^3，则可取 4 次试验结果的算术平均值。

三、堆积密度测定（石子堆积密度的测定）

（一）主要仪器

台秤（称量 10kg，感量 10g）、磅秤（称量 50kg 或 100kg，感量 50g）、容量筒（规格可因石子最大粒径不同按表 12-2 选用）、其他（垫棒和金属直尺等）。

表 12-2 容量筒的规格要求

最大粒径/mm	容量筒容积/L	容量筒规格/mm		
		内径	净高	壁厚
9.5，16.0，19.0，26.5	10	208	294	2

（续表）

最大粒径/mm	容量筒容积/L	容量筒规格/mm		
		内径	净高	壁厚
31.5，37.5	20	294	294	3
53.0，63.0，75.0	30	360	294	4

（二）试样制备

按规定取样，烘干或风干后拌匀，并把试样分为大致相等的两份备用。

（三）实训步骤

1. 松散堆积密度测定

取试样一份，用取样铲从容量筒口中心上方 50mm 处让试样自由落下，当容量筒上部试样呈锥体并向四周溢满时，停止加料。除去凸出容量筒表面的颗粒，以适当的颗粒填入凹陷处，使凹凸部分的体积大致相等（试验过程应防止触动容量筒）。称量试样和容量筒的总质量（精确至 10g）。

2. 紧密堆积密度测定

取试样一份，用取样铲将试样分三次距容量筒 50mm 高处装入容量筒。每装完一层后，在筒底放一根垫棒，将筒按住，左右交替颠击地面 25 次。将三层试样装填完毕后，再加试样至超过筒口，用金属直尺沿筒口边缘刮去高出的试样，并用适合的颗粒填充凹处，使表面凸起部分与凹陷部分的体积大致相等。称量试样和容量筒的总质量（精确至 10g）。

（四）试验结果计算与评定

按下式计算堆积密度（精确至 $10kg/m^3$）：

$$\rho'_0 = \frac{m_1 - m_2}{V'_0} \tag{12-4}$$

式中，ρ_0'——石子的松散或紧密堆积密度（kg/m^3）；m_1——试样与容量筒总质量（g）；m_2——容量筒的质量（g）；V_0'——容量筒的容积（L）。

堆积密度取两次试验结果的算术平均值，精确至 $10kg/m^3$。

四、吸水率测定

（一）主要仪器

天平（称量为 1000g，感量为 0.1g）、烘箱（温度 105±5℃）、其他（水槽等）。

（二）试样制备

将试样置于温度不超过 110℃的烘箱中烘至恒重，再放到干燥器中冷却至室温待用。

（三）实训步骤

1. 从干燥器中取出试样，称其质量 $m_{干}$（单位为 g）。

2. 将试样放入水槽中，试样之间应留有 10～20mm 的间隔，试样底部用玻璃棒或玻璃管垫起，避免与槽底直接接触，让水能够自由进入。

3. 将水注入水槽中，使水面至试样高度的 1/3 处，过 24h 后，再加水至试样高度的 2/3 处，再过 24h 加满水，并放置 24h。这样逐次加水能够使试样孔隙中的空气逐渐逸出。

4. 取出试样后，用拧干的湿毛巾抹去其表面水分（不得来回擦拭），称其质量。称量后将试样仍放回水槽中浸水。

以后每隔 24h 用同样的方法称取试样质量，直到试样浸水至较为恒定的质量为止（两次质量之差不得超过 1%），此时称得的试样质量为 $m_{饱}$（单位为 g）。

（四）试验结果计算

材料的质量吸水率或体积吸水率按下式计算。

$$W_{质}=\frac{m_{饱}-m_{干}}{m_{干}}\times100\% \tag{12-5}$$

$$W_{体}=\frac{m_{饱}-m_{干}}{V_0\rho_{干}}\times100\% \tag{12-6}$$

式中，$W_{质}$——质量吸水率；$W_{体}$——体积吸水率；$m_{饱}$——试样吸水饱和后的质量（g）；$m_{干}$——试样干燥时的质量（g）；V_0——干燥状态试样的自然体积（cm^3）；$\rho_{水}$——水的密度（g/cm^3），常温时水的密度可取 $1g/cm^3$。

按规定吸水率试验应用三个试样平行进行，并以三个试样吸水率的算术平均值作为测定结果。

试验二　水泥试验

一、水泥试验的一般规定

（一）试样和用水

水泥试样应充分拌匀，通过 0.9mm 方孔筛，并记录筛余物情况。试验用水须是洁净的饮用水，如有争议时应以蒸馏水为准。

（二）检测环境要求

水泥实验室的温度应保持在（20±2）℃，相对湿度不低于 50%；水泥试样、砂、拌和水和试验用具的温度应与实验室一致。

湿气养护箱的温度应为（20±1）℃，相对湿度不低于 90%。养护水的温度应为（20±1）℃。

二、水泥细度测定

水泥细度测定的常用方法有：负压筛析法、水筛法和干筛法。当对结果有争议时，以负压筛析法为准。

（一）实训目的

通过实训操作，掌握水泥细度测定的基本实验方法和技能，学会正确使用所用的仪器、设备，并能根据实验数据对水泥的细度是否满足标准规定作出正确的评定。

（二）主要仪器、设备

水泥细度筛（见图 12-2）、负压筛析仪（见图 12-3）、天平（感量不大于 0.01g）等。

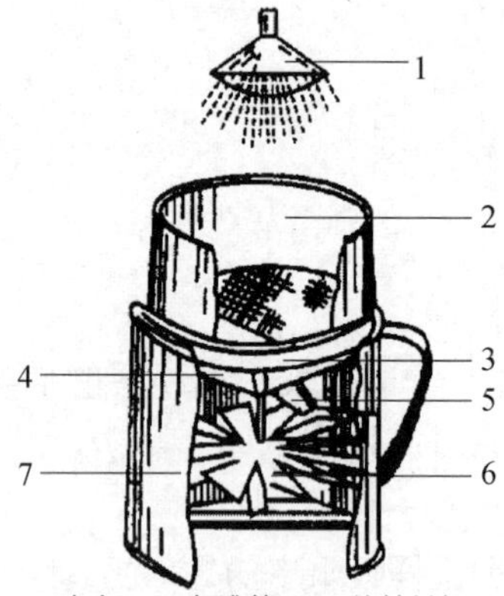

1—喷头；2—标准筛；3—旋转托架；
4—集水斗；5—出水口；6—叶轮；7—外筒

图 12-2　水泥细度筛

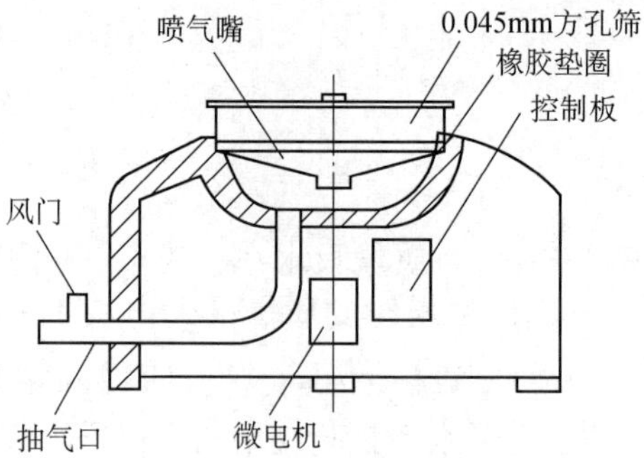

图 12-3　负压筛析仪

（三）实训步骤

1. 负压筛析法

负压筛析法测定水泥细度，采用负压筛析仪，如图 12-3 所示。

（1）筛析试验前，应把负压筛放到筛座上，盖上筛盖，接通电源，检查控制系统，调节负压至 4000～6000Pa 范围内。

（2）称取试样 25g，置于洁净的负压筛中，盖上筛盖，放在筛座上，开动筛析仪连续筛析 2min，在此期间如有试样附着在筛盖上，可轻敲筛盖使其落下。筛毕，用天平称量筛余物的质量。

（3）当工作负压小于 4000Pa 时，应清理吸尘器内水泥，使负压恢复正常。

2. **水筛法**

水筛法测定水泥细度，采用图 12-2 所示装置。

（1）筛析试验前，检查水中应无泥沙，调节水压为（0.0±0.02）MPa，喷头底面距筛网 35～75mm，水筛能正常进行。

（2）称取水泥试样 50g，置于洁净的水泥细度筛中，立即用水冲洗至大部分细粉通过后（用水喷头先从筛底下面反冲，注意水压不要太大），放到水泥细度筛架上用水压为（0.05±0.02）MPa 的喷头连续冲洗 3min。

（3）筛毕，将筛余物移到蒸发器皿中烘干，称量筛余物的质量。

3. **干筛法**

在没有负压筛析仪和水泥细度筛时，允许用手工干筛法确定水泥细度。

（1）称取水泥试样 50g，倒入干筛内（筛框有效直径 150mm，高 50mm，并附有筛盖）。

（2）用一只手执筛往复摇动，另一只手轻轻拍打，拍打速度每分钟约 120 次，每 40 次向同一方向转动 60°。使试样均匀分布在筛网上，直至每分钟通过的试样量不超过 0.05g 为止。称量筛余物的质量。

（四）结果计算

水泥试样筛余（%）按下式计算（精确至 0.1%）。

$$F=\frac{R_{\mathrm{s}}}{m}\times 100\% \tag{12-7}$$

式中，F——水泥试样的筛余（%）；R_{s}——水泥筛余物的质量（g）；m——水泥试样的质量（g）。

合格评定时，每个样品应称取两个试样分别筛析，取筛余平均值为筛析结果。若两次筛余结果绝对误差大于 0.5%时（筛余值大于 5.0%时可放宽至 1.0%），应再做一次试验，取两次相近结果的算术平均值作为最终结果。

三、水泥标准稠度用水量的测定

通过测定水泥净浆达到标准稠度时的用水量，确定水泥凝结时间和体积安定性试验的用水量。

（一）实训目的

通过实训操作，掌握水泥标准稠度用水量测定的基本实验方法和技能，学会正确使用所用的仪器设备。

（二）主要仪器、设备

水泥净浆搅拌机（见图 12-4）、标准稠度与凝结时间测定仪（见图 12-5）等。

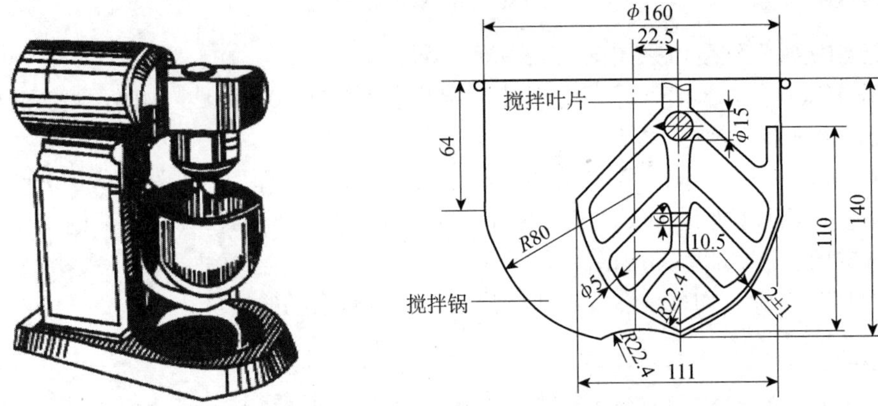

（a）水泥净浆搅拌机　　（b）搅拌锅与搅拌叶片

图 12-4　水泥净浆搅拌机（单位：mm）

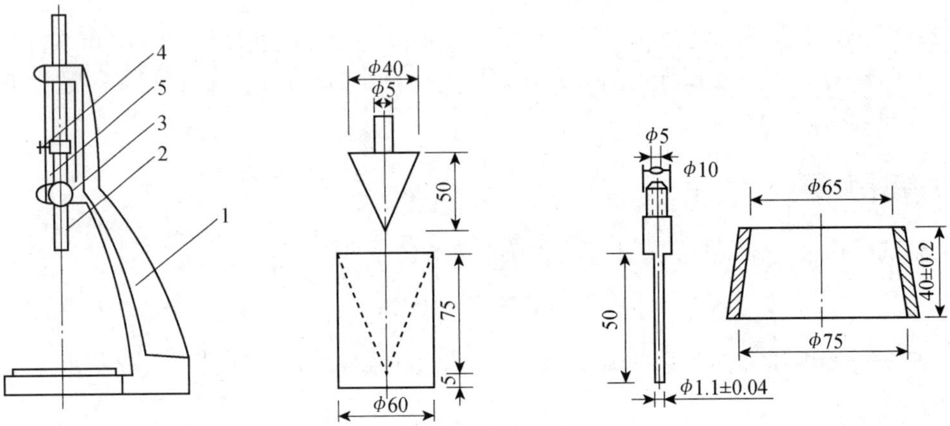

（a）试针支架　　（b）试锥和锥模　　（c）试针和圆模

1—铁座；2—金属圆棒；3—松紧螺丝；4—指针；5—标尺

图 12-5　标准稠度与凝结时间测定仪（单位：mm）

（三）实训步骤

标准稠度用水量的测定有两种方法：调整水量法和不变水量法。

（1）标准稠度用水量可用调整水量法和不变水量法中的任何一种来测定，若发生矛盾时以调整水量法为准。

（2）试验前必须检查测定仪的金属棒能否自由活动，试锥降至锥模顶面位置时，指针应对准标尺零点，搅拌机应运转正常。

（3）水泥净浆用机械拌和，拌和用具应先用湿布擦抹。将称量好的 500g 水泥试样倒入搅拌锅内。采用调整水量法时，拌和用水量按经验确定，采用不变水量法时，用水量为 142.5mL，准确至 0.5mL。

（4）拌和时，先将装有试样的锅放到搅拌机锅座上的搅拌位置，开动机器，同时慢慢加入拌和用水，慢拌 120s，停拌 15s，接着快拌 120s 后停机。

（5）拌和完毕，立即将水泥净浆一次装入锥模中，用小刀插倒并振动数次，刮去多余净浆，抹平后迅速放到测定仪试锥下面的固定位置上。将试锥降奎净浆表面，拧紧螺丝，然后突然放松螺丝，让试锥沉入净浆中，到停止下沉时，记录试锥下沉深度 S。

（四）结果计算

（1）用调整水量法测定时，以试锥下沉深度为（28±2）mm 时的拌和用水量为标准稠度用水量（P），以占水泥质量百分率表示。

$$P=\frac{m_1}{m_2}\times 100\% \tag{12-8}$$

式中，m_1——水泥净浆达到标准稠度时的拌和用水量（g）；m_2——水泥质量（g）。

若超出范围，要另取试样，调整水量，重新试验，直到试锥下沉的深度为（28±2）mm 时为止。

（2）用不变水量法测定时，根据测得的下沉深度 S（mm），可按以下经验公式计算标准稠度用水量 P（%）。

$$P=33.4-0.18S \tag{12-9}$$

当试锥下沉深度小于 13mm 时，应用调整水量法测定。

四、水泥净浆凝结时间的测定

（一）实训目的

通过实训操作，掌握水泥凝结时间测定的基本实验方法和技能，学会正确使用所用的仪器设备。

（二）主要仪器、设备

水泥净浆搅拌机、标准稠度与凝结时间测定仪（将试锥换成试针，装净浆的锥模换成圆模）（见图 12-6）、湿气养护箱等。

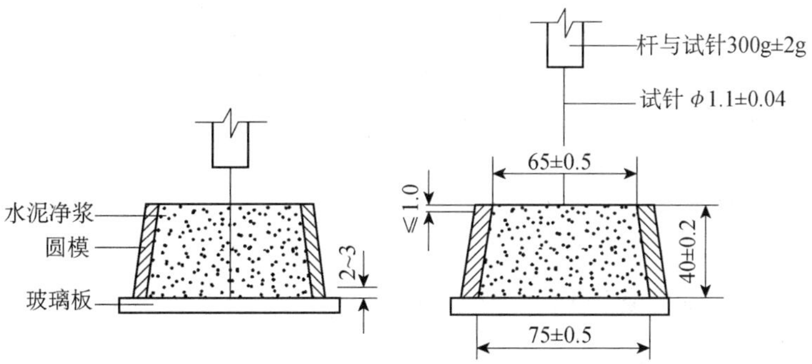

图 12-6　凝结时间测定（单位：mm）

（三）实训步骤

（1）测定前，将圆模放在玻璃板上，并调整仪器使试针接触玻璃板时，指针对准标尺的点。

（2）以标准稠度用水量，用 500g 水泥按规定方法拌制标准稠度水泥净浆，并将净浆一次装入圆模，振动数次刮平，放入湿气养护箱内，记录开始加水的时间作为凝结时间的起始时间。

（3）试件在湿气养护箱内养护至加水后 30min 时进行第一次测定。测定时，从养护箱中取出圆模放到试针下，使试针与净浆表面接触，拧紧螺丝，然后突然放松，使试针自由沉入净浆，观察试针停止下沉时指针的读数。临近初凝时，每隔 5min 测定一次，当试针沉至距底板（4±1）mm 时，即为水泥达到初凝状态。从水泥全部加入水中至初凝状态的时间即为水泥的初凝时间，用小时（h）和分钟（min）表示。

（4）初凝时间测出后，立即将试模连同浆体以平移的方式从玻璃板上取下，翻转 180°，直径大端向上，直径小端向下，.放在玻璃板上，再放到湿气养护箱中养护。

（5）取下测初凝时间的试针，换上测终凝时间的试针。

（6）临近初凝时，每隔 15min 测定一次，当试针沉入净浆 0.5mm 时，即环形附件开始不能在净浆表面留下痕迹时，即为水泥的终凝时间。

（7）由开始加水至初凝、终凝状态的时间分别为该水泥的初凝时间和终凝时间，用小时（h）和分钟（min）来表示。

（8）注意事项。

① 水泥净浆搅拌时，水泥加水的过程中，应防止水和水泥溅出而影响测试精度。由于标准稠度用水量的测定直接影响凝结时间的测定结果，故标准稠度应准确。

② 凝结时间测定时，最初测定操作应轻扶金属柱，使其徐徐下落，以防试针撞弯，但应保证其为自由下落。

③ 在整个测试过程中试针沉入净浆的位置距圆模至少大于 10mm。

④ 每次测定完毕，需将试针擦净并将圆模放入养护箱内，测定过程中要防止圆模受振。

⑤ 每次测定时不能让试针落入原孔，测得结果应以两次都合格为准。

（四）确定结果

（1）自加水起至试针沉入净浆中距底板（4±1）mm 时止，所需的时间为初凝时间，至试针沉入净浆中不超过 0.5mm（环形附件开始不能在净浆表面留下痕迹）时所需的时间为终凝时间。用小时（h）和分钟（min）来表示。

（2）水泥净浆达到初凝或终凝状态时应立即重复测一次，当两次测定结果相同时才能确定为达到初凝或终凝状态。

（3）评定方法将测定的初凝时间、终凝时间结果与国家标准规范中的凝结时间相比较，可判断本次试验所用标准稠度水泥净浆的合格性。

五、水泥体积安定性的测定

水泥体积安定性的测定有两种方法：雷氏法和试饼法。

（一）实训目的

通过实训操作，掌握水泥体积安定性测定的基本实验方法和技能，学会正确使用所用的仪器设备。

（二）主要仪器、设备

沸煮箱（见图 12-7）、雷氏夹（见图 12-8）和雷氏夹膨胀测定仪（见图 12-9）、水泥净浆搅拌机等。

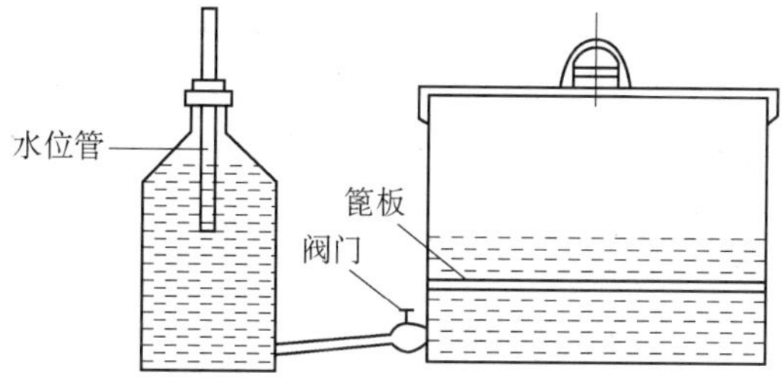

图 12-7　沸煮箱

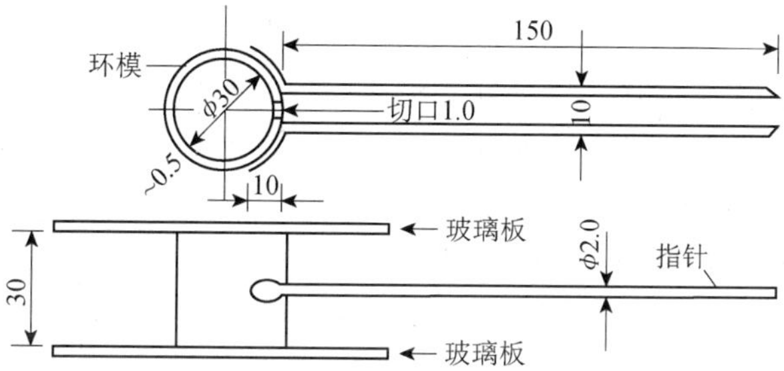

图 12-8　雷氏夹（单位：mm）

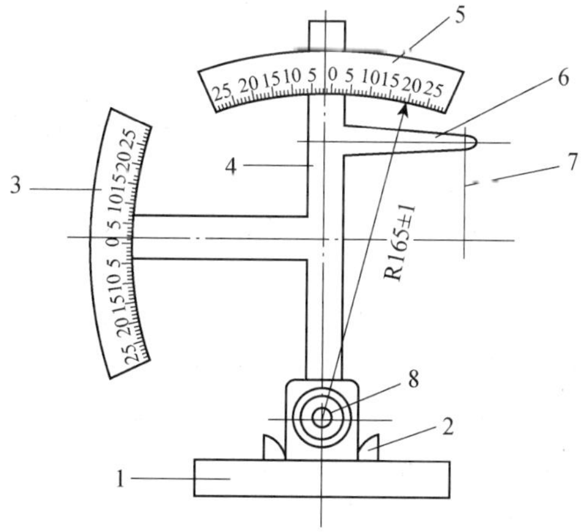

1—底座；2—模子座；3—测弹性标尺；4—立柱；5—测膨胀值标尺；6—悬臂；7—悬丝；8—弹簧顶扭

图 12-9　雷氏夹膨胀测定仪

（三）实训步骤

1. 测定前的准备工作

当采用试饼法时，一个样品需要准备两块玻璃板（约 100mm×100mm）；采用雷氏法时，每个雷氏夹需配备玻璃板（质量为 75～85g）两块。凡与水泥净浆接触的玻璃板和雷氏夹表面都应稍涂上一薄层机油。

2. 水泥标准稠度净浆的制备

以标准稠度用水量加水，按规定方法制成标准稠度水泥净浆。

3. 试件制作

（1）试饼法：将制好的水泥净浆取出一部分并分成两等份，使之成球形，放在玻璃板上轻轻地用小刀从边缘向中央抹平，做成直径 70～80mm、中心厚约 10mm、边缘渐薄、表面光滑的球冠试饼，然后将试饼立即放入标准养护箱中养护（24±2）h。

（2）雷氏法：将标准稠度水泥净浆一次装满雷氏夹（预先准备好的雷氏夹放在已稍擦油的玻璃板上），装模时一只手轻轻扶持试模，另一只手用约 10mm 宽的小刀插到 15 次左右，抹平，盖上稍涂油的玻璃板，接着立即将试模放入养护箱中养护（24±2）h。

4. 沸煮

（1）调整沸煮箱内的水位，使试件能在整个沸煮过程中浸没在水里，这样在煮沸的中途不需填补试验用水，同时又能保证在（30±5）mim 加热至沸腾。.

（2）脱去玻璃板，取下试饼。当采用雷氏法时，先测量雷氏夹指针尖端间的距离 *A*，精确到 0.5mm，接着将试件指针朝上放入水泥沸煮箱中试件架上，试件之间互不交叉；然后在（30±5）min 内加热至沸，并恒沸（180±5）min。

当采用试饼法时，将检查无缺陷的试饼放入水泥沸煮箱的水中篦板上，在（30±5）min 内加热至沸，并恒沸（180±5）min。

沸煮结束，立即放掉箱中热水，打开箱盖，冷却至室温。

（四）结果评定

（1）试饼法的评定：若目测试饼未发现裂缝、用金属直尺检查也没有弯曲，则水泥的体积安定性合格，反之为不合格。当两试饼判别有矛盾时，该水泥的体积安定性为不合格。

（2）雷氏法的评定：测量试件指针尖端间的距离 *C*，记录至小数点后 1 位。若两个试件煮沸后增加距离（*C*—*A*）的平均值不大于 5.0mm 时，该水泥体积安定性合格，否则为不合格。当两试件的（*C*—*A*）值相差超过 4.0mm 时，应用同一样品立即重做，若仍超过 4.0mm，则该水泥的体积安定性不合格。

六、水泥胶砂强度测定（ISO 法）

（一）实训目的

通过实训操作，掌握《水泥胶砂强度检验方法（ISO 法）》的基本实验方法和操作技能，学会正确使用所用的仪器、设备。

（二）主要仪器、设备

胶砂搅拌机、振动台、下料漏斗、试模、抗压试验机及抗压夹具、抗折试验机等，如图

12-10～图 12-13 所示。

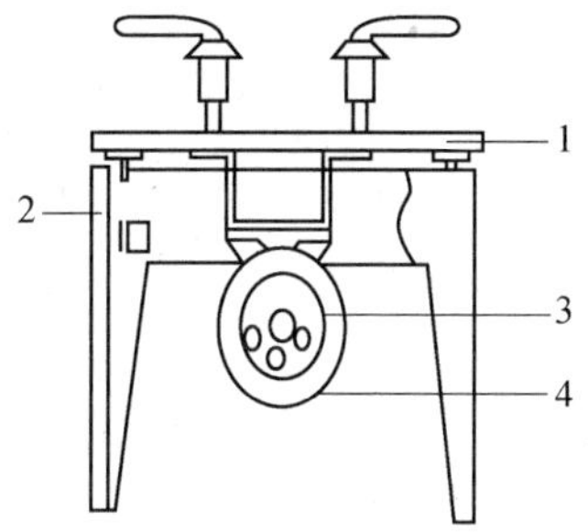

1 一台面；2—弹簧；3 一偏重轮；4 一电动机

图 12-10 胶砂振动台

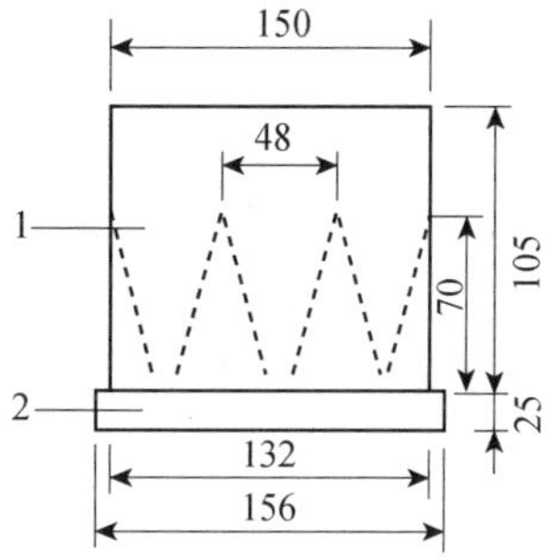

1—漏斗；2—套模

图 12-11 下料漏斗（单位：mm）

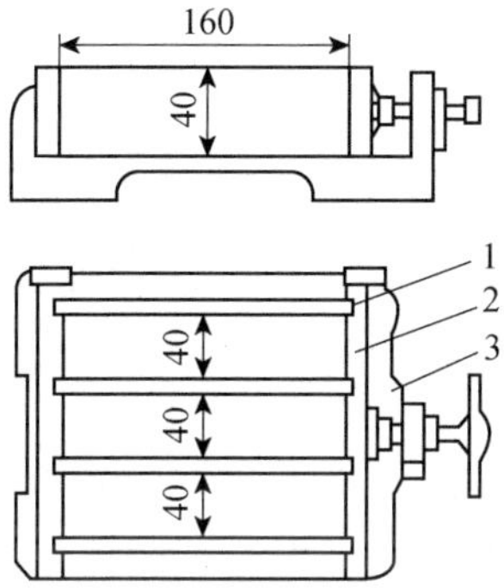

1—隔板；2—端板；3—底座

图 12-12 试模（单位：mm）

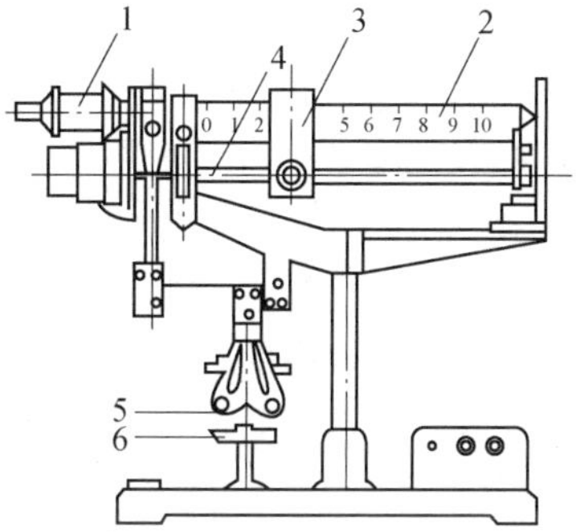

1—平衡砣；2—大杠杆；3—游动砝码；
4—丝杆；5—抗折夹具；6—手轮

图 12-13 水泥抗折试验机

（三）实训步骤

本试验采用 ISO 法，本方法为 40mm×40mm×160mm 棱柱试件的水泥抗压强度和抗折强度测定。试件（质量计）由 1 份水泥、3 份中国 ISO 标准砂，水灰比为 0.5，拌制的一组塑性胶砂制成。中国 ISO 标准砂的水泥抗压强度结果必须与 ISO 基准砂的相同。胶砂用水泥胶砂搅拌机搅拌，在振实台上成形。试体连模一起在湿气中养护 24h 后脱模，放在水中养护至龄期，然后从水中取出进行强度试验（先测定抗折强度，折断后每半截再测定抗压强度）。

1. 胶砂制备

（1）试验用砂采用中国 ISO 标准砂。

（2）胶砂配合比胶砂按水泥∶标准砂∶水=1∶3.0∶0.5 进行拌制。一锅胶砂成三条试件，每锅需水泥（450±2）g，标准砂（1350±5）g，水（225±1）mL。

（3）搅拌每锅胶砂均需用搅拌机搅拌。具体步骤如下：

① 先把水加入锅里，再加水泥，把锅放在固定架上，上升至固定位置。

② 立即开动机器，低速搅拌 30s 后，在第二个 30s 开始的同时均匀地将砂子加入，快速再拌 30s。

③ 停拌 90s，在第一个 15s 内用一胶皮刮具将叶片和锅壁上的胶砂刮入锅中，在高速下继续搅拌 60s，各个搅拌阶段的时间误差应在 1s 以内。

2. 试件制备

胶砂制备后应立即成形。将空试模和模套固定在振实台上，用一个适当的料勺直接从搅拌锅里将胶砂分两层装入试模，装第一层时，每个槽里约放 300g 胶砂，用大播料器垂直架在模套顶部，沿每一个模槽来回一次，将料播平，接着振实 60 次；再装第二层胶砂，用小播料器播平，再振实 60 次；移走模套，从振实台上取下试模，用一金属直尺以近似 90° 的角度架在试模模顶的一端，然后沿试模长度方向以横向锯割动作慢慢向另一端移动，一次将超过试模部分的胶砂刮去，并用同一金属直尺将试件表面水平抹平。

在试模上做标记或加字条标明试件编号。

3. 试件养护

（1）脱模前的处理与养护。将试模放入雾室或湿箱的水平架上养护，湿空气应能与试模的周边接触。另外，养护时不应将试模放在其他试模上。一直养护到规定的时间取出脱模。

脱模前用防水墨汁或颜料对试件进行编号或做其他标记。对于两个龄期以上的试件，在编号时应将同一试模中的三条试件分在两个以上龄期内。

（2）脱模应非常小心，可用塑料锤、橡皮榔头或专门的脱模器。对于 24h 龄期的试件，应在破型试验前 20min 内脱模；对于 24h 以上龄期的，应在 20～24h 之间脱模。

（3）水中养护。将做好标记的试件水平或垂直放在（20±1）℃水中养护，水平放置时，刮平面应朝上，养护期间试件之间间隔或试件上面的水深不得小于 5mm。

4. 强度测定

（1）强度试验试件的龄期试件龄期是从加水开始搅拌时算起的。各龄期的试件必须在表 12-3 规定的时间内进行强度测定。试件从水中取出后，在强度测定前应用湿布覆盖。

表 12-3　各龄期强度测定时间规定

龄期	24h	48h	72h	7d	＞28d
时间	24h±15min	48h±30min	72h±45min	7d±2h	28d±8h

（2）抗折强度测定。

① 每龄期取出三条试件先测定抗折强度。测试前，须擦去试件表面的水分和砂粒，清除夹具上圆柱表面粘着的杂物，将试件放入抗折夹具内，应使侧面与圆柱接触。

② 采用杠杆式抗折强度试验机测定时，试件放入前，应使杠杆成平衡状态。试件放入后，调整夹具，使杠杆在试件折断时尽可能地接近平衡位置。

③ 抗折强度试验机的加荷速度为（50±10）N/s。

（3）抗压强度测定。

① 抗折强度测定后的断块应立即进行抗压强度测定。抗压强度测定时须用抗压夹具进行，试件受压面积为 40mm×40mm。测试前，应清除试件受压面与压板间的砂粒或杂物。测试时，以试件的侧面作为受压面，试件的底面靠紧夹具定位销，并使夹具对准抗压试验机

压板中心。

② 抗压试验机加荷速度为（2400±200）N/s。

（四）测试结果计算及处理

1. 抗折强度测试结果

抗折强度按下式计算（精确至 0.1MPa）

$$f=\frac{1.5FL}{b^3} \tag{12-10}$$

式中，f——水泥的抗折强度（Mpa）；F——折断时施加在棱柱体中部的荷载（N）；b——棱柱体正方形截面的边长（mm），取 40mm；L——支撑圆柱之间的距离（mm），取 100mm。

以一组三个棱柱体抗折强度的平均值作为测试结果。若三个强度值中有一个超出平均值的±10%，应剔除后再取平均值作为抗折强度测试结果。当有两个都超过平均值的±10%时，应重做试验。

2. 抗压强度测试结果

抗压强度按下式计算（精确至 0.1MPa）：

$$f_c=\frac{F_c}{A} \tag{12-11}$$

式中，f_c——水泥的抗压强度（MPa）；F_c——破坏时的最大荷载（N）；A——受压部分的面积（mm^2）。

以一组三个棱柱体上得到的 6 个抗压强度测定值的算术平均值为测试结果。如 6 个测定值中有一个超出 6 个平均值的±10%，就应剔除这个结果，而以剩下 5 个的平均值为测试结果。如果 5 个测定值中还有超出它们平均值±10%时，则该组测试结果作废。

试验三　混凝土用骨料试验

一、取样方法及数量

砂、石的验收要按同产地、同规格、同类别分批进行，每批总量不大于 400m^3 或 600t。

在均匀分布的砂料堆上的 8 个不同部位，抽取大致相等的砂共 8 份，倒在平整、洁净的拌板上，拌和均匀。用四分法缩取各试验用试样数量。四分法的基本步骤是：将拌匀试样摊成 20mm 厚的圆饼，在饼上划十字线，将其分成大致相等的四份，除去其中对角线的两份，将其余两份再按上述四分法缩取，直到缩分后的试样质量略大于该项试验所需数量为止。

每组样品的取样数量，对每一单项试验，要不小于表 12-4 规定的最少取样量。做几项试验时，如确能保证试样经一项试验后不致影响另一项试验的结果，可用同一试样进行几项不同的试验。

表 12-4　单项试验的最少取样量 kg

骨料种类 试验项目	砂	碎石或卵石							
		骨料最大粒径/mm							
		9.5	16.0	19.0	26.5	31.5	37.5	63.0	75.0
颗粒级配	4.4	9.5	16.0	19.0	25.0	31.5	37.5	63.0	80.0
表观密度	2.6	8.0	8.0	8.0	8.0	12.0	16.0	24.0	24.0
堆积密度与空隙率	5.0	40.0	40.0	40.0	40.0	80.0	80.0	120.0	120.0

在石料堆上，自料堆的顶、中、底三个不同高度处，在各个均匀分布的 5 个不同部位取大致相等试样各一份，共取 15 份（取样时，要先将取样部位的表层铲除，于较深处铲取），并将其倒在平整、洁净的拌板上，拌和均匀，堆成锥体，用四分法缩取各项试验所需的试样数量。

二、砂的筛分试验

（一）主要仪器设备

① 标准筛孔径为 9.50mm、4.75mm、2.36mm、1.18mm、0.60mm、0.30mm、0.15mm 的方孔筛，并附有筛底和筛盖。

② 天平称量为 1000g，感量为 1g。

③ 电动摇筛机。

④ 烘箱温度可控制在（105±5）℃。

（二）实训步骤

（1）按规定方法取样约 1100g，放在烘箱中于（105±5）℃下烘干至恒重，冷却至室温后，筛除大于 9.50mm 的颗粒（并算出其筛余百分率），分为大致相等的两份备用。

（2）称取试样 500g，准确至 1g。将筛按孔径从大到小组合并附上筛底，将 500g 试样倒入最上层筛中，然后进行筛分。

（3）将套筛置于摇筛机上，摇筛 10min 左右，取下套筛，按筛孔大小顺序再逐个用手筛至每分钟通过量小于试样总量的 0.1%为止，通过的砂并入下一号筛中，并和下一号筛中的试样一起过筛，这样按顺序进行，直至各号筛全部筛完为止。

（4）称取各筛的筛余量（准确至 1g），试样在各筛上的筛余量不得超过按下式计算出的量。

$$G=\frac{A\cdot d^{\frac{1}{2}}}{200} \tag{12-12}$$

式中，G——在一个筛上的筛余量（g）；A——筛的面积（mm^2）；d——筛孔尺寸（mm）。

若超过时应将该筛上试样分成两份，再进行筛分，以两次筛余量之和作为该筛的筛余量。

（5）各筛的筛余量和底盘中剩余量的总和与筛分前试样总量相比，其相差不得超过1%。若超过 1%，须重做试验。

（三）结果计算与评定

（1）计算分次筛余百分率各筛的筛余量除以试样总质量的百分率，精确至 0.1%。

（2）计算累计筛余百分率该筛的分计筛余百分率与大于该筛的各筛上分次筛余百分率之和，精确至 0.1%。

（3）根据累计筛余百分率，绘制筛分曲线，评定砂的颗粒级配是否合格。

（4）按下式计算砂的细度模数（精确至 0.01）。

$$M_x = \frac{(A_2 + A_3 + A_4 + A_5 + A_6) - 5A_1}{100 - A_1} \tag{12-13}$$

（5）累计筛余百分率取两次试样结果的算术平均值，精确至 1%。细度模数取两次试样结果的算数平均值，精确至 0.1；若两次试样的细度模数之差超过 0.20 时，须重做试验。

三、石子颗粒级配（筛分析）试验

（一）主要仪器设备

① 标准筛孔径为 90mm、75.0mm、63.0mm、53.0mm、37.5mm、31.5mm、26.5mm、19.0mm、16.0mm、9.50mm、4.75mm、2.36mm 的方孔筛各一只，并附有筛底和筛盖（筛框内径为 300mm）。

② 天平或案秤称量不小于 5kg，感量 1g。

③ 电动摇筛机。

④ 烘箱温度可控制在（105±5）℃。

（二）实训步骤

（1）按规定方法取样，并将试样缩分至略大于表 12-5 规定的数量，烘干或风干后备用。

表 12-5 筛分析所需试样的最小试验用量

石子最大粒径 /mm	9.5	16.0	19.0	26.5	31.5	37.5	63.0	75.0
最小试样用量 /kg	1.9	3.2	3.8	5.0	6.3	7.5	12.6	16.0

（2）称取按表规定数量的试样一份，准确至 1g。将筛按孔径从大到小组合并附上筛底，将试样倒入最上层筛中，然后进行筛分。

（3）将套筛置于摇筛机上，摇筛 10min 左右，取下套筛，按筛孔大小顺序在逐个用手筛至每分钟通过量小于试样总量的 0.1%为止，通过的石子并入下一号筛中，并和下一号筛中的试样一起过筛，这样按顺序进行，直至各号筛全部筛完为止。在筛余颗粒的粒径大于 19.0mm 时，在筛分过程中，允许用手指拨动颗粒。当每号筛上筛余层的厚度大于试样的最大粒径时，应将该筛上试样分成两份，再进行筛分，以两次筛余量之和作为该筛的筛余量。

（4）称取各筛的筛余量（准确至 1g）。

（三）结果计算与评定

（1）计算分次筛余百分率各筛的筛余量除以试样总质量的百分率，精确至 0.1%。

（2）计算累计筛余百分率该筛的分次筛余百分率与大于该筛的各筛上分次筛余百分率之和，精确至 1%。筛分后，若每号筛的筛余量与筛底的筛余量之和同原试样质量之差超过 1% 时，须重做试验。

（3）根据各号筛的筛余百分率，对照颗粒级配表，评定该试样的颗粒级配。

试验四　普通混凝土试验

一、一般规定

（一）拌制混凝土的原材料要符合技术要求，并与施工实际用料相同

在拌和前，材料的温度要与室温（应保持 20℃±5℃）相同。水泥若有结块现象，要用 64 孔/cm^{2}筛过筛，筛余团块不得使用。

拌制混凝土的材料用量以质量计。称量的精确度为±1%，水、水泥及混合材料为±0.5%。

（二）主要仪器设备

① 混凝土搅拌机容量 75～100L，转速 18～22r/min。

② 磅秤。称量 50kg，感量 50g。

③ 天平。称量 5kg，感量 1g。

④ 量筒 500mL 和 1000mL。

⑤ 拌板 1.5m×2m 左右。

⑥ 拌铲、盛器、抹布等。

（三）拌和步骤

1. 人工拌和

（1）按所定配合比称取各材料用量。

（2）将拌板和拌铲用湿布润湿后，把称好的砂倒在铁拌板上，然后加水泥，用铲自拌板一端翻拌至另一端，如此反复，拌至颜色均匀，再加入石子翻拌混合均匀。

（3）将干混合料堆成堆，在中间做一凹槽，将已称量好的水倒一半在凹槽中，仔细翻拌，注意不要使水流出。然后再加入剩余的水，继续翻拌，直至拌和均匀为止。

（4）要尽快拌和均匀，拌和时间自加水算起，应符合标准规定。

拌和物体积为 30L 以下时，拌和时间 4～5min；

拌和物体积为 30～50L 时，拌和时间 5～9min；

拌和物体积为 51～75L 时，拌和时间 9～12min。

拌好后，按照试验要求，立即做坍落度测定或试件成型。从开始加水到全部操作结束，必须在 30min 内完成。

2. 机械搅拌

（1）按给定的配合比称取各材料用量。

（2）用按配合比称量的水泥、水、砂及少量石子在搅拌机中预拌一次，使水泥砂浆部分黏附在搅拌机的内壁及叶片上，并刮去多余砂浆，以避免影响正式搅拌时的配合比。

（3）依次向搅拌机内加入石子、砂和水泥，开动搅拌机干拌均匀后，再将水慢慢加入，全部加料时间不超过 2min，加完水后再继续搅拌 2min。

（4）将拌和物从搅拌机卸出，倾倒在铁板上，再经人工拌和 2～3 次，即可做拌和物的各项性能试验或成型试件。从开始加水到全部操作结束，必须在 30min 内完成。

二、普通混凝土拌和物和易性的测定

测定混凝土拌和物的和易性应以测流动性为主，兼顾黏聚性和保水性。流动性的测定有坍落度和维勃稠度两种方法，坍落度法适用于坍落度值不小于 10mm，骨料最大粒径不大于 40mm 的混凝土拌和物的稠度测定；维勃稠度法适用于骨料最大粒径不超过 40mm，维勃稠度在 5～30s 之间的混凝土拌和物的稠度测定。

（一）坍落度法

1. 主要仪器设备

（1）标准坍落度筒（形状、尺寸大小如图 12-14 所示）为金属制截头圆锥形，上下截面必须平行并与锥体轴心垂直，筒外两侧焊有把手两只，近下端两侧焊有脚踏板，圆锥筒内表面必须光滑。

（2）其他用具捣棒（断部要磨圆）、装料漏斗、小铁铲、钢直尺、镘刀、拌板等。

2. 实训步骤

（1）首先用湿布擦拭坍落度筒及其他用具，将坍落度筒置于铁板上，漏斗置于坍落度筒顶部并用双脚踩紧踏板（使其位置固定）。

（2）用小铲将拌好的拌和物分三层装入筒内，每层装入高度约为筒高的 1/3，每层要用捣棒沿螺旋方向由边缘向中心插捣 25 次。插捣底层时应贯穿整个深度，插捣其他层时，要插至下一层的表面。

（3）插捣完毕，除去漏斗，用镘刀刮去多余拌和物并抹平。清除筒四周拌和物，在 5～10s 内垂直平稳地提起坍落度筒，将筒放在拌和物试体一旁，量出坍落后试体最高点与筒高之间的距离（以 mm 计，读数精确至 5mm），即为混凝土拌和物的坍落度（见图 12-15）。

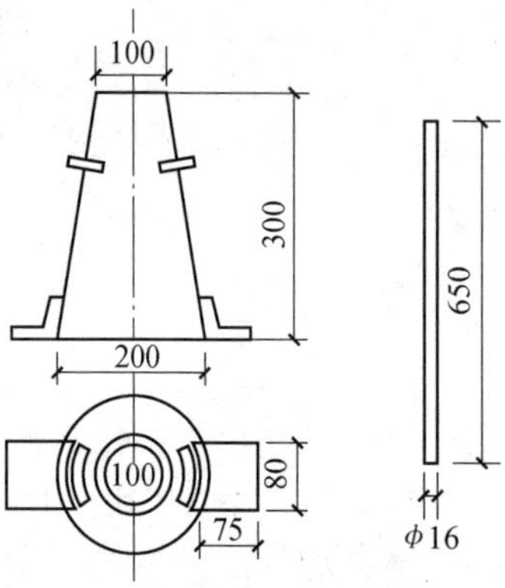

图 12-14　标准坍落度筒（单位：mm）

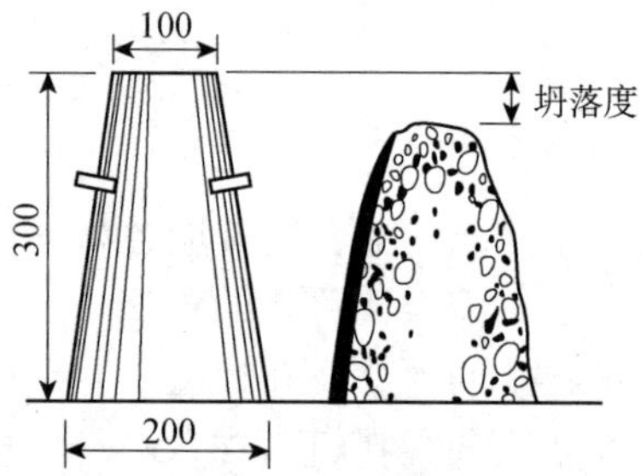

图 12-15　坍落度试验（单位：mm）

（4）混凝土拌和物黏聚性、保水性评定。若坍落度筒提起后，混凝土发生崩坍或一边剪坏现象，则要重新取样另行测定。若第二次试验仍出现上述现象，则表示该混凝土和易性不好，应预记录备查。

黏聚性的检查方法是用捣棒在已坍落的混凝土锥体侧面轻轻敲打，若锥体整体慢慢下沉，则表示黏聚性良好，若锥体倒塌、部分崩裂或出现离析现象，则表示黏聚性不好。

保水性以拌和物中稀浆析出的程度来评定，坍落筒提起后，若有较多的稀浆从底部析出，锥体部分的混凝土也因失浆而骨料外露，则说明混凝土拌和物保水性差，若坍落筒提起后，无稀浆或仅有少量稀浆从底部析出，则说明混凝土拌和物保水性良好。

（二）维勃稠度法

1. 主要仪器设备

（1）维勃稠度仪。由振动台、坍落度筒、容器、旋转架（测杆、圆盘和荷重块）组成。其振动频率为（50±3）Hz，装有空容器时台面振幅应为（0.5±0.1）mm。维勃稠度仪见图 12-16。

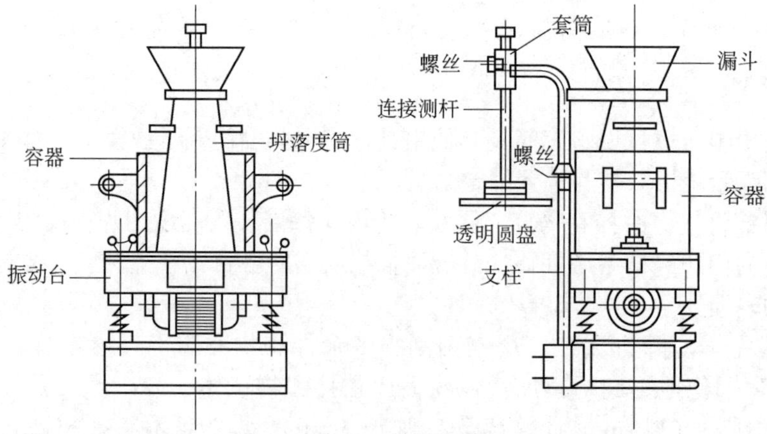

图 12-16　维勃稠度仪

（2）秒表。其他仪器与坍落度试验所需仪器相同。

2. **实训步骤**

（1）把维勃稠度仪放置在坚实水平的地面上，用湿布把容器、坍落度筒、喂料斗内壁及其他用具擦湿。就位后将测杆、喂料斗及容器调整在同一轴线上，然后拧紧固定螺丝。

（2）把按要求拌好的混凝土拌和物用小铲分三层经喂料斗均匀装入坍落度筒，装料与捣实方法与坍落度法相同。

（3）将喂料斗转移，垂直提起坍落度筒，应注意不使混凝土试体横向扭动。

（4）将透明圆盘转到混凝土试体顶面，放松测杆螺丝，降下圆盘，使其轻轻接触到混凝土顶面，拧紧定位螺丝，并检查测杆螺丝是否已经完全放松。

（5）开启振动台，同时用秒表计时，当振动到透明圆盘的底面被水泥浆布满的瞬间停表计时，并关闭振动台。

3. **实验结果**

试验结果确定由秒表读出的时间（s）即为该混凝土拌和物的维勃稠度值，精确至1s。

三、普通混凝土抗压强度试验

（一）主要仪器设备

① 压力试验机精度不低于±2%，试验时应以试件最大荷载选择压力机量程，使试件破坏时的荷载位于全量程的20%～80%范围内。

② 振动台振动频率为（50±3）Hz，空载振幅约为0.5mm。

③ 其他用具包括搅拌机、试模、捣棒、镘刀等。

（二）试件的制作

（1）抗压强度试验一般采用立方体试件，以龄期分组，每组3个试件，混凝土试件尺寸大小按骨料最大粒径选定（见表12-6）。

表12-6 混凝土试件尺寸及强度值换算系数

骨料最大粒径/mm	试件尺寸/mm^3	每层插捣次数	每组需混凝土量/kg	强度值换算系数
31.5	100×100×100	12	9	0.95
40	150×150×150	25	30	1.00
60	200×200×200	50	65	1.05

（2）制作前应将试模擦拭干净，内壁涂一层矿物油脂。

（3）试件成形方法应视混凝土稠度而定，一般坍落度小于70mm的混凝土，用振动台振实，大于70mm的混凝土用捣棒人工捣实。

当用振动台捣实时，将拌和物一次装入试模，并稍有富余，然后将试模放在振动台上并加以固定。开动振动台，振至拌和物表面呈现水泥浆时为止，记录振动时间。振动结束后，用镘刀沿试模边缘将多余的拌和物刮去，并将表面抹平。

当用人工捣实时，拌和物分两层装入试模，每层厚度大致相等。插捣按螺旋方向从边缘向中心均匀进行。插捣底层时，捣棒应达到试模底面，插捣上层时，捣棒应穿入下层深度20～30mm 深度。插捣时，捣棒应保持垂直，并用镘刀沿内壁插入数次。每层插捣次数见表12-6（一般 100cm²面积不少于 12 次），然后刮除多余的混凝土，并用镘刀抹平。

（三）试件的养护

（1）试件成型后应覆盖，防止水分蒸发，并在室温为（20±5）℃情况下至少静置 1d（但不得超过 2d），然后编号拆模。

（2）拆模后的试件应立即放在温度为（20±3）℃、相对湿度为 90%以上的标准养护室中养护。在标准养护室内，试件应放在架上，彼此间隔为 10～20mm，应避免直接冲淋试件。无标准养护室时，混凝土试件可放在（20±3）℃的不流动水中养护，水的 pH 值不应大于 7。

（3）试件成型后，需与构件同条件养护时，应覆盖其表面，试件拆模时间可与实际构件的拆模时间相同。拆模后的试件仍应保持与构件相同的养护条件。

（四）抗压强度测定

（1）试件从养护地点取出后应及时进行试验，以免试件内部的温度、湿度发生显著变化。

（2）试件在试压前要擦拭干净，测量尺寸，并检查其外观，试件尺寸测量应精确至1mm，并据此计算试件的承压面积值（A）。试件不得有明显缺损，其承压面的不平度要求不超过 0.05%，承压面与相临面的不垂直偏差不超过±1。

（3）将试件放在试验机承压板中心，试件的承压面与成型面垂直。开动试验机，当上压板与试件接近时，调整球座，使其接触均衡。

（4）加荷时要连续、均匀，加荷速度为：混凝土强度等级＜C30 时，0.3～0.5MPa/s；≥C30 时，取 0.5～0.8MPa/s。当试件接近破坏而开始迅速变形时，停止调整试验机油门，直至试件破坏。记录破坏荷载（F）。

（五）结果计算

（1）混凝土立方体抗压强度按下式计算：

$$f_{\mathrm{cu}}=\frac{F}{A} \tag{12-14}$$

式中，F——试件破坏荷载（N）；A——试件承压面积（mm²）；f_{cu}——混凝土立方体抗压强度（MPa）。

（2）以三个试件测定值的算术平均值作为该组试件的抗压强度值（精确至 0.1MPa），若三个测定值中的最大值或最小值中有一个与中间值的差超过中间值的 15%，则把最大值和最小值一并舍去，直接取中间值作为该组试件的抗压强度值；若最大值和最小值与中间值的差均超过中间值的 15%，则该组试件的试验结果无效。

（3）取 150mm×150mm×150mm 试件的抗压强度值为标准值，其他尺寸试件测得的抗压强度值均应乘以换算系数，换算成标准值（见表 12-6）。当混凝土强度等级≥C60 时，宜采用标准试件（150mm×150mm×150mm），使用非标准试件时，换算系数应由试验确定。

四、混凝土非破损试验

用回弹法检测混凝土抗压强度。

回弹法作为无损检测方法之一，主要用于检测混凝土的抗压强度，其检测结果只能作为评价现场混凝土强度或处理混凝土质量问题的依据之一，不能用作评定混凝土抗压强度。

回弹法不适用于：表层与内部质量有明显差异或内部存在缺陷的混凝土结构或构件的检测、掺有引气型外加剂的混凝土、特殊成型工艺或表面曲率半径小于 250mm 的混凝土、混凝土龄期超过 1000d、混凝土抗压强度超过 60Mpa、表面潮湿或浸水的混凝土及粗骨料最大粒径大于 60mm 的混凝土。

（一）主要仪器设备

① 回弹仪。中型回弹仪主要由弹击系统、示值系统和仪壳部件等组成，冲击功能为 2.207J。

② 钢砧。要求洛氏硬度 RHC 为 60±2。

（二）实训步骤

（1）回弹仪率定。将回弹仪垂直向下在钢砧上弹击，取三次的稳定回弹值进行平均，弹击杆应分四次旋转，每次旋转约 90°，弹击杆每旋转一次的率定平均值均应符合 80±2 的要求，否则不能使用。

（2）混凝土构件测区与测面布置。每一构件至少应选取 10 个测区，相邻两测区间距不超过 2m，测区应均匀分布，并且具有代表性（测区宜选在测面为好）。每个测区宜有两个相对的测面，每个测面约为 20cm×20cm。

（3）检测面的处理。测面应平整光滑，必要时可用砂轮做表面加工，测面要自然干燥。每个测面上布置 8 个测点，若一个测区只有一个测面，应选 16 个测点，测点要均匀分布。

（4）回弹值测定。将回弹仪垂直对准混凝土表面并轻压回弹仪，使弹击杆伸出，挂钩挂上冲锤，将回弹仪弹击杆垂直对准测试点，缓慢均匀地施压，待冲锤脱钩冲击弹击杆后，冲锤即带动指针向后移动直至到达一定位置时，即读出回弹值（精确至 1）。

（三）试验结果处理

（1）回弹值计算。从测区的 16 个回弹值中分别剔除 3 个最大值和 3 个最小值，取其余 10 个回弹值的算术平均值。计算至 0.1，作为该测区水平方向测试的混凝土平均回弹值（N）。

（2）回弹值测试角度及浇筑面修正若为非水平方向和浇筑面或底面时，按有关规定先进行角度修正，然后再进行浇筑修正。

（3）混凝土表面碳化后其硬度会提高，测出的回弹值将增大，故当碳化深度大于或等于 0.5mm 时，其回弹值应按有关规定进行修正。

（4）根据室内试验建立的强度（f_{cu}）与回弹值（N）关系曲线，查得构件测区混凝土强度值。

（5）计算混凝土构件强度平均值（精确至 0.1MPa）和强度标准差（精确至 0.01MPa），

最后计算出混凝土构件强度推定值（精确至 0.1MPa）。

试验五　建筑砂浆试验

一、试样制备

（一）主要仪器设备

砂浆搅拌机、拌和铁板（面积约 1.5m×2m，厚约 3mm）、磅秤（称量 50kg，感量 50g）、台秤（称量 l0kg，感量 5g）、拌铲、抹刀、量筒、盛器等。

（二）拌和方法

1. **一般规定**

（1）拌制砂浆所用的原材料，应符合质量标准，并要求提前运入试验室内，拌和时试验室的温度应保持在（20±5）℃。

（2）水泥应符合相应的质量标准，如有结块，应以 0.9mm 方孔筛过筛，筛除粗颗粒之后充分混合均匀再使用，砂应符合建筑用砂的质量标准，砂也应以 5mm 筛过筛。

（3）其他掺和料均应符合质量标准。拌制砂浆时，材料称量计量的精度为：水泥、外加剂等为±0.5%；砂、石灰膏、黏土膏等为±1%。

（4）拌制前应将搅拌机、拌和铁板、拌铲、抹刀等工具表面用水润湿，注意拌和铁板上不得有积水。

2. **人工拌和**

（1）按设计配合比（质量比），称取各项材料用量，先把水泥和砂放入拌板干拌均匀（拌和物颜色均匀）。

（2）将拌匀的混合物堆成堆，在中间作一凹坑，将称好的石灰膏（或黏土膏）倒入凹坑中，再倒入一部分水，将石灰膏或黏土膏稀释，然后与水泥和砂共同拌和，并逐渐加水，直至混合料色泽基本相同。

（3）拌和时间（从加水完毕时算起）一般需 5min，观察拌和物颜色均匀且和易性符合要求为止。可用量筒盛定量水，拌好以后，减去筒中剩余水量，即为用水量（注意各种材料称量要准确）。

3. **机械拌和**

（1）先拌适量砂浆（应与正式拌和的砂浆配合比相同），使搅拌机内壁黏附一薄层砂浆，使正式拌和时的砂浆配合比成分准确。

（2）先称出各材料用量，再将砂、水泥装入搅拌机内。

（3）开动搅拌机，将水慢慢加入（混合砂浆须将石灰膏或黏土膏用水稀释至浆状），搅拌时间从加水至完毕算起约 3min。（搅拌的用量不宜少于搅拌容量的 20%，搅拌时间不宜少

于 2min）

（4）将砂浆拌和物倒在拌和铁板上，用拌铲翻拌两次，使之均匀。拌好的砂浆，应立即进行有关的试验。

二、砂浆的稠度检验

（一）主要仪器设备

砂浆稠度测定仪、捣棒（直径 10mm，长 350mm，一端呈半球形的钢棒）、台秤、拌锅、拌板、量筒、秒表等。

（二）实训步骤

（1）将拌好的砂浆一次装入砂浆容器内，装至距筒上口约 10mm 为止，用捣棒自筒中心向边缘插捣 25 次，并将筒体振动 5～6 次，使砂浆表面平整，随后将容器移置稠度仪底座上。

（2）放松圆锥体滑杆的制动螺丝，向下移动滑杆，使试锥尖端与砂浆表面接触，拧紧制动螺丝，使齿条测杆下端刚好接触滑杆上端，并将指针对准零点。

（3）突然拧开制动螺丝，使圆锥体自动沉入砂浆中，同时计时到 10s，立即固定螺丝。从刻度盘上读出下沉深度（精确至 1mm），即为砂浆的稠度值。

（4）圆锥筒内的砂浆，只允许测定一次稠度，重复测定时，应重新取样测定。

（三）结果评定

以两次测定结果的算术平均值作为砂浆稠度测定结果（计算值精确至 1mm），若两次测定值之差大于 20mm，应重新配料测定。

三、砂浆保水性检验

（一）主要仪器

① 金属或硬塑料圆环试模：内径为 100mm，内径高度为 25mm。

② 砝码 2kg。

③ 金属滤网：网格尺寸 45μm，圆形直径 110±1mm。

④ 滤纸：符合 GB/T 1914 规定的中速定性滤纸。

⑤ 天平：称量 2000g，感量 1g。

⑥ 烘箱：105±5℃。

⑦ 密封容器。

⑧ 两片方形金属不透水片，直径大于 110mm。

（二）实训步骤

（1）称量底部不透水片与干燥试模质量 m_1 和 15 片中速定性滤纸质量 m_2。

（2）将砂浆拌和物一次性装入试模，并用抹刀插捣数次，当装入的砂浆略高于试模边缘时，用抹刀以 45° 角一次性将试模表面多余的砂浆刮去，然后再用抹刀以较平的角度在试模表面反方向将砂浆刮平。

（3）抹掉试模边的砂浆，称量试模、底训不透水片与砂浆总质量 m_3。

（4）用金属滤网覆盖在砂浆表面，再在滤网表面放上 15 片滤纸，用上不透片盖在滤纸表面，以 2kg 的重物把上部不透片压住。

（5）静置 3min 后移走重物及下部不透片，取出滤纸（不包括滤网）迅速称量滤纸质量 m_4。

（6）重新取样，按上述方法做第二次平行试验。

（7）按照砂浆的配比及加水量计算砂浆的含水率 a 。

（8）计算砂浆的保水率：

$$W=\left[1-\frac{m_4-m_2}{a\times(m_3-m_1)}\right]\times100 \tag{12-15}$$

式中，W——砂浆保水率（%）；m_1——底部不透水片与干燥试模质量（g），精确至 1g；m_2——15 片滤纸吸水前的质量（g），精确至 0.1g；m_3——试模、底部不透水片与砂浆总质量（g），精确至 1g；m_4——15 片滤纸吸水后的质量（g），精确至 0.1g；a——砂浆含水率（%）。

（三）结果评定

（1）取两次试验结果的算术平均值作为砂浆的保水率，精确至 0.1%。

（2）当两个测定值之差超过 2%时，此组试验结果无效，应重做试验。

四、砂浆抗压强度检验

（一）主要仪器设备

压力试验机、试模（70.7mm×70.7mm×70.7mm，分无底试模与有底试模两种）、捣棒（直径 10mm，长 350mm，一端呈半圆形）、垫板等。

（二）试件制作及养护

（1）当制作用于多孔吸水基面（如砖砌体）的砂浆试件时，先将无底试模的内壁涂刷薄薄一层机油，然后放在预先铺上吸水性较好的湿纸的普通黏土砖（砖的吸水率不小于 10%，含水率不大于 2%）上，将拌好的砂浆一次倒满试模，并用捣棒均匀地由外向内按螺旋方向插捣 25 次，使砂浆略高于试模口，待砂浆表面出现麻斑后（约 15～30min），将高出部分的砂浆沿试模顶面削去抹平。

（2）当制作用于密实（不吸水）基底（如石砌体）的砂浆试件时，采用有底试模，涂油后，将拌好的砂浆分两层装入试模（每层厚度约 40mm），每层用捣棒插捣 12 次，然后用刮刀沿试模壁插捣数次，砂浆应略高出试模顶面，静停 15～30min，刮去多余部分，抹平。

（3）试件成型后，在（20±5）℃环境下经（24±2）h 即可脱模，气温较低时，可适当延长时间，但不得超过 2d。对试件编号脱模后，按下列规定进行养护：

① 自然养护将试件放在室内空气中养护，混合砂浆在相对湿度 60%～80%、正温条件下养护；水泥砂浆在正温并保持试件表面湿润的状态下（如湿砂堆中）养护。养护期间必须做好温度记录，有争议时，以标准养护为准。

② 标准养护混合砂浆应在（20±3）℃，相对湿度为 60%～80%条件下养护；水泥砂浆应在温度（20±3）℃，相对湿度为 90%以上的潮湿条件下养护。养护时试件间隔应不小于 10mm。

（三）抗压强度检验

（1）经过 28d 养护后的试件从养护地点取出后，应尽快进行检验，以免试件内部的温度、湿度发生显著变化。检验前，先将试件擦干净，测量尺寸，并检查其外观。试件尺寸测量精确至 1mm，并据此计算试件的承压面积。若实测尺寸与公称尺寸之差不超过 1mm，可按公称尺寸进行计算。

（2）将试件置于压力机的下压板上，试件的承压面应与成型时的顶面垂直，试件中心应与下压板中心对准。

（3）开动压力机，当上压板与试件接近时，调整球座，使接触面均衡受压。加荷应均匀而连续，加荷速度应为 0.5～1.5kN/s（砂浆强度不大于 5MPa 时，取下限为宜，大于 5MPa 时，取上限为宜），当试件接近破坏而开始迅速变形时，停止调整压力机油门，直至试件破坏，记录破坏荷载 F。

（四）结果计算

单个试件的抗压强度按下式计算（精确至 0.1MPa）。

$$f_{\mathrm{m,cu}} = \frac{F}{A} \tag{12-16}$$

式中，$f_{\mathrm{m,cu}}$——砂浆立方体抗压强度（MPa）；F——试件破坏荷载（N）；A——试件承压面积（mm^2）。

每组试件为 6 个，以 6 个试件测量值的算术平均值作为该组试件的抗压强度值，平均值计算精确至 0.1MPa。

当 6 个试件的最大值或最小值与平均值的差超过 20%时，以中间 4 个试件的平均值作为该组试件的抗压强度值。

试验六　钢筋试验

一、一般规定

（1）同一截面尺寸和同一炉罐号组成的钢筋分批验收时，每批质量不大于 60t。

（2）钢筋应有出厂证明书或试验报告单。验收时应抽样作机械性能试验。包括拉力试验和冷弯试验两个项目。两个项目中如有一个项目不合格，该批钢筋即为不合格品。

（3）钢筋在使用中如有脆断、焊接性能不良或机械性能显著不正常时，应进行化学成分检验分析，或做其他专项检验。

（4）取样方法和结果评定规定，自每批钢筋中任意抽取两根，于每根距端部 50mm 处各取一套试样（两根试件），在每套试样中取一根作拉力试验，另一根作冷弯试验。在拉力试验的两根试件中，如其中一根试件的屈服点、抗拉强度和伸长率三个指标中有一个指标达不到标准中规定的数值，应再抽取双倍（4 根）钢筋，制取双倍（4 根）试件重做试验，如仍有一根试件的一个指标达不到标准要求，则无论这个指标在第一次试件中是否达到标准要求，拉力试验项目都认为不合格。在冷弯试验中，如有一根试件不符合标准要求，应同样抽取双倍钢筋，制成双倍试件重做试验，如仍有一根试件不符合标准要求，冷弯试验项目即为不合格。

（5）试验应在（20±10）℃下进行，如试验温度超出这一范围，应于试验记录和报告中注明。

二、钢材的抗拉强度及伸长率检验

（一）实训目的

测定低碳钢的屈服强度、抗拉强度与伸长率。注意观察拉力与变形之间的变化。确定应力与应变之间的关系曲线，评定钢筋的强度等级。

（二）主要仪器设备

（1）万能材料试验机。

为保证机器安全和检验准确，其吨位选择最好是使试件达到最大荷载时，指针位于指示度盘第三象限内。试验机的测力示值误差不大于 1%。

（2）钢板尺、游标卡尺（精确度为 0.1mm）等。

（三）试件制作和准备

抗拉试验用钢筋试件不得进行车削加工，可以用两个或一系列等分小冲点或细画线标出原始标距（标记不应影响试样断裂），测量标距长度 L_0（精确至 0.1mm），如图 12-17 所示。

计算钢筋强度所用横截面积采用表 12-7 所列公称横截面积。

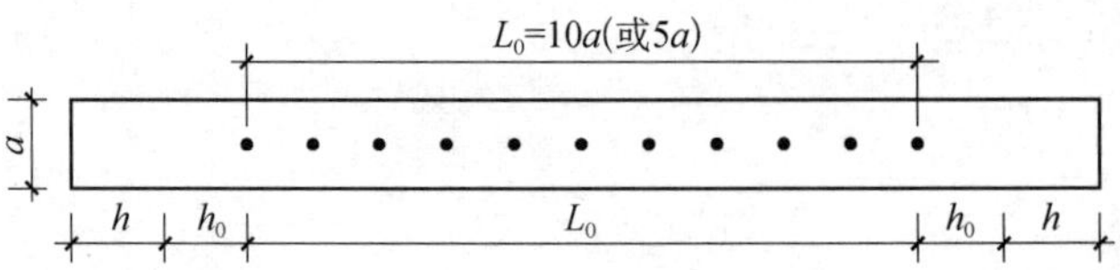

a—试样原始直径；L_0—标距长度；h—夹头长度；$L_c=2h_0+L_0$（L_c为试样平均长度，不小于 L_0+a）

图 12-17　钢筋拉伸试件

表 12-7 钢筋的公称横截面积

公称直径/mm	公称横截面积/mm^2	公称直径/mm	公称横截面积/mm^2
8	50.27	22	380.1
10	78.54	25	490.9
12	113.1	28	615.8
14	153.9	32	804.2
16	201.1	36	1017.9
18	254.5	40	1256.6
20	314.2	50	1963.5

（四）屈服强度和抗拉强度的测定

（1）调整试验机测力度盘的指针，使其对准零点，并拨动副指针，使其与主指针重叠。

（2）将试件固定在试验机夹头内。开动试验机进行拉伸，拉伸速度为：屈服前，应力增加速率按表 12-8 规定，并保持试验机控制器固定于这一速率位置上，直至该性能测出为止；屈服后或只需测定抗拉强度时，试验机活动夹头在荷载下的移动速度不大于 0.5Lc/min。

表 12-8 屈服前的加荷速率

金属材料的弹性模量/MPa	应力速率/（$N/mm^2\cdot s$）	
	最小	最大
＜150000	1	10
≥150000	3	30

（3）拉伸中，测力度盘的指针停止转动时的恒定荷载，或第一次回转时的最小荷载，即为所求的屈服点荷载 F_s（N）。按下式计算试件的屈服点

$$\sigma_s = \frac{F_s}{A} \tag{12-17}$$

式中，σ_s——屈服点（MPa）；F_s——屈服点荷载（N）；A——试件的公称横截面积（mm^2）。

（4）测得屈服强度后，继续对试件连续施荷直至拉断，由测力度盘读出最大荷载 F_b（N）。按下式计算试件的抗拉强度

$$\sigma_b = \frac{F_b}{A} \tag{12-18}$$

式中，σ_b——抗拉强度（MPa）；F_b——最大荷载（N）；A——试件的公称横截面积（mm^2）。

（五）断后伸长率的测定

（1）将已拉断试件的两段紧密地对接在一起，尽量使其轴线位于一条直线上。如拉断处形成缝隙，则此缝隙应计入试件拉断后的标距部分长度内。

（2）如拉断处到邻近的标距端点的距离大于 $1/3L_0$ 时，可用卡尺直接测量已被拉长的标距长度 L_1（mm）。

（3）如拉断处到邻近的标距端点的距离小于或等于 $1/3L_0$ 时，则可按下述移位法确定 L_1：在长段上，从拉断处 O 取基本等于短段格数，得 B 点，接着取等于长段所余格数［偶数，见图 12-18（a）］之半，得 C 点；或者取所余格数［奇数，见图 12-18（b）］减 1 与加 1 之半，得 C 与 C_1 点。移位后的 L_1 分别为 $AO+OB+2BC$（偶数）或者 $AO+OB+BC+BC_1$（奇数）。

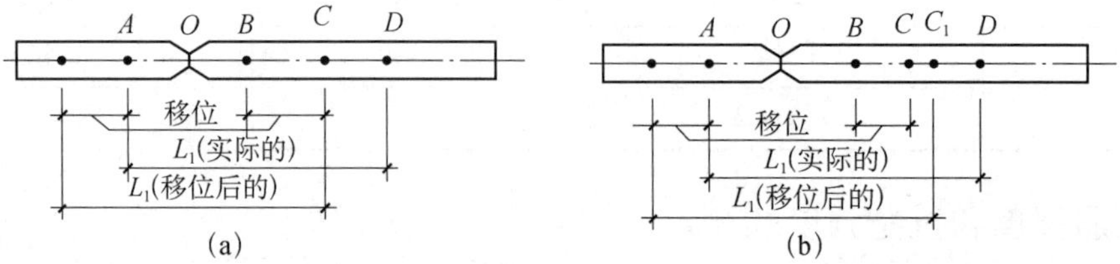

图 12-18　用移位法计算标距

如果直接量测所求得的伸长率能达到技术条件的规定值，则可不采用移位法。

（4）伸长率按下式计算（精确至 1%）：

$$\delta_{10}\text{或}(\delta_5)=\frac{L_1-L_0}{L_0}\times 100\% \qquad (12\text{-}19)$$

式中，δ_{10}，δ_5——分别表示 $L_0=10d$ 或 $L_0=5d$（d 为直径）时的伸长率；L_0——原标距长度 $10d$（$5d$）（mm）；L_1——试件拉断后直接量出或按移位法确定的标距部分长度（测量精确至 0.1mm）（mm）。

（5）若试件在标距端点上或标距处断裂，则试验结果无效，须重做试验。

三、钢材的冷弯性能检验

冷弯性能属于钢材的工艺性能。冷弯性能的检验是在常温下将标准试件放在拉力机的弯头上，逐渐施加荷载，观察由于这个荷载的作用，试件绕一定弯心弯曲至规定角度时，其弯曲处外表面是否有裂纹、起皮、断裂等现象。

（一）主要仪器设备

① 压力机或万能试验机。

② 具有不同直径的弯心，弯心直径由有关标准规定，其宽度应大于试件的直径和宽度。

③应有足够硬度的支承辊，其长度应大于试件的直径和宽度，支承辊间的距离可以调节。

（二）检验步骤

1. 检查试件尺寸是否合格

试样长度通常按下式确定：

$L \approx 5a+150$（mm）（a 为试件原始直径）

2. **半导向弯曲**

试样一端固定，绕弯心直径进行弯曲，如图 12-19（a）所示。将试样弯曲到规定的弯曲度。

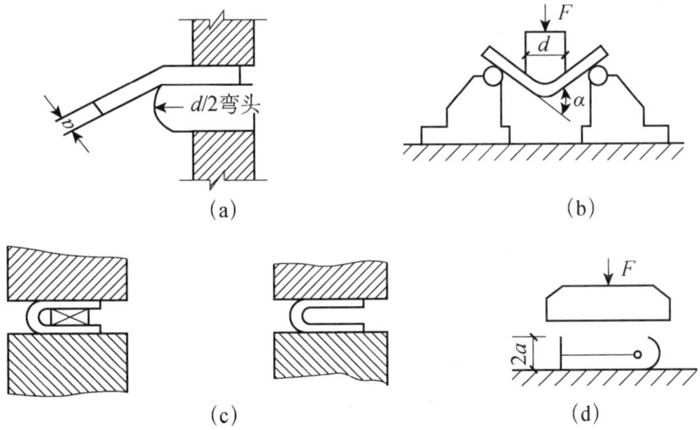

图 12-19　冷弯试验示意图

3. **导向弯曲**

（1）试样放置于两个支点上，将一定直径的弯心在试样两个支点中间施加压力，使试样弯曲到规定的角度，如图 12-19（b）所示。

（2）试样在两个支点上按一定弯心直径弯曲至两臂平行时，可一次完成试验；亦可先弯曲到图 12-19（b）所示的状态，然后放置在试验机平板之间继续施加压力，压至试样两臂平行，此时可以加与弯心直径相同尺寸的衬垫进行试验，如图 12-19（c）所示。

当试样需要弯曲至两臂接触时，首先将试样弯曲到图 12-19（b）所示的状态，然后放置在两平板间继续施加压力，直至两臂接触，如图 12-19（d）所示。

4. **注意事项**

① 检验应在平稳压力作用下，缓慢施加检验压力。两支承辊间距离为（d+2.5a）±0.5a，并且在检验过程中不允许有变化。

② 检验应在 10～35℃或控制条件（23±5）℃下进行。

③ 钢筋冷弯试件不得进行车削加工。

（三）结果评定

弯曲后，按有关标准规定检查试样弯曲外表面，进行结果评定。若无裂纹、裂缝或断裂，则评定试样合格。

试验七　建筑沥青试验

一、取样方法及一般规定

（1）同一批出厂，且类别、牌号相同的沥青，从桶（或袋、箱）中取样，应在样品表面以下及距离容器内壁至少 5cm 处采取。当沥青为可敲碎的块体时，则用干净的工具将其打碎后再取样；当沥青为半固体，则要用干净的工具切割取样。取样量为 1～1.5kg。

（2）本方法适用于测定针入度小于 350 的石油沥青。石油沥青的针入度以标准针在一定的荷重、时间及温度条件下垂直穿入沥青试样的深度来表示，针入度是以 0.1mm 为单位表示的。如未另行规定，标准针、针连杆与附加砝码的合计质量为（100±0.1）g，温度为 25℃，时间为 5s。特定试验条件见表 12-9。

表 12-9　针入度特定试验条件规定

温度/℃	0	4	46
荷重/g	200	200	50
时间/s	60	60	5

二、沥青的针入度测定

（一）检测目的

通过测定沥青的针入度，可评定其黏滞性并依据针入度值来确定沥青的牌号。学会正确使用所用的仪器设备。

（二）主要仪器设备

① 针入度测定仪。见图 12-20，测定仪的支柱上有两个悬臂，上臂装有分度为 360° 的刻度盘及活动齿杆，其上下运动的同时，能使指针转动；下臂装有能滑动的针连杆（其下端安装标准针），总质量为（50±0.05）g，针入度仪附带有（50±0.5）g 和（100±0.5）g 砝码各一个。设有控制针连杆运动的制动按钮，基座上设有放置玻璃皿的能旋转的平台及观察镜。

② 标准针。应由硬化回火的不锈钢制成，尺寸应符合有关规定。

③ 恒温水浴。容量不小于 10L，能保持温度在试验温度的±0.1℃范围内，水槽中应备有一个带孔的搁架，位于水面下不少于 100mm，距水槽底不少于 50mm 处。

④ 试样皿。金属圆柱形平底容器。针入度小于 200 时，试样皿内径为（55±1）mm，内部深度为（35±1）mm；针入度在 200～350 时，试样皿内径为（70±1）mm，内部深度为（45±1）mm；对于针入度大于 350 的试样需使用特殊试样皿，其深度不小于 60mm，试样体积不少于 125mL。

⑤ 其他仪器。平底玻璃皿、温度计、秒表、石棉筛、砂浴或可控制温度的密闭电炉等。

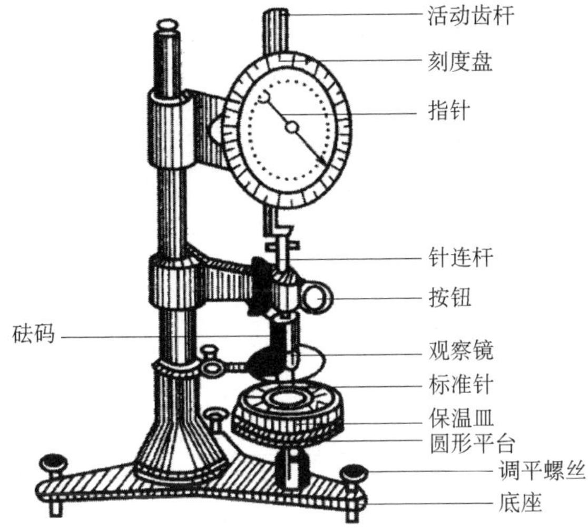

图 12-20 沥青针入度测定仪

（三）试样制备

（1）将预先除去水分的试样放到可控温的砂浴或密闭电炉上加热（80℃左右），并不断搅拌，以防局部过热，加热至沥青样品全部熔化能够流动。加热温度不得超过估计软化点100℃，加热时间不得超过 30min，加热过程中避免试样中进入气泡。用 0.6mm 筛过滤，除去杂质。

（2）将试样倒入预先选好的试样皿中，试样深度应超过预计针入度值 10mm，并盖上盛样皿，以防落入灰尘。

（3）将试样皿在 15～30℃的空气中冷却 1～1.5h（小试样皿）或 1.5～2h（大试样皿），在冷却过程中应遮盖试样皿，防止灰尘落入。然后将试样皿移入保持规定试验温度的恒温水浴中，水面应高于试样表面 10mm 以上，小试样皿恒温 1～1.5h，大试样皿恒温 1.5～2h。

（四）检测步骤

（1）调整针入度仪使之水平。检查针连杆和导轨，以确认无水和其他外来物，无明显摩擦。用合适的溶剂（如三氯乙烯等）清洗标准针，并擦拭，将已擦净的标准针插入针连杆，用螺丝固紧，按试验要求条件放上砝码。

（2）将恒温 1h 的试样皿自槽中取出，置于水温严格控制在（25±0.1）℃（可用恒温水槽中的水）的平底保温玻璃皿中的三脚支架上，沥青试样表面以上水层高度不小于 10mm，再将保温玻璃皿置于针入度仪的旋转圆形平台上。

（3）调节标准针使针尖与试样表面恰好接触，不得刺入试样。拉下刻度盘的拉杆，使之与针连杆顶端轻轻接触，调节刻度盘或深度指示器的指针指示为零。

（4）用手紧压按钮，同时开动秒表，使标准针自由地刺入沥青试样，到规定时间（5s）放开按钮，使针停止针入。

（5）再拉下拉杆使之与标准针连杆顶端相接触。此时刻度盘指针读数即为试样的针入度。准确至 0.5mm，用 0.1mm 为单位表示。

同一试样至少重复试验三次，各测点间及测定点与试样皿之间的距离不应小于 10mm。

每次检测后，都应将放有试样皿的平底玻璃皿放入恒温水槽，使平底玻璃皿中的水温保持试验温度。将针取下，用浸有溶剂（煤油、苯或汽油）的棉花将针端附着的沥青擦干净，每次检测都应采用干净针。

（6）测定针入度大于 200 的沥青试样时，至少用 3 根标准针，每次测定后将针留在试样中，直至 3 次测定完成后，才能把针从试样中取出。

（五）检测结果

以 3 次测定针入度的平均值作为该沥青的针入度。三次试验所测定的针入度的最大值与最小值之差不应大于表 12-10 中的数值。若差值超过表中数值，检测应重做。

表 12-10　针入度测定允许最大差值

针入度	0～49	50～149	150～249	250～350
最大差值	2	4	6	10

三、沥青的延度（延伸度）测定

（一）检测目的

通过测定沥青的延度，可以评定沥青的韧性、塑性好坏，并依据延度值确定沥青的牌号。通过试验操作练习，学会有关仪器设备的使用。

（二）主要仪器设备

延度仪及试样模具（见图 12-21）、瓷皿或金属皿、孔径 0.3～0.5mm 筛、温度计（0～50℃，分度 0.1℃、0.5℃各一支）、刀、金属板、砂浴。

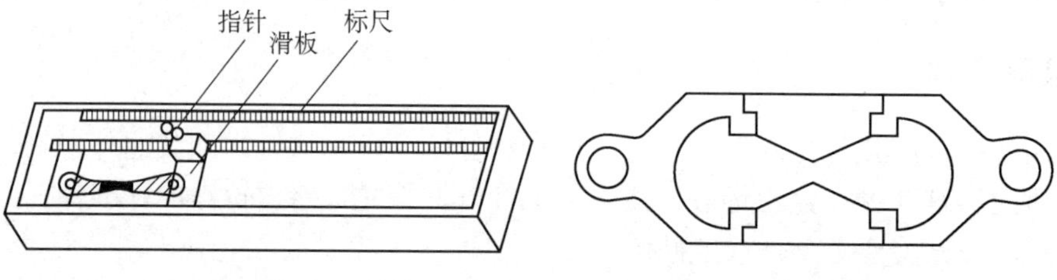

（a）延度仪　　（b）延度模具

图 12-21　沥青延度仪及模具

（三）检测步骤

（1）将甘油滑石粉隔离剂拌和均匀，涂于洁净干燥的金属板上及模具侧模的内表面，并将模具置于金属板上。

（2）将预先除去水分的沥青试样放入金属皿，在砂浴上加热熔化、搅拌。加热温度不得超过估计软化点 100℃，用筛过滤，并充分搅拌至气泡完全消除。

（3）将熔化沥青试样自模具的一端至另一端往返多次缓缓注入并使试样略高出模具，灌膜时应注意勿使气泡混入。

（4）试件在 15～30℃的空气中冷却 30min 后，放入（25±0.1）℃的水浴中，保持 30min 后取出，用热刀将高出模具的沥青刮去，使沥青面与模面齐平。沥青的刮法应自模具的中间刮向两边，表面应刮得十分光滑。将试件连同金属板再浸入（25±0.1）℃的水浴中保持 1～1.5h。

（5）检查延度仪的拉伸速度是否符合标准要求，然后移动滑板使指针正对标尺的零点。

（6）将试件移至延度仪水槽中，然后将试件从金属板上取下，将模具两端的孔分别套在滑板及槽端的金属柱上，然后去掉侧模，水面距试件表面应不小于 25mm。

（7）确认水槽中水温为（25±0.5）℃时，开动延度仪（此时仪器不得有振动），观察沥青的拉伸情况。在测定过程中应随时观测，保持水温在（25±0.5）℃的范围内，水面不得有晃动，试验时，若发现沥青细丝浮于水面或沉入槽底时，则应在水中加入乙醇或食盐水，调整水的密度至与试样的密度相近后，再重新进行测定。

（8）试件拉断时指针所指标尺上的读数，即为试样的延度，以 cm 表示。在正常情况下，试件应拉伸成锥尖状，在断裂时实际横断面接近于零。如不能得到上述结果，则应在报告中注明。

（四）检测结果

取平行测定三次结果的算术平均值作为测定结果。三次的单个值与平均值之差均应在平均值的 5%以内，若其中一次测定值与平均值之差不在平均值的 5%以内，则舍去该值，取另两次结果的平均值，若其中有两次测定值与平均值之差均不在平均值的 5%以内，则应重新检测。

四、沥青软化点测定

（一）检测目的

通过测定沥青的软化点，可评定沥青的温度稳定性（即温度敏感性），并依据软化点值确定沥青的牌号，软化点也是在不同的温度下选用沥青的重要技术指标。学会有关仪器设备的使用。

（二）主要仪器设备

软化点测定仪（见图 12-22）、电炉或其他加热设备、金属板或玻璃板、刀、孔径 0.3～0.5mm 筛、温度计、瓷皿或金属皿（熔化沥青用）、砂浴。

（三）检测步骤

（1）将试样环置于涂上甘油滑石粉隔离剂的金属板或玻璃板上，与针入度测定方法相同，准备好沥青试样，将试样注入试样环内至略高于环面为止（如估计软化点在 120℃以上时，应将试样环和金属板预热至 80～100℃）。

（2）将试样在 15～30℃的空气中冷却 30min 后，用热刀刮去高出环面的试样，使其与环面齐平。

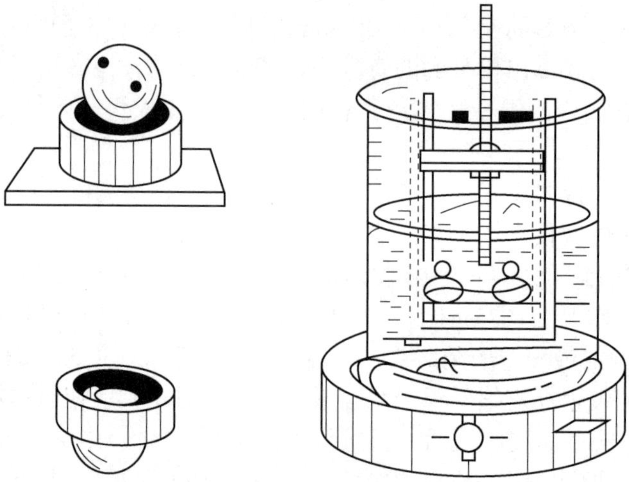

图 12-22　软化点测定仪

（3）对于软化点不高于 80℃的试样，将盛有试样的试样环及金属板置于盛满水的保温槽内，水温保持在（5±0.5）℃，恒温 15min。

对于软化点高于 80℃的试样，将盛有试样的试样环及金属板置于盛满甘油的保温槽内，水温保持在（32±1）℃，恒温 15min。或将盛有试样的试样环水平地安放在试验架中层板的圆孔内，然后放在烧杯中，恒温 15min，温度要求与保温槽相同。

（4）烧杯内注入新煮沸并冷却至约 5℃的蒸馏水（对于软化点不高于 80℃的试样），或注入预先加热至 32℃的甘油（对于软化点高于 80℃的试样），使水面或甘油面略低于连接杆上深度标记。

（5）从水（或甘油）保温槽中取出盛有试样的试样环放置在环架中层板的圆孔中，并套上钢球定位环，把整个环架放入烧杯内，调整水面或甘油面至连接杆上的深度标记，环架上任何部分均不得有气泡。再将温度计由上层板中心孔垂直插入，使测温头底部与试样环下面齐平。

（6）将烧杯移至有石棉网的加热炉具上，然后将钢球放在试样上（须使各环的平面在全部加热时间内完全处于水平状态），立即开动振荡搅拌器，使水或甘油微微振荡，并开始加热，使烧杯内的水或甘油温度在 3min 内调节至上升速度为（5±0.5）℃/min，在整个测定过程中如温度的上升速度超出此范围时，则检测应重做。

（7）试样受热软化下坠至与下层底板表面接触时的温度即为试样的软化点。

（四）检测结果

取平行测定两个结果的算术平均值作为测定结果。平行测定的两个结果的偏差不得大于下列规定：软化点低于 80℃时，允许差值为 0.5℃；软化点高于或等于 80℃时，允许差值为 1℃。否则检测重做。

本章小结

建筑材料试验是本课程重要的实践性教学环节。试验既是建筑材料课程的重要组成部分，同时也是学习和研究建筑材料的重要方法。

在本章学习中，应熟悉常用材料性能的检验和评定方法，熟悉常用材料试验仪器的性能和操作方法，掌握建筑材料基本性能试验、水泥试验、混凝土的有关试验、砂浆试验、钢筋试验及沥青试验等七个基本的建筑材料试验方法。

思考与练习

1. 用广口瓶法测定石子表观密度的步骤是什么？
2. 如何用试饼法来评定水泥的体积安定性？
3. 对水泥抗折强度和抗压强度测试结果的判定方法是什么？
4. 混凝土拌和物黏聚性、保水性的评定方法是什么？
5. 对钢材进行弯曲后，如何检验其冷弯性能的合格性？

参考文献

[1]游普元. 建筑材料与检测[M]. 哈尔滨：哈尔滨工业大学出版社，2012.

[2]李国新，王文仲. 建筑材料[M]. 北京：机械工业出版社，2009.

[3]张伟，王英林. 建筑材料与检测[M]. 北京：北京邮电大学出版社，2013.

[4]常婧莹，商宇. 建筑材料[M]. 北京：中国建材工业出版社，2015.

[5]曹亚玲. 建筑材料[M]. 北京：化学工业出版社，2015.

[6]王秀花. 建筑材料[M]. 北京：机械工业出版社，2012.

[7]殷凡勤，张瑞红. 建筑材料[M]. 北京：机械工业出版社，2014.

[8]牛欣欣，韩漪. 建筑材料[M]. 西安：西安交通大学出版社，2013.

[9]刘娟红，宋少民. 绿色高性能混凝土技术与工程应用[M]. 北京：中国电力出版社，2010.

[10]董晓英，朱文平，朱建军. 建筑材料[M]. 武汉：中国地质大学出版社，2011.

[11]吴中伟，廉慧珍，高性能混凝土[M]. 北京：中国铁道出版社，1999.

[12]湖南大学，天津大学，同济大学，东南大学四校合编. 土木工程材料[M]. 北京：中国建筑工业出版社，2011.

[13]冯文元，张友民，冯志华. 新编建筑材料检验手册[M]. 北京：中国建材工业出版社，2013.

[14]刘祥顺. 建筑材料[M]. 北京：中国建筑工业出版社，2011.

[15]高琼英. 建筑材料[M]. 武汉：武汉大学出版社，2012.